高等工程流体力学

主　编　钱付平　韩云龙
副主编　刘典福　邱冰冰
　　　　吴延鹏　仲怀玉
参　编　翟　瑞　张俪安
　　　　张　峥　张红亚
　　　　胡　昊　水滔滔

合肥工业大学出版社

图书在版编目(CIP)数据

高等工程流体力学/钱付平,韩云龙主编. --合肥:合肥工业大学出版社,2024.11.

ISBN 978-7-5650-7022-8

Ⅰ. TB126

中国国家版本馆 CIP 数据核字第 2024LR6626 号

高等工程流体力学

主编　钱付平　韩云龙

责任编辑	张择瑞
出版发行	合肥工业大学出版社
地　　址	(230009)合肥市屯溪路 193 号
网　　址	press. hfut. edu. cn
电　　话	理工图书出版中心:0551-62903204 营销与储运管理中心:0551-62903198
开　　本	787 毫米×1092 毫米　1/16
印　　张	11
字　　数	254 千字
版　　次	2024 年 11 月第 1 版
印　　次	2024 年 11 月第 1 次印刷
印　　刷	安徽联众印刷有限公司
书　　号	ISBN 978-7-5650-7022-8
定　　价	38.00 元

前　言

本书是为“动力工程及工程热物理”学科及相近学科研究生核心课“流体力学”编写的教材，也可作为相关科研工作者和工程技术人员的参考书。编写本书的目的是，使学生在本科阶段学习“工程流体力学”的基础上，在对流体所伴随的物理现象的认知、概念的建立及规律分析的同时，深化分析和研究学科中流体流动问题的基本思想，提高学生处理各类复杂流体力学工程问题的能力。

本书共分八章，在介绍高等工程流体力学的预备知识后，讲述了流体力学的基本概念、势流理论、速度势函数和流函数、复位势和复速度等，在此基础上介绍N－S方程、边界层理论、湍流基础知识、湍流模型等。本书最后还介绍了计算流体力学的相关内容。

本书由安徽工业大学钱付平、韩云龙、刘典福、邱冰冰、仲怀玉，北京科技大学吴延鹏，合肥工业大学翟瑞，安徽理工大学张俪安、张峥，安徽建筑大学水滔滔、张红亚、胡昊编写，其中，韩云龙、钱付平、吴延鹏编写第1、2、6章，邱冰冰、翟瑞编写第3章，刘典福、水滔滔、张红亚、张峥、胡昊编写第4、5章，仲怀玉、钱付平、张俪安编写第7、8章，全书由钱付平、韩云龙、仲怀玉统稿。

在本书编写过程中，参考了众多文献，在此向这些作者表示诚挚的谢意。

本书的编写得到了安徽省新时代育人质量工程(研究生教育)省级研究生规划教材项目(2022ghjc050)的支持，在此表示感谢！

由于时间仓促及编者水平的限制，书中难免有不足之处，恳请各位读者批评指正。

编　者

2024年9月

目　　录

第 1 章　张量与场论 …………………………………………………………………… (001)

1.1　张量与运算 …………………………………………………………………… (001)
1.2　张量分解定理 ………………………………………………………………… (004)
1.3　哈密尔顿算子(∇)……………………………………………………………… (005)
1.4　场　论 ………………………………………………………………………… (006)
1.5　思考题 ………………………………………………………………………… (013)

第 2 章　流体运动学与动力学基本方程 ………………………………………………… (014)

2.1　流体力学的研究方法 ………………………………………………………… (014)
2.2　连续介质 ……………………………………………………………………… (015)
2.3　流体的性质 …………………………………………………………………… (017)
2.4　描述流体运动的两种方法 …………………………………………………… (018)
2.5　随体导数 ……………………………………………………………………… (021)
2.6　流体微团运动分析 …………………………………………………………… (024)
2.7　涡旋运动 ……………………………………………………………………… (028)
2.8　流体运动的分类 ……………………………………………………………… (030)
2.9　应力及本构方程 ……………………………………………………………… (030)
2.10　流体动力学基本方程组……………………………………………………… (033)
2.11　思考题………………………………………………………………………… (040)

第 3 章　理想流体及势流理论 …………………………………………………………… (041)

3.1　势流运动控制方程 …………………………………………………………… (041)
3.2　流函数与速度势函数 ………………………………………………………… (043)
3.3　复位势和复速度 ……………………………………………………………… (046)
3.4　基本平面势流及其叠加 ……………………………………………………… (047)
3.5　思考题 ………………………………………………………………………… (053)

第 4 章　N－S 方程的精确解 …………………………………………………………… (054)

4.1　概　述 ………………………………………………………………………… (054)
4.2　定常无对流项 N－S 方程精确解 …………………………………………… (056)

4.3 非定常无对流项 N-S 方程精确解 …… (075)
4.4 定常有对流项 N-S 方程精确解 …… (082)
4.5 思考题 …… (088)

第 5 章 小雷诺数流动 …… (089)

5.1 斯托克斯近似 …… (089)
5.2 绕圆球的缓慢流动 …… (095)
5.3 奥辛近似 …… (102)
5.4 思考题 …… (104)

第 6 章 普朗特边界层理论 …… (105)

6.1 边界层的概念 …… (105)
6.2 普朗特边界层方程 …… (106)
6.3 边界层方程的相似解 …… (109)
6.4 边界层动量积分方程 …… (113)
6.5 思考题 …… (118)

第 7 章 湍流基础理论 …… (119)

7.1 湍流现象及其数学表述 …… (119)
7.2 湍流的数值模拟方法 …… (123)
7.3 零方程模型及一方程模型 …… (126)
7.4 两方程模型 …… (127)
7.5 多方程模型 …… (136)
7.6 雷诺(Reynolds)应力输运模型 …… (137)
7.7 大涡模拟(LES) …… (141)
7.8 思考题 …… (144)

第 8 章 计算流体动力学基础 …… (145)

8.1 计算流体动力学(CFD)概述 …… (145)
8.2 计算流体动力学的求解过程 …… (147)
8.3 CFD 软件及平台介绍 …… (152)
8.4 CFD 应用实例 …… (157)
8.5 思考题 …… (161)

参考答案 …… (162)

参考文献 …… (169)

第 1 章　张量与场论

1.1　张量与运算

1.1.1　张量的概念

(1) 定义

凡是坐标旋转时能自身转换而保持不变的量被称为张量。张量的定义包含了两方面的含义，一是在某一坐标系中有一组数，二是给出了这一组数坐标变换时的变换规律。张量与坐标系无关，但在特定的坐标系中，由变换规律就知道了其分量值。

采用张量表示流体力学的基本方程，其书写简练，物理意义明确，而流体力学中的应力、应变等本身就是张量，因此，学习张量的性质和基本运算对于流体力学的研究与学习是十分必要的。在笛卡尔坐标系中定义的张量称为笛卡尔张量，在任意曲线坐标系中定义的张量称为普遍张量，本章只介绍笛卡尔张量的性质和运算。

我们学过的标量和向量也是张量，标量也被称为零阶张量，只有一个分量，如温度、密度等，只有大小。向量(矢量)坐标旋转时，向量在各坐标轴的分量随之变化，而向量本身却保持不变，是一阶张量，具有三个分量。而应力或应变是二阶张量，有九个分量。若应力 $\boldsymbol{\pi}$ 在任一点处有三个矢量分量 $\boldsymbol{\pi}_1$、$\boldsymbol{\pi}_2$、$\boldsymbol{\pi}_3$，即这个量有 9 个分量，$\boldsymbol{\pi}$ 在任何坐标系中都为同一个量，但分量有变化，存在一定的变换关系。

通常所说的张量常指二阶或二阶以上的张量，三阶张量具有 27 个分量，n 阶张量具有 3^n 个分量。

(2) 张量的表示

二阶张量 $\boldsymbol{\sigma}_{ij}$，有 9 个分量，可表示如下

$$\boldsymbol{\sigma}_{ij}=[\boldsymbol{\sigma}_{ij}]=\begin{bmatrix}\boldsymbol{\sigma}_{11} & \boldsymbol{\sigma}_{12} & \boldsymbol{\sigma}_{13}\\ \boldsymbol{\sigma}_{21} & \boldsymbol{\sigma}_{22} & \boldsymbol{\sigma}_{23}\\ \boldsymbol{\sigma}_{31} & \boldsymbol{\sigma}_{32} & \boldsymbol{\sigma}_{33}\end{bmatrix} \tag{1-1}$$

张量表达式中的括号[ ]常省去，如一阶张量表示为 $\boldsymbol{V}_i$，二阶张量表示为 $\boldsymbol{\delta}_{ij}$，三阶张量表示为 $\boldsymbol{\varepsilon}_{ijk}$。

1.1.2 约定求和法则

对于求和式 $S=a_1x_1+a_2x_2+\cdots+a_nx_n=\sum_{i=1}^{n}a_ix_i=\sum_{j=1}^{n}a_jx_j=\sum_{k=1}^{n}a_kx_k$，式中的指标 i,j,k 与求和无关，可用任意字符代替。为了简化作如下约定：每逢某个指标在一项中重复一次，就表示对该指标求和，指标取1,2,3。这样重复的指标称为哑标，哑标可以换用任何符号。如求和式 $a_ib_i=a_1b_1+a_2b_2+a_3b_3$，$a_{ij}x_iy_j=a_{11}x_1y_1+a_{12}x_1y_2+a_{13}x_1y_3+a_{21}x_2y_1+a_{22}x_2y_2+a_{23}x_2y_3+a_{31}x_3y_1+a_{32}x_3y_2+a_{33}x_3y_3$。

当两个和式相乘时，哑标是不能重复的，即两个和式若采用的哑标相同，相乘时应将其中一个和式中的哑标换成其他符号。

对于方程式 $y_i=a_{ij}x_j$，指标 i 在方程的各项中只出现了一次，称为自由指标，自由指标取1,2,3，于是上式可展开为以下3个方程式：

$$\begin{cases} y_1=a_{11}x_1+a_{12}x_2+a_{13}x_3 \\ y_2=a_{21}x_1+a_{22}x_2+a_{23}x_3 \\ y_3=a_{31}x_1+a_{32}x_2+a_{33}x_3 \end{cases} \tag{1-2}$$

需要注意的是自由指标不能任意改变，若要改变，必须对一个等式中的所有各项出现的这个指标同时改变。

1.1.3 Kronecker 内积符号与置换符号

(1)Kronecker 内积符号

Kronecker 内积符号为 $\delta_{ij}=\begin{cases}1 & i=j \\ 0 & i\neq j\end{cases}$，其中 i,j 为自由指标，取1,2,3。由 δ_{ij} 可确定一个单位矩阵，即 $\begin{bmatrix}\delta_{11} & \delta_{12} & \delta_{13} \\ \delta_{21} & \delta_{22} & \delta_{23} \\ \delta_{31} & \delta_{32} & \delta_{33}\end{bmatrix}=\begin{bmatrix}1 & 0 & 0 \\ 0 & 1 & 0 \\ 0 & 0 & 1\end{bmatrix}$。

若 $\boldsymbol{e}_1,\boldsymbol{e}_2,\boldsymbol{e}_3$ 是相互垂直的单位矢量，则 $\delta_{ij}=\boldsymbol{e}_i\cdot\boldsymbol{e}_j$，$\delta_{ij}$ 在张量运算中具有变换指标的作用，如 $A_i\rightarrow A_k$，利用 δ_{ij} 将 A_i 变换为 $\delta_{ki}A_i=\delta_{kk}A_k\rightarrow A_k$。

变换指标思路：把某一项要变换的指标变成哑标，由于哑标能用任意字符替换，利用 Kronecker 内积符号等于1的性质完成指标的变换。

δ_{ij} 符号还具有如下性质 $\delta_{ij}=\delta_{ji}$，$\delta_{ij}\delta_{ij}=\delta_{ii}=\delta_{11}+\delta_{22}+\delta_{33}=3$。

(2) 置换符号

置换符号表示为

$$\varepsilon_{ijk}=\begin{cases}1 & i,j,k\ \ 1,2,3\ \text{的偶排列}, & 123,231,312 \\ -1 & i,j,k\ \ 1,2,3\ \text{的奇排列}, & 213,321,132 \\ 0 & i,j,k\ \text{中有两个以上的指标相同} & \end{cases} \tag{1-3}$$

※ 回顾排列：从 n 个不同元素中取出 m 个元素，按照一定的顺序排成一列。一个排列中的两个数，若排在前面的数大于后面的数则构成一个反序，一个序列中全部反序的个数称为反序数，若是偶数则称为偶排列，若是奇数，则称为奇排列。

置换符号又称为里奇符号(Ricci)，为任意两个向量的叉积，即 $\boldsymbol{e}_i \times \boldsymbol{e}_j = \varepsilon_{ijk}\boldsymbol{e}_k$

置换符号还具有如下性质：$\boldsymbol{e}_i \cdot (\boldsymbol{e}_j \times \boldsymbol{e}_k) = \varepsilon_{ijk}$，$\varepsilon_{ijk}\varepsilon_{ist} = \delta_{js}\delta_{kt} - \delta_{jt}\delta_{ks}$，$\varepsilon_{ijk}\delta_{ij} = 0$。

1.1.4　张量的分量

设 $\boldsymbol{e}_i$ 为笛卡尔直角坐标系 x_i 轴的单位基矢量，$\boldsymbol{a}$ 为任意矢量，其分量为 $\boldsymbol{a}_i$，于是 $\boldsymbol{a} = \boldsymbol{a}_i\boldsymbol{e}_i$，$\boldsymbol{a}_i = \boldsymbol{a} \cdot \boldsymbol{e}_i = \boldsymbol{e}_i \cdot \boldsymbol{a}$。对于一个二阶张量 $\boldsymbol{T}$，它可以将矢量 $\boldsymbol{a}$ 变换为另一个矢量 $\boldsymbol{b}$，即

$$\boldsymbol{b} = \boldsymbol{T} \cdot \boldsymbol{a} = \boldsymbol{T} \cdot \boldsymbol{a}_i\boldsymbol{e}_i = \boldsymbol{a}_i\boldsymbol{T} \cdot \boldsymbol{e}_i \tag{1-4}$$

其分量为

$$\boldsymbol{b}_i = \boldsymbol{e}_i \cdot \boldsymbol{b} \tag{1-5}$$

将式(1－4)中的指标 i 改为 j，将式(1－4)代入式(1－5)为

$$\boldsymbol{b}_i = \boldsymbol{e}_i \cdot \boldsymbol{a}_j\boldsymbol{T} \cdot \boldsymbol{e}_j = \boldsymbol{a}_j\boldsymbol{e}_i \cdot \boldsymbol{T} \cdot \boldsymbol{e}_j \tag{1-6}$$

式(1-6)中 $\boldsymbol{e}_i \cdot \boldsymbol{T} \cdot \boldsymbol{e}_j$ 写为 $\boldsymbol{T}_{ij}$，即 $\boldsymbol{T}_{ij} = \boldsymbol{e}_i \cdot \boldsymbol{T} \cdot \boldsymbol{e}_j$，称为二阶张量 $\boldsymbol{T}$ 的分量，也可理解为矢量 $\boldsymbol{T} \cdot \boldsymbol{e}_j$ 在 $\boldsymbol{e}_i$ 上的分量，即 $\boldsymbol{T} \cdot \boldsymbol{e}_j = \boldsymbol{T}_{ij}\boldsymbol{e}_i$。

矢量 $\boldsymbol{a}$，$\boldsymbol{b}$ 及张量 $\boldsymbol{T}$ 本身与坐标系无关，但其分量 $\boldsymbol{a}_i$，$\boldsymbol{b}_i$，$\boldsymbol{T}_{ij}$ 通过其基矢量组$\{\boldsymbol{e}_1, \boldsymbol{e}_2, \boldsymbol{e}_3\}$与坐标系相关。

1.1.5　张量运算

(1) 张量的加减

设 $\boldsymbol{T}$，$\boldsymbol{S}$ 均为二阶张量，其和差用 $\boldsymbol{T} \pm \boldsymbol{S}$ 表示，结果仍为二阶张量。若 $\boldsymbol{a}$ 为任一矢量，有 $(\boldsymbol{T} \pm \boldsymbol{S}) \cdot \boldsymbol{a} = \boldsymbol{T} \cdot \boldsymbol{a} \pm \boldsymbol{S} \cdot \boldsymbol{a}$，其分量为 $(\boldsymbol{T} \pm \boldsymbol{S})_{ij} = \boldsymbol{e}_i \cdot (\boldsymbol{T} \pm \boldsymbol{S}) \cdot \boldsymbol{e}_j = \boldsymbol{e}_i \cdot \boldsymbol{T} \cdot \boldsymbol{e}_j \pm \boldsymbol{e}_i \cdot \boldsymbol{S} \cdot \boldsymbol{e}_j = \boldsymbol{T}_{ij} \pm \boldsymbol{S}_{ij}$，其矩阵形式为$[\boldsymbol{T} \pm \boldsymbol{S}] = [\boldsymbol{T}] \pm [\boldsymbol{S}]$。

(2) 张量和标量的乘积

设 $\boldsymbol{T}$ 为二阶张量，θ 为标量，它们的乘积记为 $\boldsymbol{T}'$，则 $\boldsymbol{T}' = \theta\boldsymbol{T}$，结果仍为二阶张量。

(3) 并矢积

矢量 $\boldsymbol{a}$ 和 $\boldsymbol{b}$ 的并矢即 $\boldsymbol{a}$ 和 $\boldsymbol{b}$ 的乘积 $\boldsymbol{ab}$，结果仍为二阶张量，$\boldsymbol{ab}$ 关于基矢量组$\{\boldsymbol{e}_1, \boldsymbol{e}_2, \boldsymbol{e}_3\}$的分量为 $(\boldsymbol{ab})_{ij} = \boldsymbol{e}_i \cdot (\boldsymbol{ab}) \cdot \boldsymbol{e}_j = \boldsymbol{e}_i \cdot \boldsymbol{ab} \cdot \boldsymbol{e}_j = \boldsymbol{a}_i\boldsymbol{b}_j$。单位基矢量的两两并矢 $\boldsymbol{e}_i\boldsymbol{e}_j$ 称为并基。同理，二阶张量 $\boldsymbol{T}$ 可以表示为 $\boldsymbol{T} = \boldsymbol{T}_{11}\boldsymbol{e}_1\boldsymbol{e}_1 + \boldsymbol{T}_{12}\boldsymbol{e}_1\boldsymbol{e}_2 + \cdots + \boldsymbol{T}_{33}\boldsymbol{e}_3\boldsymbol{e}_3$ 即 $\boldsymbol{T} = \boldsymbol{T}_{ij}\boldsymbol{e}_i\boldsymbol{e}_j$。

这种并矢记法可以推广至任意阶张量，如三阶张量 $\boldsymbol{A}$ 可以表示为 $\boldsymbol{A} = \boldsymbol{A}_{ijk}\boldsymbol{e}_i\boldsymbol{e}_j\boldsymbol{e}_k$。

可以用上述并矢记法表示基张量，即一阶基张量 $\boldsymbol{e}_i$，二阶基张量 $\boldsymbol{e}_{ij} = \boldsymbol{e}_i\boldsymbol{e}_j$，$n$ 阶基张量 $\boldsymbol{e}_{i_1 i_2 \cdots i_n} = \boldsymbol{e}_{i_1}\boldsymbol{e}_{i_2}\cdots\boldsymbol{e}_{i_n}$。

于是有一阶张量 $\boldsymbol{a} = \boldsymbol{a}_i\boldsymbol{e}_i$，二阶张量 $\boldsymbol{T} = \boldsymbol{T}_{ij}\boldsymbol{e}_{ij}$，$n$ 阶张量 $\boldsymbol{A} = \boldsymbol{A}_{i_1 i_2}\cdots\boldsymbol{A}_{i_n}\boldsymbol{e}_{i_1 i_2}\cdots\boldsymbol{e}_{i_n}$。至此，有四种张量记法：

不变性(符号,抽象)记法,$\boldsymbol{T}$;

分量(指标)记法,$\boldsymbol{T}_{ij}$;

并矢记法,$\boldsymbol{T}_{ij}\boldsymbol{e}_i\boldsymbol{e}_j$;

广义标量记法,$\boldsymbol{T}_{ij}\boldsymbol{e}_{ij}$。

(4) 张量的点积

矢量 $\boldsymbol{a}$,$\boldsymbol{b}$ 的点积为 $\boldsymbol{a}\cdot\boldsymbol{b}=\boldsymbol{a}_i\boldsymbol{e}_i\cdot\boldsymbol{b}_j\boldsymbol{e}_j=\boldsymbol{a}_i\boldsymbol{b}_j\boldsymbol{e}_i\cdot\boldsymbol{e}_j=\boldsymbol{a}_i\boldsymbol{b}_j\delta_{ij}=\boldsymbol{a}_i\boldsymbol{b}_i$。二阶张量 $\boldsymbol{T}$,$\boldsymbol{S}$ 的点积为 $\boldsymbol{T}\cdot\boldsymbol{S}=\boldsymbol{T}_{ij}\boldsymbol{e}_i\boldsymbol{e}_j\cdot\boldsymbol{S}_{mn}\boldsymbol{e}_m\boldsymbol{e}_n=\boldsymbol{T}_{ij}\boldsymbol{S}_{mn}\boldsymbol{e}_i\boldsymbol{e}_j\cdot\boldsymbol{e}_m\boldsymbol{e}_n=\boldsymbol{T}_{ij}\boldsymbol{S}_{mn}\boldsymbol{e}_i\boldsymbol{e}_n\boldsymbol{\delta}_{jm}=\boldsymbol{T}_{im}\boldsymbol{S}_{mn}\boldsymbol{e}_i\boldsymbol{e}_n$,任意一个二阶张量依次点积的结果仍为二阶张量。

(5) 张量的叉积

矢量 $\boldsymbol{a}$,$\boldsymbol{b}$ 的叉积 $\boldsymbol{a}\times\boldsymbol{b}=\boldsymbol{a}_i\boldsymbol{e}_i\times\boldsymbol{b}_j\boldsymbol{e}_j=\boldsymbol{a}_i\boldsymbol{b}_j\boldsymbol{e}_i\times\boldsymbol{e}_j=\boldsymbol{a}_i\boldsymbol{b}_j\varepsilon_{ijk}\boldsymbol{e}_k$,两个任意张量 $\boldsymbol{A}$,$\boldsymbol{B}$ 的叉积为 $\boldsymbol{A}\times\boldsymbol{B}=\boldsymbol{A}_{ij}\boldsymbol{e}_{ij}\times\boldsymbol{B}_{rst}\boldsymbol{e}_{rst}=\boldsymbol{A}_{ij}\boldsymbol{B}_{rst}\boldsymbol{e}_i\boldsymbol{e}_j\times\boldsymbol{e}_r\boldsymbol{e}_{st}=\boldsymbol{A}_{ij}\boldsymbol{B}_{rst}\varepsilon_{jrk}\boldsymbol{e}_i\boldsymbol{e}_k\boldsymbol{e}_{st}$。

1.2 张量分解定理

1.2.1 对称张量与反对称张量

设 $\boldsymbol{P}$ 是一个二阶张量,$\boldsymbol{P}=\boldsymbol{P}_{ij}$,$\boldsymbol{P}_c$ 也为一个二阶张量,$\boldsymbol{P}_c=\boldsymbol{P}_{ji}$,$\boldsymbol{P}_c$ 称为 $\boldsymbol{P}$ 的共轭张量,表示为

$$\boldsymbol{P}_c=\boldsymbol{P}_{ji}=\begin{bmatrix}P_{11} & P_{12} & P_{13}\\ P_{21} & P_{22} & P_{23}\\ P_{31} & P_{32} & P_{33}\end{bmatrix}\tag{1-7}$$

若 $\boldsymbol{P}=\boldsymbol{P}_c$,即 $\boldsymbol{P}_{ij}=\boldsymbol{P}_{ji}$,则称此张量为对称张量,可表示为

$$\boldsymbol{P}=\boldsymbol{P}_{ij}=\begin{bmatrix}P_{11} & P_{12} & P_{13}\\ P_{12} & P_{22} & P_{23}\\ P_{13} & P_{23} & P_{33}\end{bmatrix}\tag{1-8}$$

一个对称张量,只有 6 个独立分量。

若 $\boldsymbol{P}=-\boldsymbol{P}_c$,即 $\boldsymbol{P}_{ij}=-\boldsymbol{P}_{ji}$,则称此张量为反对称张量,可表示为

$$\boldsymbol{P}=\boldsymbol{P}_{ij}=\begin{bmatrix}0 & P_{12} & -P_{31}\\ -P_{12} & 0 & P_{23}\\ P_{31} & -P_{23} & 0\end{bmatrix}\tag{1-9}$$

一个反对称张量只有 3 个独立分量,对角线元素均为 0。

1.2.2　张量分解定理

一个二阶张量可以唯一地分解为一个对称张量和一个反对称张量之和，即为

$$\boldsymbol{P}=\frac{1}{2}(\boldsymbol{P}+\boldsymbol{P}_c)+\frac{1}{2}(\boldsymbol{P}-\boldsymbol{P}_c)=\frac{1}{2}(\boldsymbol{P}_{ij}+\boldsymbol{P}_{ji})+\frac{1}{2}(\boldsymbol{P}_{ij}-\boldsymbol{P}_{ji}) \tag{1-10}$$

式中$\frac{1}{2}(\boldsymbol{P}_{ij}+\boldsymbol{P}_{ji})$为对称张量，$\frac{1}{2}(\boldsymbol{P}_{ij}-\boldsymbol{P}_{ji})$为反对称张量。

1.3　哈密尔顿算子(∇)

哈密尔顿算子是一个具有微分及矢量双重运算的算子，即

$$\nabla=i\frac{\partial}{\partial x}+j\frac{\partial}{\partial y}+k\frac{\partial}{\partial z} \tag{1-11}$$

利用张量表示法的哈密尔顿算子写为

$$\nabla=\boldsymbol{e}_i\frac{\partial}{\partial x_i} \tag{1-12}$$

利用哈密尔顿算子运算时，先进行微分运算，后进行矢量运算。设 φ 为标量，$\boldsymbol{a}$ 为矢量，有

$$\nabla\varphi=\boldsymbol{e}_i\frac{\partial\varphi}{\partial x_i} \tag{1-13}$$

$$\nabla\cdot\boldsymbol{a}=\boldsymbol{e}_i\frac{\partial}{\partial x_i}\cdot\boldsymbol{a}_j\boldsymbol{e}_j=\boldsymbol{e}_i\cdot\boldsymbol{e}_j\frac{\partial\boldsymbol{a}_j}{\partial x_i}=\delta_{ij}\frac{\partial\boldsymbol{a}_j}{\partial x_i}=\frac{\partial\boldsymbol{a}_i}{\partial x_i} \tag{1-14}$$

$$\nabla\times\boldsymbol{a}=\boldsymbol{e}_i\frac{\partial}{\partial x_i}\times\boldsymbol{a}_j\boldsymbol{e}_j=\boldsymbol{e}_i\times\boldsymbol{e}_j\frac{\partial\boldsymbol{a}_j}{\partial x_i}=\varepsilon_{ijk}\boldsymbol{e}_k\frac{\partial\boldsymbol{a}_j}{\partial x_i} \tag{1-15}$$

哈密尔顿算子还可进行如下运算

$$\nabla\nabla=\boldsymbol{e}_i\boldsymbol{e}_j\frac{\partial}{\partial x_i}\frac{\partial}{\partial x_j} \tag{1-16}$$

$$\nabla\cdot\nabla=\nabla^2=\boldsymbol{e}_i\cdot\boldsymbol{e}_j\frac{\partial}{\partial x_i}\frac{\partial}{\partial x_j}=\delta_{ij}\frac{\partial}{\partial x_i}\frac{\partial}{\partial x_j}=\frac{\partial}{\partial x_i}\frac{\partial}{\partial x_i}=\mathrm{div\ grad} \tag{1-17}$$

$$\nabla\nabla\cdot=\mathrm{grad\ div} \tag{1-18}$$

拉普拉斯算子($\boldsymbol{\Delta}$) 表示为

$$\boldsymbol{\Delta}=\nabla\cdot\nabla=\nabla^2=\frac{\partial^2}{\partial x^2}+\frac{\partial^2}{\partial y^2}+\frac{\partial^2}{\partial z^2} \tag{1-19}$$

设 $\boldsymbol{u}$ 为矢量，若其满足$\frac{\partial^2 \boldsymbol{u}}{\partial x^2}+\frac{\partial^2 \boldsymbol{u}}{\partial y^2}+\frac{\partial^2 \boldsymbol{u}}{\partial z^2}=0$，即 $\Delta \boldsymbol{u}=0$，其为拉普拉斯方程，满足拉普拉斯方程且具有二阶连续偏导数的函数，称为调和函数。

1.4 场 论

1.4.1 场的概念

（1）场的定义

若在空间的某个区域内的每一点都对应着物理量的一个确定值或标量函数、矢量函数，则确定了一个场。

标量场，如温度场、压力场、密度场等。

矢量场，如速度场、力场、电磁场等。

若同一时刻场内各点函数的值都相等，则称为均匀场，否则称为不均匀场。

若场内某一个物理量或函数值和时间无关，即不随时间而改变，则称此场为定常场，否则称为不定常场。

（2）场的几何表示

等位面：设一个标量场 $\varphi(x,y,z)$，在某一时刻 t_0 场中使函数 φ 取相同数值点所组成的曲面，也称为等值面。

性质：从等值线疏密程度可以看出标量函数值的变化情况，等值线靠得近的地方函数变化快，靠得远的地方变化慢。函数值的改变主要在等值线法线方向发生，即法线方向变化最快，沿等值线切线方向移动，函数值并不改变。如气象上的等压线、等温线，地形图的等高线等。

矢量线：曲线上的每一点都和对应于该点的矢量相切，如静电场的电力线，磁场中的磁力线，流速场中的流线等。

设 $\boldsymbol{a}(x,y,z,t)$ 为矢量场，矢量线微分方程为

$$\frac{\mathrm{d}x}{\boldsymbol{a}_x(x,y,z,t)}=\frac{\mathrm{d}y}{\boldsymbol{a}_y(x,y,z,t)}=\frac{\mathrm{d}z}{\boldsymbol{a}_z(x,y,z,t)} \tag{1-20}$$

1.4.2 梯度

（1）定义

在标量场 φ 中，将 φ 值相等的点连在一起得到一系列的等值线，那么 φ 在法线方向的变化率叫作 φ 在该点的梯度，以 grad 表示。它是标量场不均匀性的量度，是一个向量，令 $\boldsymbol{n}$ 代表法线方向单位向量，$\frac{\partial \varphi}{\partial n}$ 代表该方向的变化率，则有

$$\mathrm{grad}\varphi=\boldsymbol{n}\frac{\partial \varphi}{\partial n} \tag{1-21}$$

写为分量形式为 $\mathrm{grad}\varphi=i\dfrac{\partial\varphi}{\partial x}+j\dfrac{\partial\varphi}{\partial y}+k\dfrac{\partial\varphi}{\partial z}$。式中，$i,j,k$ 为 x,y,z 轴方向的单位向量。引入哈密尔顿算子 ∇，则 φ 的梯度写为

$$\nabla\varphi=\boldsymbol{e}_i\frac{\partial\varphi}{\partial x_i}=\boldsymbol{e}_1\frac{\partial\varphi}{\partial x}+\boldsymbol{e}_2\frac{\partial\varphi}{\partial y}+\boldsymbol{e}_3\frac{\partial\varphi}{\partial z}=i\frac{\partial\varphi}{\partial x}+j\frac{\partial\varphi}{\partial y}+k\frac{\partial\varphi}{\partial z} \tag{1-22}$$

(2) 梯度运算

设矢量函数 $\boldsymbol{a}$ 确定的矢量场，其梯度为 $\mathrm{grad}\boldsymbol{a}=\nabla a=\boldsymbol{e}_i\dfrac{\partial}{\partial x_i}\boldsymbol{a}_j\boldsymbol{e}_j=\dfrac{\partial\boldsymbol{a}_j}{\partial x_i}\boldsymbol{e}_i\boldsymbol{e}_j$，

设 $\boldsymbol{T}$ 为任意二阶张量，其梯度为 $\mathrm{grad}\boldsymbol{T}=\nabla\boldsymbol{T}=\boldsymbol{e}_i\dfrac{\partial}{\partial x_i}\boldsymbol{T}_{jk}\boldsymbol{e}_j\boldsymbol{e}_k=\dfrac{\partial\boldsymbol{T}_{jk}}{\partial x_i}\boldsymbol{e}_i\boldsymbol{e}_j\boldsymbol{e}_k$。

1.4.3　散度

(1) 通量的概念

给定一个矢量场 $\boldsymbol{a}(r,t)$，如图 1-1 所示。在场内任取一个曲面 s，其上取一元面积 $\mathrm{d}s$，在其上取一点 M，作 s 面在 M 点的法线，若曲面封闭，取外法线为正方向，令 $\boldsymbol{n}$ 为曲面 s 上法线方向的单位矢量，$\boldsymbol{a}$ 表示 M 点上的矢量函数的值，则

$\boldsymbol{a}_n=\boldsymbol{a}\cdot\boldsymbol{n}=\boldsymbol{a}_x\cos(\boldsymbol{n},x)+\boldsymbol{a}_y\cos(\boldsymbol{n},y)+\boldsymbol{a}_z\cos(\boldsymbol{n},z)$，代表矢量 $\boldsymbol{a}$ 在法线方向的投影。

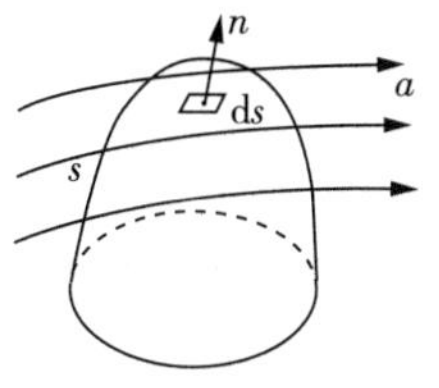

图 1-1　通量计算图

定义 $\boldsymbol{a}_n\mathrm{d}s$ 为矢量 $\boldsymbol{a}$ 通过面积元 $\mathrm{d}s$ 的通量，沿曲面 S 积分，$\iint_s\boldsymbol{a}_n\mathrm{d}s$ 称为矢量 $\boldsymbol{a}$ 通过 s 面的通量，若 s 面封闭，写为 $\oiint_s\boldsymbol{a}_n\mathrm{d}s$。

(2) 散度的定义

在矢量场 $\boldsymbol{a}(r,t)$ 内任取一点 M，以体积 V 包围，若 V 的界面为 s，作矢量 $\boldsymbol{a}$ 通过 s 面的通量，用体积 V 去除，令体积 V 向 M 点无限收缩，得极限

$\lim\limits_{V\to0}\dfrac{\oiint_s\boldsymbol{a}_n\mathrm{d}s}{V}$ 若极限值存在，将其定义为矢量 $\boldsymbol{a}$ 的散度，以 $\mathrm{div}\boldsymbol{a}$ 表示，即

$$\mathrm{div}\boldsymbol{a}=\lim_{V\to0}\frac{\oiint_s\boldsymbol{a}_n\mathrm{d}s}{V} \tag{1-23}$$

即矢量 $\boldsymbol{a}$ 通过单位体积 V 的界面 s 的通量，又称为该点处的源的强度，若为 0，表示在该点无源，表示为 $\mathrm{div}\boldsymbol{a}=0$ 的矢量场 $\boldsymbol{a}$ 为无源场。

设矢量场 $\boldsymbol{a}$，其散度为 $\mathrm{div}\boldsymbol{a}=\nabla\cdot\boldsymbol{a}=\boldsymbol{e}_i\dfrac{\partial}{\partial x_i}a_j\boldsymbol{e}_j=\delta_{ij}\dfrac{\partial\boldsymbol{a}_j}{\partial x_i}=\dfrac{\partial\boldsymbol{a}_i}{\partial x_i}$

设 $\boldsymbol{T}$ 为任意二阶张量，其散度为

$$\operatorname{div}\boldsymbol{T}=\nabla\cdot\boldsymbol{T}=\boldsymbol{e}_i\frac{\partial}{\partial x_i}\cdot\boldsymbol{T}_{jk}\boldsymbol{e}_j\boldsymbol{e}_k=\delta_{ij}\frac{\partial\boldsymbol{T}_{jk}}{\partial x_i}\boldsymbol{e}_k=\frac{\partial\boldsymbol{T}_{ik}}{\partial x_i}\boldsymbol{e}_k \tag{1-24}$$

可见张量的散度为矢量。

1.4.4 旋度

(1) 定义

矢量场 $\boldsymbol{a}(r,t)$，在场内任取封闭曲线 L，作线积分 $\oint_L\boldsymbol{a}\cdot\mathrm{d}r=\oint_L\boldsymbol{a}_x\mathrm{d}x+\boldsymbol{a}_y\mathrm{d}y+\boldsymbol{a}_z\mathrm{d}z$ 称之为矢量 $\boldsymbol{a}$ 沿曲线 L 的环量。

设 M 是场内一点，于 M 点附近取无限小的封闭曲线 L，于 L 上作曲面 s 及 s 的法线 n，如图 1-2 所示。取这样的方向为法线的正方向，在右手坐标系中与曲线 L 的正方向形成右手螺旋系统。

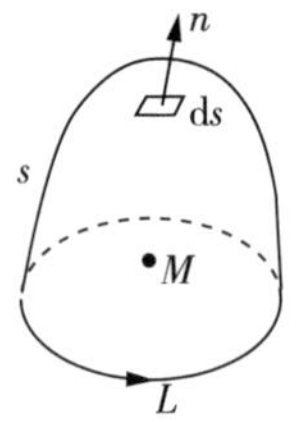

图 1-2　旋度计算示意图

作矢量 $\boldsymbol{a}$ 沿曲线 L 的环量并除以曲面面积 s，令曲线 L 向 M 点收缩，使曲面 s 趋近于固定的 n 方向并趋近于 0，得极限 $\lim\limits_{s\to0}\dfrac{\oint_L\boldsymbol{a}\cdot\mathrm{d}r}{s}$。若极限存在，称为 $\boldsymbol{a}$ 在 M 点的旋度。也称为环量面密度，在 M 点处沿某一固定方向的环量面密度最大，这个最大的数值称为 $\boldsymbol{a}$ 在点 M 的旋度。

写为 $\operatorname{rot}\boldsymbol{a}=\nabla\times\boldsymbol{a}$，或写为

$$\operatorname{rot}\boldsymbol{a}=\begin{vmatrix} i & j & k \\ \dfrac{\partial}{\partial x} & \dfrac{\partial}{\partial y} & \dfrac{\partial}{\partial z} \\ \boldsymbol{a}_x & \boldsymbol{a}_y & \boldsymbol{a}_z \end{vmatrix}=\left(\frac{\partial\boldsymbol{a}_z}{\partial y}-\frac{\partial\boldsymbol{a}_y}{\partial z}\right)i+\left(\frac{\partial\boldsymbol{a}_x}{\partial z}-\frac{\partial\boldsymbol{a}_z}{\partial x}\right)j+\left(\frac{\partial\boldsymbol{a}_y}{\partial x}-\frac{\partial\boldsymbol{a}_x}{\partial y}\right)k \tag{1-25}$$

$\operatorname{rot}\boldsymbol{a}=0$ 的矢量场称为无旋场或势场，反之称为有旋场、涡流场或无势场。

1.4.5 正交曲线坐标系

(1) 概述

空间中任一点 M 在直角坐标系中是由 (x,y,z) 三个数唯一决定的，此时矢径（位置矢量）$\boldsymbol{r}$ 的表达式为 $\boldsymbol{r}=xi+yj+zk$，如图 1-3 所示。

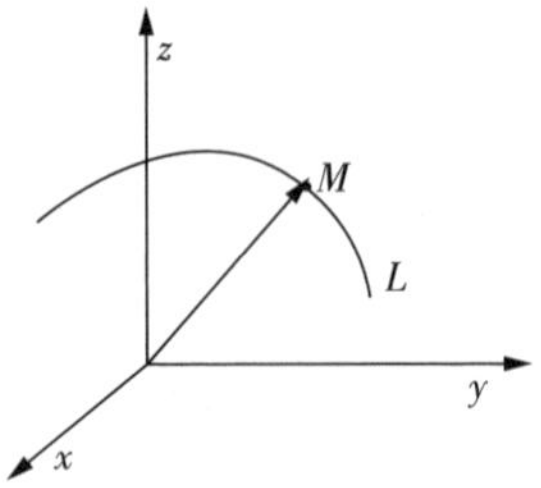

图 1-3　直角坐标系中点的确定

也可以用另外三个数 (q_1,q_2,q_3) 唯一地确定 M 点，如图 1-4 所示。以 $\boldsymbol{e}_1,\boldsymbol{e}_2,\boldsymbol{e}_3$ 分别表示坐标曲线 q_1,q_2,q_3 上的切线单位矢量，分别指向 q_1,q_2,q_3 增大的方向，若 $\boldsymbol{e}_1,\boldsymbol{e}_2,\boldsymbol{e}_3$ 相互正交，则称为正交曲线坐标系。反之称为斜交曲线坐标系，本教材只研究正交曲线坐标系。在正交曲线坐标系中 M 点处的任一矢量 a 可表示为 $\boldsymbol{a}=\boldsymbol{a}_1\boldsymbol{e}_1+\boldsymbol{a}_2\boldsymbol{e}_2+\boldsymbol{a}_3\boldsymbol{e}_3=\boldsymbol{a}_i\boldsymbol{e}_i$，$\boldsymbol{a}_i$ 称为矢量 $\boldsymbol{a}$ 在 $\boldsymbol{e}_i$ 方向上的投影。

最常用的正交曲线坐标系是柱坐标和球坐标，对于柱坐

标，如图 1－5 所示，点 M 的直角坐标与柱坐标之间有如下关系

$$\begin{cases} x = r\cos\varphi \\ y = r\sin\varphi \\ z = z \end{cases} \tag{1-26}$$

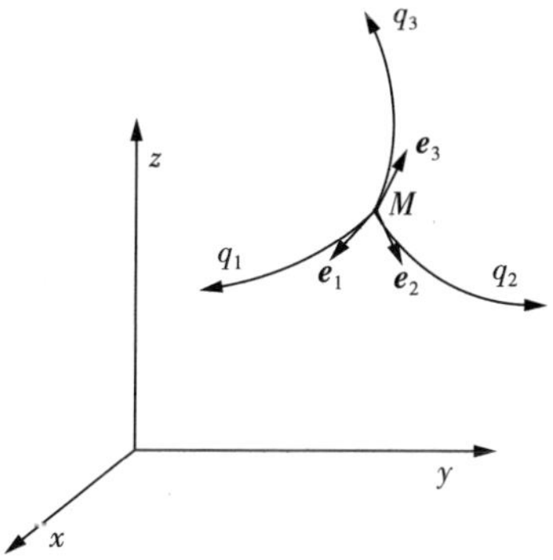

图 1－4　曲线坐标系

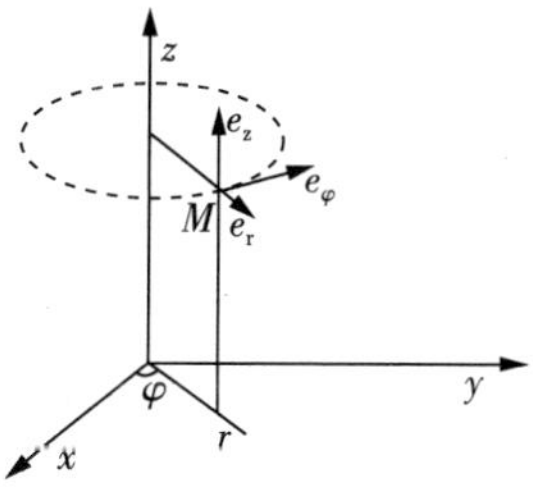

图 1－5　柱坐标

（2）曲线坐标系和直角坐标系的联系

直角坐标系微元弧 $dS = \sqrt{dx^2 + dy^2 + dz^2}$，正交曲线坐标系 q_1、q_2、q_3，直角坐标系中 x 由曲线坐标表示为 $dx = \frac{\partial x}{\partial q_1}dq_1 + \frac{\partial x}{\partial q_2}dq_2 + \frac{\partial x}{\partial q_3}dq_3$。

对坐标曲线 q_1 而言，q_2，q_3 不变，即 $dq_2 = dq_3 = 0$，所以 $dx = \frac{\partial x}{\partial q_1}dq_1$，同理有 $dy = \frac{\partial y}{\partial q_1}dq_1$，$dz = \frac{\partial z}{\partial q_1}dq_1$。

若用 dS_1 表示坐标曲线 q_1 的弧微分，有

$$\begin{aligned} dS_1 &= \sqrt{\left(\frac{\partial x}{\partial q_1}dq_1\right)^2 + \left(\frac{\partial y}{\partial q_1}dq_1\right)^2 + \left(\frac{\partial z}{\partial q_1}dq_1\right)^2} \\ &= dq_1\sqrt{\left(\frac{\partial x}{\partial q_1}\right)^2 + \left(\frac{\partial y}{\partial q_1}\right)^2 + \left(\frac{\partial z}{\partial q_1}\right)^2} \end{aligned} \tag{1-27}$$

令 $H_1 = \sqrt{\left(\frac{\partial x}{\partial q_1}\right)^2 + \left(\frac{\partial y}{\partial q_1}\right)^2 + \left(\frac{\partial z}{\partial q_1}\right)^2}$，则 $dS_1 = H_1 dq_1$。

对坐标曲线 q_2，q_3 也有类似表示，即 $dS_2 = H_2 dq_2$，$dS_3 = H_3 dq_3$，可写为 $dS_i = H_i dq_i$。

H_i 称为度规系数，或拉梅系数，即 $H_i = \sqrt{\left(\frac{\partial x}{\partial q_i}\right)^2 + \left(\frac{\partial y}{\partial q_i}\right)^2 + \left(\frac{\partial z}{\partial q_i}\right)^2}$，它是 q_1、q_2、q_3 的已知函数。

不同的曲线坐标系，如圆柱、球坐标等，对应不同的拉梅系数，在柱坐标系中 $q_1 = r$，$q_2 = \theta$，$q_3 = z$，$H_1 = 1$，$H_2 = r$，$H_3 = 1$。

（3）曲线坐标的梯度

设 φ 为标量，根据梯度的性质，$\mathrm{grad}\varphi$ 在曲线坐标轴上的投影分别是该方向的方向导数 $\frac{\partial\varphi}{\partial S_1}$、$\frac{\partial\varphi}{\partial S_2}$、$\frac{\partial\varphi}{\partial S_3}$，而 $\mathrm{d}S_i=H_i\mathrm{d}q_i$，有

$$\mathrm{grad}\varphi=\frac{1}{H_1}\frac{\partial\varphi}{\partial q_1}e_1+\frac{1}{H_2}\frac{\partial\varphi}{\partial q_2}e_2+\frac{1}{H_3}\frac{\partial\varphi}{\partial q_3}e_3 \tag{1-28}$$

即梯度在曲线坐标系的表达式。

在柱坐标中的形式为

$$\mathrm{grad}\varphi=\frac{\partial\varphi}{\partial r}e_r+\frac{1}{r}\frac{\partial\varphi}{\partial\theta}e_\theta+\frac{\partial\varphi}{\partial z}e_z \tag{1-29}$$

（4）曲线坐标的散度

$\mathrm{div}\boldsymbol{a}$ 的定义为 $\mathrm{div}\boldsymbol{a}=\lim\limits_{V\to0}\frac{\oiint_s \boldsymbol{a}_n\mathrm{d}s}{V}$，其与坐标系无关，利用此式求散度 $\mathrm{div}\boldsymbol{a}$ 在曲线坐标系中的表达式，在矢量场 $\boldsymbol{a}$ 内任取一点 M，作 M 点的体积元 V，是一个以 $\mathrm{d}S_1$、$\mathrm{d}S_2$、$\mathrm{d}S_3$ 为边的平行六面体，如图 1-6 所示。先计算经过六个面的通量。

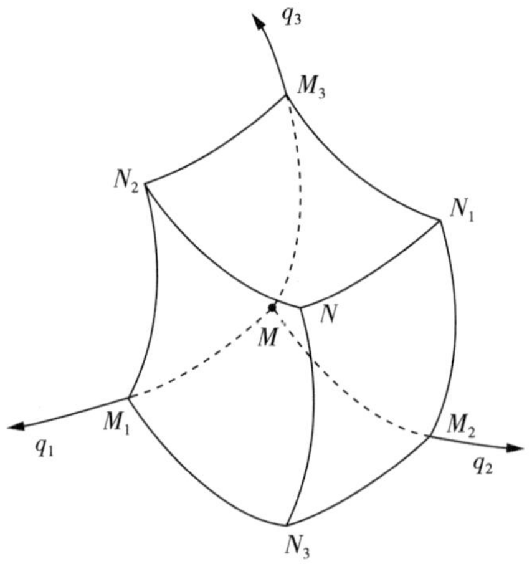

图 1-6　曲线坐标系中的六面体

过曲面 $MM_2N_1M_3$ 的通量为

$$-\boldsymbol{a}_1\mathrm{d}S_2\mathrm{d}S_3=-\boldsymbol{a}_1H_2H_3\mathrm{d}q_2\mathrm{d}q_3 \tag{1-30}$$

（式中负号表示此面的外法线方向是 q_1 的负方向）

过曲面 $M_1N_3NN_2$ 的通量为

$$\left[\boldsymbol{a}_1H_2H_3+\frac{\partial(\boldsymbol{a}_1H_2H_3)}{\partial q_1}\mathrm{d}q_1\right]\mathrm{d}q_2\mathrm{d}q_3 \tag{1-31}$$

于是经过这两个相对面的总通量为

$$\frac{\partial(\boldsymbol{a}_1 H_2 H_3)}{\partial q_1}\mathrm{d}q_1\mathrm{d}q_2\mathrm{d}q_3 \tag{1-32}$$

同理，得到另外两个相对的两面的通量分别是

$$\frac{\partial(\boldsymbol{a}_2 H_3 H_1)}{\partial q_2}\mathrm{d}q_1\mathrm{d}q_2\mathrm{d}q_3 \tag{1-33}$$

$$\frac{\partial(\boldsymbol{a}_3 H_1 H_2)}{\partial q_3}\mathrm{d}q_1\mathrm{d}q_2\mathrm{d}q_3 \tag{1-34}$$

于是，六个面的总通量为

$$\oiint_s \boldsymbol{a}_n\mathrm{d}s = \left[\frac{\partial(\boldsymbol{a}_1 H_2 H_3)}{\partial q_1}+\frac{\partial(\boldsymbol{a}_2 H_3 H_1)}{\partial q_2}+\frac{\partial(\boldsymbol{a}_3 H_1 H_2)}{\partial q_3}\right]\mathrm{d}q_1\mathrm{d}q_2\mathrm{d}q_3 \tag{1-35}$$

而 $\mathrm{d}V = H_1 H_2 H_3\mathrm{d}q_1\mathrm{d}q_2\mathrm{d}q_3$，两式相除，得

$$\mathrm{div}\boldsymbol{a} - \frac{1}{H_1 H_2 H_3}\left[\frac{\partial(\boldsymbol{a}_1 H_2 H_3)}{\partial q_1}+\frac{\partial(\boldsymbol{a}_2 H_3 H_1)}{\partial q_2}+\frac{\partial(\boldsymbol{a}_3 H_1 H_2)}{\partial q_3}\right] \tag{1-36}$$

在柱坐标中的表达式为

$$\mathrm{div}\boldsymbol{a} = \frac{1}{r}\frac{\partial(r\boldsymbol{a}_r)}{\partial r}+\frac{1}{r}\frac{\partial\boldsymbol{a}_\theta}{\partial\theta}+\frac{\partial\boldsymbol{a}_z}{\partial z} \tag{1-37}$$

(5) 曲线坐标的旋度

旋度的定义 $\mathrm{rot}\boldsymbol{a} = \lim\limits_{s\to 0}\frac{\oint_L \boldsymbol{a}\cdot\mathrm{d}r}{s}$ 与坐标系的选取无关，利用此定义式求取曲线坐标系中的表达式。

先计算旋度 $\mathrm{rot}\boldsymbol{a}$ 在 q_1 轴上的投影，此时，n 为 q_1 的正方向。根据散度图 1-6 中的曲线 L，为 $MM_2N_1M_3$，设其逆时针方向为正方向，计算矢量 $\boldsymbol{a}$ 沿 $MM_2N_1M_3$ 的环量

$$\int_{MM_2}\boldsymbol{a}\cdot\mathrm{d}r = \boldsymbol{a}_2\mathrm{d}S_2 = \boldsymbol{a}_2 H_2\mathrm{d}q_2 \tag{1-38}$$

$$\int_{M_3N_1}\boldsymbol{a}\cdot\mathrm{d}r = \left[\boldsymbol{a}_2 H_2 + \frac{\partial(\boldsymbol{a}_2 H_2)}{\partial q_3}\mathrm{d}q_3\right]\mathrm{d}q_2 \tag{1-39}$$

$$\int_{MM3}\boldsymbol{a}\cdot\mathrm{d}r = \boldsymbol{a}_3\mathrm{d}S_3 = \boldsymbol{a}_3 H_3\mathrm{d}q_3 \tag{1-40}$$

$$\int_{M_2N_1}\boldsymbol{a}\cdot\mathrm{d}r = \left[\boldsymbol{a}_3 H_3 + \frac{\partial(\boldsymbol{a}_3 H_3)}{\partial q_2}\mathrm{d}q_2\right]\mathrm{d}q_3 \tag{1-41}$$

因此，$MM_2N_1M_3$ 的环量为

$$\begin{aligned}\oint_{MM_2N_1M_3}\boldsymbol{a}\cdot\mathrm{d}r &= \int_{MM_2}+\int_{M_2N_1}-\int_{M_3N_1}-\int_{MM_3} \\ &= \left[\frac{\partial(\boldsymbol{a}_3 H_3)}{\partial q_2}-\frac{\partial(\boldsymbol{a}_2 H_2)}{\partial q_3}\right]\mathrm{d}q_2\mathrm{d}q_3\end{aligned} \tag{1-42}$$

$MM_2N_1M_3$ 所围的面积为

$$d\sigma_1 = dS_2 dS_3 = H_2 H_3 dq_2 dq_3 \tag{1-43}$$

将计算得到的环量和面积相除得

$$(\mathrm{rot}\boldsymbol{a})q_1 = \frac{1}{H_2 H_3}\left[\frac{\partial(\boldsymbol{a}_3 H_3)}{\partial q_2} - \frac{\partial(\boldsymbol{a}_2 H_2)}{\partial q_3}\right] \tag{1-44}$$

同理可得 rot$\boldsymbol{a}$ 在 q_2、q_3 轴上的投影，为

$$(\mathrm{rot}\boldsymbol{a})q_2 = \frac{1}{H_3 H_1}\left[\frac{\partial(\boldsymbol{a}_1 H_1)}{\partial q_3} - \frac{\partial(\boldsymbol{a}_3 H_3)}{\partial q_1}\right] \tag{1-45}$$

$$(\mathrm{rot}\boldsymbol{a})q_3 = \frac{1}{H_1 H_2}\left[\frac{\partial(\boldsymbol{a}_2 H_2)}{\partial q_1} - \frac{\partial(\boldsymbol{a}_1 H_1)}{\partial q_2}\right] \tag{1-46}$$

或写为

$$\mathrm{rot}\boldsymbol{a} = \frac{1}{H_1 H_2 H_3}\begin{vmatrix} H_1 e_1 & H_2 e_2 & H_3 e_3 \\ \dfrac{\partial}{\partial q_1} & \dfrac{\partial}{\partial q_2} & \dfrac{\partial}{\partial q_3} \\ H_1 \boldsymbol{a}_1 & H_2 \boldsymbol{a}_2 & H_3 \boldsymbol{a}_3 \end{vmatrix} \tag{1-47}$$

旋度 rot$\boldsymbol{a}$ 在柱坐标系中的表达式为

$$\begin{cases} (\mathrm{rot}\boldsymbol{a})_r = \dfrac{1}{r}\dfrac{\partial \boldsymbol{a}_z}{\partial \theta} - \dfrac{\partial \boldsymbol{a}_\theta}{\partial z} \\ (\mathrm{rot}\boldsymbol{a})_\theta = \dfrac{\partial \boldsymbol{a}_r}{\partial z} - \dfrac{\partial \boldsymbol{a}_z}{\partial r} \\ (\mathrm{rot}\boldsymbol{a})_z = \dfrac{1}{r}\dfrac{\partial (r\boldsymbol{a}_\theta)}{\partial r} - \dfrac{1}{r}\dfrac{\partial \boldsymbol{a}_r}{\partial \theta} \end{cases} \tag{1-48}$$

(6) 曲线坐标系中的拉普拉斯算子

因 $\boldsymbol{\Delta} = \nabla \cdot \nabla = \mathrm{div\ grad}$，令 $a = \mathrm{grad}\varphi$ 代入 div$\boldsymbol{a}$ 曲线坐标系中的表达式，为

$$\boldsymbol{\Delta}\varphi = \frac{1}{H_1 H_2 H_3}\left[\frac{\partial}{\partial q_1}\left(\frac{H_2 H_3}{H_1}\frac{\partial \varphi}{\partial q_1}\right) + \frac{\partial}{\partial q_2}\left(\frac{H_3 H_1}{H_2}\frac{\partial \varphi}{\partial q_2}\right) + \frac{\partial}{\partial q_3}\left(\frac{H_1 H_2}{H_3}\frac{\partial \varphi}{\partial q_3}\right)\right] \tag{1-49}$$

在柱坐标系中的表达式为

$$\boldsymbol{\Delta}\varphi = \frac{1}{r}\frac{\partial}{\partial r}\left(r\frac{\partial \varphi}{\partial r}\right) + \frac{1}{r^2}\frac{\partial^2 \varphi}{\partial \theta^2} + \frac{\partial^2 \varphi}{\partial z^2} \tag{1-50}$$

1.5　思考题

(1) 求和式 ①$\varepsilon_{ijk}\varepsilon_{ijk}$；②$\varepsilon_{ijk}\delta_{ij}$。

(2) 写出分量形式 ① $\frac{\partial \boldsymbol{u}_i}{\partial x_i}=0$；② $\frac{\partial \boldsymbol{u}_i}{\partial t}+\boldsymbol{u}_j\frac{\partial \boldsymbol{u}_i}{\partial x_j}=f_i-\frac{1}{\rho}\frac{\partial p}{\partial x_i}+\upsilon\frac{\partial^2 \boldsymbol{u}_i}{\partial x_j \partial x_j}$。

(3) 简化为指标记法

$$\begin{cases}\frac{\partial \boldsymbol{T}_{xx}}{\partial x}+\frac{\partial \boldsymbol{T}_{xy}}{\partial y}+\frac{\partial \boldsymbol{T}_{xz}}{\partial z}+b_x=0\\ \frac{\partial \boldsymbol{T}_{yx}}{\partial x}+\frac{\partial \boldsymbol{T}_{yy}}{\partial y}+\frac{\partial \boldsymbol{T}_{yz}}{\partial z}+b_y=0\\ \frac{\partial \boldsymbol{T}_{zx}}{\partial x}+\frac{\partial \boldsymbol{T}_{zy}}{\partial y}+\frac{\partial \boldsymbol{T}_{zz}}{\partial z}+b_z=0\end{cases}$$

(4) 张量的计算，已知 $\boldsymbol{v}=i+2j-5k$，$\boldsymbol{w}=3i-j+k$；求 ①$\boldsymbol{v}\cdot\boldsymbol{w}$，②$\boldsymbol{e}_1\cdot\boldsymbol{v}$，③$\boldsymbol{e}_2\times\boldsymbol{v}$，④$\boldsymbol{v}\times\boldsymbol{w}$。

(5) 哈密尔顿算子的运算，① 求 $\nabla\times\nabla\varphi=?$ 式中 φ 为标量；②$\boldsymbol{r}=xi+yj+zk$ 是位置函数(矢径)，求 $\nabla\cdot r$，$\nabla\times\boldsymbol{r}$，$\nabla(\boldsymbol{a}\cdot\boldsymbol{r})$，$\boldsymbol{a}$ 为矢量；③ 写出下式的分量，$\nabla^2\mathbf{V}$，$\mathbf{V}\cdot\nabla\mathbf{V}$，$\nabla\cdot(\mathbf{VV})$。

(6) 求标量场 $u=x^2+2y^2+3z^2+xy+3x-2y-6z$ 在点 $O(0,0,0)$ 与 $A(1,1,1)$ 处的梯度。

(7) 根据散度的定义式，分析管内水流速度场的特点。

(8) 由场论知识，描述其在流体力学中的应用和表示法。

第2章　流体运动学与动力学基本方程

2.1　流体力学的研究方法

(1) 研究对象

流体主要包括液体和气体，有时也可以把固体颗粒组成的整体作为流体看待。流体力学是力学的一个分支，是研究流体宏观运动规律的学科，主要研究流体的运动规律，流体与流体、流体与固体的相互作用力及流动过程质量、动量、能量的传输规律等。

(2) 研究方法

流体力学的研究方法有理论、实验与数值计算三种。

理论分析是根据流体运动的普遍规律，如质量守恒、动量守恒、能量守恒等，利用数学分析的手段，研究流体的运动，解释已知的现象，预测可能发生的结果。理论分析的步骤大致如下：首先是建立"力学模型"，即针对实际流体的力学问题，分析其中的各种矛盾并抓住主要方面，对问题进行简化而建立反映问题本质的"力学模型"。流体力学中最常用的基本模型有连续介质、牛顿流体、不可压缩流体、理想流体、平面流动等。其次是针对流体运动的特点，用数学语言将质量守恒、动量守恒、能量守恒等定律表达出来，从而得到连续性方程、动量方程和能量方程。此外，还要加上某些联系流动参量的关系式(例如状态方程)，或者其他方程。这些方程合在一起称为流体力学基本方程组。求出方程组的解后，结合具体流动，解释这些解的物理含义和流动机理。通常还要将这些理论结果同实验结果进行比较，以确定所得解的准确程度和力学模型的适用范围。

同物理学、化学等学科一样，流体力学离不开实验，尤其是对新的流体运动现象的研究。实验能显示运动特点及其主要趋势，有助于形成概念，检验理论的正确性。200年来流体力学发展史中每一项重大进展都离不开实验。模型实验在流体力学中占有重要地位。这里所说的模型是指根据理论指导，把研究对象的尺度改变(放大或缩小)以便能安排实验。有些流动现象难以通过理论计算解决，有的则不可能做原型实验(成本太高或规模太大)。这时，根据模型实验所得的数据可以用像换算单位制那样的简单算法求出原型的数据。

流体力学的基本方程组非常复杂，在考虑黏性作用时更是如此，如果不利用计算机，就只能对比较简单的情形或简化后的欧拉方程或N-S方程进行计算。20世纪30—40年代，对于复杂而又特别重要的流体力学问题，曾组织过人力用几个月甚至几年的时间做数值计算，比如圆锥做超声速飞行时周围的无粘流场就从1943年一直算到1947年。数学的发展，计算机的不断进步，以及流体力学各种计算方法的发明，使许多原来无法用理论分析求解的复杂流体力学问题有了求得数值解的可能性，这又促进了流体力学计算方法的发展，并形成了"计算流体力学"。

从20世纪60年代起，在飞行器和其他涉及流体运动的课题中，经常采用电子计算机做数值模拟，这可以和物理实验相辅相成。数值模拟和实验模拟相互配合，使科学技术的研究和工程设计的速度加快，并节省开支。数值计算方法最近发展很快，其重要性与日俱增。解决流体力学问题时，实验室模拟、理论分析和数值计算几方面是相辅相成的。实验需要理论指导，才能从分散的、表面上无联系的现象和实验数据中得出规律性的结论。反之，理论分析和数值计算也要依据实验室模拟给出物理图案或数据，以建立流动的力学模型和数学模式；最后，还须依据实验来检验这些模型和模式的完善程度。此外，实际流动往往异常复杂（例如湍流），理论分析和数值计算会遇到巨大的数学和计算方面的困难，得不到具体结果，只能通过实验室模拟进行研究。

2.2　连续介质

流体是由大量分子组成的，分子间的真空区尺度远大于分子本身。每个分子无休止地作不规则的运动，相互间经常碰撞，交换着动量和能量。因此流体的微观结构和运动无论在时间或空间上都充满着不均匀性、离散性和随机性。另一方面，人们用仪器测量到的或用肉眼观察到的流体宏观结构及运动却又明显地呈现出均匀性、连续性和确定性。微观运动的不均匀性、离散性、随机性和宏观运动的均匀性、连续性、确定性是如此之不同却又和谐地统一在流体这一物质之中，从而形成了流体运动的两个重要侧面。

研究流体的宏观运动存在着两种不同的途径，一种是统计物理的办法，从分子和原子的运动出发，采用统计平均的方法建立宏观物理量满足的方程，并确定流体的性质。采用统计物理的方法可以导出热力学三大定律，在气体的分子运动论方面，对分子碰撞作某些简化假设后可导出正确的宏观方程，但某些分子输运系数的值还不能准确地得出。至于液体输运过程的理论迄今为止还不完善。由此可见，统计物理的办法虽然自然直接，但还不能为流体力学提供充分的理论根据。

第二种方法以连续介质假设为基础，认为流体质点连续地充满了流体所在的整个空间。流体质点所具有的宏观物理量（如质量、速度、压力、温度等）满足一切应该遵循的物理定律及物理性质，例如牛顿定律、质量、能量守恒定律、热力学定律，以及扩散、黏性、热传导等输运性质，但流体的某些物理常数和关系还必须由实验确定，这种方法已广泛地被流体力学所采用并获得了很大的成功。

由于宏观问题的特征尺度和特征时间，例如机翼的翼弦、机翼的振动周期和分子间的距离及碰撞时间相比大得不可比拟，个别分子的行为几乎不影响大量分子统计平均后的宏观物理量。因此在考虑流体的宏观运动时可不必直接考虑流体的分子结构，而采用连续介质这一近似的理论模型。连续介质假设认为真实流体所占有的空间可近似地看成由“流体质点”连续地无空隙地充满着的。

所谓流体质点指的是微观上充分大，宏观上充分小的分子团。一方面，分子团的尺度和分子运动的尺度相比应足够大，使得其中包含大量的分子。对分子团进行统计平均后能得到稳定的数值，少数分子出入分子团不影响稳定的平均值。另一方面，又要求分子团的尺寸和所研究问题的特征尺度相比要充分小，使得分子团内平均物理量可看成均匀不变的，因而可以把它近似地看成几何上没有维度的一个点。

在进行统计平均时还应对进行统计平均的时间 t 做出规定，即要求它必须是微观充分长、宏观充分短的。也就是说，一方面进行统计平均的时间应选得足够长，使得在这段时间内，微观的性质，例如分子间的碰撞已进行了许多次，在这段时间内进行统计平均能够得到稳定的数值。另一方面，进行统计平均的时间从宏观上来说也应选得比特征时间小得多，使得我们可以把进行平均的时间看成一个瞬间。

有了连续介质假设，在研究流体的宏观运动时，就可以把一个本来是大量的离散分子或原子的运动问题近似为连续充满整个空间的流体质点的运动问题。而且每个空间点和每个时刻都有确定的物理量，它们都是空间坐标和时间的连续函数，从而可以利用强有力的数学分析工具。正因为这样，连续介质假设是流体力学中第一个带根本性的假设。

在一般情况下，连续介质假设是合理的。事实上，在通常遇到的问题中，从体积来说，宏观小微观大；从时间来说，宏观短微观长的条件是可以办到的。例如在冰点温度和一个大气压下，$1\ cm^3$ 体积中所含气体分子数约为 2.7×10^{19} 个。即使在 $10^{-9}\ cm^3$ 这样一个宏观条件上说来很小的体积里，也还有 2.7×10^{14} 个分子，从微观方面看来这样的体积还是非常大的。另一方面，在冰点温度和一个大气压下，每立方厘米的气体分子在1秒钟内要碰撞 10^{29} 次，因此在 10^{-6} 秒宏观说来很短的时间内，即使在很小的体积 $10^{-9}\ cm^3$ 内的分子仍然要碰撞 10^{14} 次，这个时间从微观看来是够长的了。

但是，在某些特殊问题中，连续介质的假设也可以不成立。例如在研究导弹和卫星在高空中飞行的稀薄气体力学中，分子间的距离很大，它能和物体的特征尺度比拟，这样虽然获得稳定平均值的分子团还是存在的，但是不能将它看成一个质点。

引入连续介质假设后应明确以下几点：

(1) 当流体力学中引进连续介质假设，并将流体近似地看成由流体质点连续地无空隙地组成后，将不再考虑流体的分子结构。也就是说，从连续介质力学看来，流体的形象是宏观的均匀连续体，而不是微观的包含大量分子的离散体；

(2) 在流体力学中谈到流体质点的位移，不是指个别分子的位移，而是指包含大量分子，在流体力学中看成几何点的分子团的位移。特别是当我们说流体质点处于静止状态时，就是指永远留在原地不动，虽然那里的分子由于热运动将不断移动位置；

(3) 在连续介质内某点 M 上取极限时，不管距离点 M 多近的地方都有流体质点存在，并有确定的物理值。

2.3　流体的性质

流体的性质主要是指流体的宏观性质。由于宏观性质是微观性质的统计平均，所以在叙述宏观性质的时候，将从微观的角度加以说明，流体的宏观性质主要是易流动性、黏性及压缩性。

(1) 易流动性

固体在静止时可以承受切应力，当固体受到切向作用力时，在一般情形下沿切线方向将发生微小的变形，然后达到平衡状态，在它的截面上承受切线方向的应力。因此，固体在静止时，既有法应力也有切应力。与此相反，流体在静止时不能承受切向应力，不管多小的切向应力，只要持续地施加，都能使流体流动发生任意大的变形。因此，流体在静止时只有法应力而没有切应力，流体的这个宏观性质称为易流动性。

流体和固体的区别不是绝对的，有些物质的性质介乎固体和流体之间，具有固体和流体双重的性质。例如胶状物和油漆这两种触变物质在放置一段时间后，它们的性质看起来像弹性固体，但是在摇动和刷漆时却失去弹性，发生很大的变形，其行为完全像流体。

流体的宏观性质和分子的结构以及分子间作用力的性质直接相关。当温度较低时，分子运动不甚剧烈，分子间的距离是量子型强作用力 d_0 的数量阶时，分子间的作用力是量子型的强作用力，数值很大，因此分子只能在各自的平衡位置作微小的振动，此时物质表观为固体的状态，固体具有一定的形状和体积。当温度升高时，分子运动变得剧烈了，分子间距离增大，分子间作用力变为量子型和经典型混合的中等作用力，到达某一温度时，分子间的作用力已不能维持分子在固定的平衡位置附近作微小的振动，但还能维持分子不分散远离，此时，便表现为液体状态。液态的分子无固定的平衡位置，因而整个物体的形状不能维持不变，但仍然有一定的体积，当温度再升高时，分子运动的激烈程度愈甚，分子间距离达 $10d_0$ 左右，只有非常弱的弱作用力作用在它们上面，此时分子相互分散远离，分子运动接近于自由运动。这时，物质便表现为气体状态，气体既然能自由运动，因此没有固定的形状和大小。

固体中分子的作用力较强，有固定的平衡位置，因而不仅具有一定的体积，而且具有一定的形状。当外界有力作用在固体时，它可以作微小的变形，然后可以承受切应力不再变形。而在液体和气体中，分子间的作用力较弱或很弱，很小的切应力，都可使它们产生任意大的变形。

(2) 黏性

流体在静止时虽不能承受切应力，但在运动时，对相邻两层流体间的相对运动，即相对滑动速度却是有抵抗的，这种抵抗力称为黏性应力。流体所具有的这种抵抗两层流体相对滑动速度，或普遍说来抵抗变形的性质称为黏性。黏性大小依赖于流体的性质，并显著地随温度而变化。实验表明，黏性应力的大小与黏性及相对速度成正比。当流体的黏性较小(如空气，水的黏性都是很小的)，运动的相对速度也不大时，所产生的黏性应力比起其他类型的力如惯性力可忽略不计。此时，我们可以近似地把流体看成无黏性的，这样的流体称为理想流体。十分明显，理想流体对于切向变形没有任何抗拒能力，这样对于黏性而言，我们可以将流体分成理想流体和黏性流体两大类。应该强调的是，真正的理想流体在客观实际中只是实际流体在某种条件下的一种近似模型。

除了黏性外，流体还有热传导及扩散等性质。当流体中存在着温度差时，温度高的地方将向温度低的地方传送热量，这种现象称为热传导。同样的，当流体混合物中存在着混合物某个组元的浓度差时，浓度高的地方将向浓度低的地方输送该组元的物质，这种现象称为扩散。

流体的宏观性质，如扩散、黏性、热传导等是分子输运性质的统计平均，由于分子的不规则运动，在各层流体间交换着质量、动量和能量，使不同流体层内的平均物理量均匀化，这种性质称为分子运动的输运性质。质量输运在宏观上表现为扩散现象，动量输运表现为黏性现象，能量输运则表现为热传导现象。

理想流体忽略了黏性，即忽略了分子运动的动量输运性质，因此在理想流体中也不应考虑质量和能量输运性质——扩散和热传导，因为它们具有相同的微观机制。

(3) 压缩性

在流体的运动过程中，由于压力、温度等因素的改变，流体质点的体积(或密度，因质点的质量一定)，或多或少有所改变，流体质点的体积或密度在受到一定压力差或温度差的条件下可以改变的这个性质称为压缩性。真实流体都是可以压缩的，它的压缩程度依赖于流体的性质及外界的条件，液体在通常的压力或温度下，压缩性很小。例如水在 100 个大气压下，容积缩小 0.5%，温度从 20℃ 变化到 100℃，容积增加 4%。因此，在一般情形下，液体可以近似地看成不可压缩的。但是在某些特殊问题中，例如水中爆炸或水击等问题，则必须把液体看作可压缩的。气体的压缩性比液体大得多，所以在一般情形下应该当作可压缩流体处理，但是如果压力差较小，运动速度较小，并且没有很大的温度差，则实际上气体所产生的体积变化也不大。此时，也可以近似地将气体视为不可压缩的。

通过上面的讨论，可以看出，流体都是可压缩的，但对液体或低速运动而温度差又不大的气体而言，在一般情形下可近似地视为不可压缩的，这样我们便可按压缩性将流体分成不可压缩流体和可压缩流体两大类。应该特别强调，不可压缩流体在实际上是不存在的，它只是真实流体在某种条件下的近似模型。

液体和气体具有不同的压缩性可以从微观中得到说明，如上所述，在液体中分子间存在着一定的作用力，它使分子不分散远离，保持一定的体积。因此，要使液体的体积改变是较难的。对气体而言，分子间的作用力十分微小，它不能保持固定的形状及大小，因此，在同样的外界条件的作用下，可以较大地改变它的体积。

2.4 描述流体运动的两种方法

2.4.1 拉格朗日法

拉格朗日法着眼于流体质点，描述每个质点自始至终的运动过程，即它们的位置随时间变化的规律，若知道了所有流体质点的运动规律，整个流体运动状况也就清楚了。

数学描述如下：

设初始时刻 $t=t_0$ 时，流体质点的坐标是 (a,b,c)，不同的 (a,b,c) 代表不同的质点，直角坐标系中有

$$\begin{cases} x=x(a,b,c,t) \\ y=y(a,b,c,t) \\ z=z(a,b,c,t) \end{cases} \tag{2-1}$$

式中，a,b,c 称为拉格朗日变数，若是固定 a,b,c，令 t 改变，得到某一流体质点的运动规律。若是固定时间 t 而令 a,b,c 改变，则得到同一时刻不同流体质点的位置分布。

对时间 t 取偏导，得到流体质点的速度 $\boldsymbol{u}$ 在 x,y,z 轴方向的分量为

$$\begin{cases} \boldsymbol{u}_x=\dfrac{\partial x}{\partial t}=\boldsymbol{u}_x(a,b,c,t) \\ \boldsymbol{u}_y=\dfrac{\partial y}{\partial t}=\boldsymbol{u}_y(a,b,c,t) \\ \boldsymbol{u}_z=\dfrac{\partial z}{\partial t}=\boldsymbol{u}_z(a,b,c,t) \end{cases} \tag{2-2}$$

2.4.2　欧拉法

欧拉法着眼于空间点，在空间中的每一点上描述出流体运动随时间的变化状况，也称为流场法，采用速度矢量进行描述。

$$\begin{cases} \boldsymbol{u}_x=\boldsymbol{u}_x(x,y,z,t) \\ \boldsymbol{u}_y=\boldsymbol{u}_y(x,y,z,t) \\ \boldsymbol{u}_z=\boldsymbol{u}_z(x,y,z,t) \end{cases} \tag{2-3}$$

或 $\boldsymbol{u}_i=\boldsymbol{u}_i(x_k,t)$，以矢量表示为 $\mathbf{V}=\mathbf{V}(X,t)$。若 X 为常数，令 t 改变，可得到某一空间点上不同时刻该点的流速变化；若 t 为常数，X 改变，可得到同一时刻不同空间点上的流体质点的流速分布情况，即流速场。

总结：

(1) 欧拉法描述的是场，可以利用场论理论研究流体的运动；

(2) 欧拉法的加速度是一阶导数，拉格朗日法的加速度是二阶导数，一阶偏微分方程组在数学上比二阶易于求解；

(3) 流体力学研究中广泛采用欧拉法，若要得到质点的运动规律，还要采用拉格朗日法。

2.4.3　迹线和流线

流体运动的几何表示通过拉格朗日法的迹线和欧拉法的流线进行描述。

(1) 迹线

迹线也称为轨迹，在拉格朗日法中是通过描写不同流体质点运动规律的途径来描写整体运动情况的。迹线是流体质点在空间运动时所描述出来的曲线，它给出了同一质点在不同时刻的速度方向，如图 2-1 所示。拉格朗日法中的流体质点的运动规律可写为 $X=X(a,b,c,t)$ 消去时间 t 后即得到迹线方程。

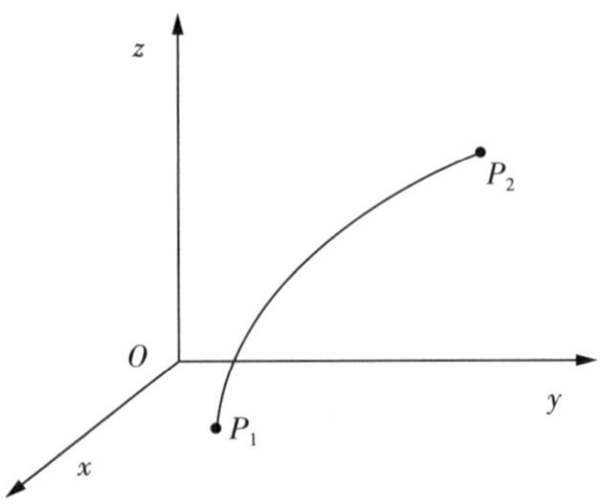

图 2-1　流体质点由 P_1 运动到 P_2 的迹线

(2) 流线

欧拉法以速度场描写流体运动，速度场是矢量场，从场论的知识中可知矢量场的几何表示为矢量线，对应于流场即为流线。流线是这样的曲线，即在某一瞬时，曲线上任一点的速度方向和曲线在该点的切线方向重合，如图 2-2 所示。流线是同一时刻不同质点所组成的曲线，是速度场的几何表示。流线方程为

$$\frac{\mathrm{d}x}{\boldsymbol{u}(x,y,z,t)}=\frac{\mathrm{d}y}{\boldsymbol{v}(x,y,z,t)}=\frac{\mathrm{d}z}{\boldsymbol{w}(x,y,z,t)} \tag{2-4}$$

式中 t 是参数，在积分时作为常数处理。

流线的特点：① 流线的切线方向即速度方向；② 流线密集的地方速度大，流线稀疏的地方速度小。

流线和迹线的区别：① 迹线是同一质点在不同时刻形成的曲线，与拉格朗日法相联系；② 流线是同一时刻不同流体质点所形成的曲线，与欧拉法相关联；③ 不定常运动时二者一般不重合，反之二者必然重合。

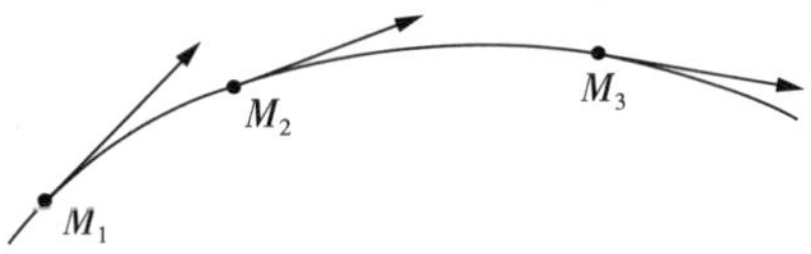

图 2-2　流场的流线

以下例说明如何求轨迹和流线，及二者的关联。

例题：设流体运动由下列欧拉变数的速度函数给出，$\boldsymbol{u}=x+t$，$\boldsymbol{v}=-y+t$，$\boldsymbol{w}=0$。求 $t=0$ 时过 $M(-1,-1)$ 点的流线和迹线。

解：流线的微分方程是 $\dfrac{\mathrm{d}x}{x+t}=\dfrac{\mathrm{d}y}{-y+t}$，其中 t 是参数，积分后得

$(x+t)(-y+t)=C$，其中 C 是积分常数，以 $t=0$，$x=-1$，$y=-1$ 代入，得 $C=-1$。$t=0$ 时，$M(-1,-1)$ 点的流线是 $xy=1$。

迹线方程为 $\dfrac{\mathrm{d}x}{\mathrm{d}t}=x+t$，$\dfrac{\mathrm{d}y}{\mathrm{d}t}=-y+t$。

此方程为非齐次常系数线性常微分方程，解为

$x=C_1e^t-t-1$，$y=C_2e^{-t}+t-1$，以 $t=0$，$x=1$，$y=-1$ 代入，求得 $C_1=C_2=0$。于是过 $M(-1,-1)$ 点的运动规律为 $x=-t-1$，$y=t-1$。

消去 t 后得 $x+y=-2$，为直线方程。由此可见，在不定常运动时，迹线和流线是不重合的。

如果是定常运动，速度函数是 $\boldsymbol{u}=x, \boldsymbol{v}=-y, \boldsymbol{w}=0$，则迹线应满足的微分方程为 $\frac{\mathrm{d}x}{\mathrm{d}t}=x, \frac{\mathrm{d}y}{\mathrm{d}t}=-y$，消去 t 得，$\frac{\mathrm{d}x}{x}=-\frac{\mathrm{d}y}{y}$。积分，并结合 $t=0$ 时通过 M 点的条件得到 $xy=1$。

由此可见，在定常运动时，迹线和流线是重合的。

2.5　随体导数

2.5.1　质点的随体导数

(1) 拉格朗日法

拉格朗日法的数学描述为 $X= X(a,b,c,t)$，设其具有二阶连续偏导数，则加速度的表达式为

$$\begin{cases} \boldsymbol{a}_x=\dfrac{\partial^2 x}{\partial t^2}=\boldsymbol{a}_x(a,b,c,t) \\ \boldsymbol{a}_y=\dfrac{\partial^2 y}{\partial t^2}=\boldsymbol{a}_y(a,b,c,t) \\ \boldsymbol{a}_z=\dfrac{\partial^2 z}{\partial t^2}=\boldsymbol{a}_z(a,b,c,t) \end{cases} \tag{2-5}$$

或写为

$$\boldsymbol{a}_i=\frac{\partial^2 x_i}{\partial t^2}=\boldsymbol{a}_i(x_{ok},t) \tag{2-6}$$

(2) 欧拉法

欧拉法所能确定的是流场中某点的流速，不能用拉格朗日法质点位移求二阶导数的方法求质点的加速度。设速度函数具有一阶连续偏导数，如图 2－3 所示，流速场 $\boldsymbol{u}_i(x_k,t)$，在 Δt 时间距离 x_k 位移 Δx_k 处的流速可以表示为 $\boldsymbol{u}_i(x_k+\Delta x_k, t+\Delta t)$。

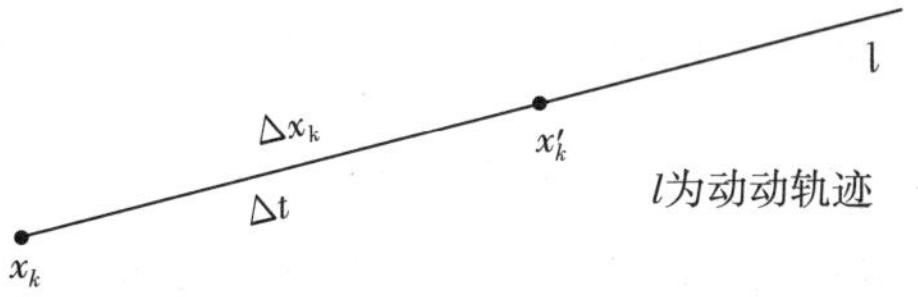

图 2－3　欧拉法求加速度示意图

计算 (x_k,t) 处的质点加速度 $\boldsymbol{a}_i$ 时须求该点在 Δt 时间内的速度增量再求极限，即

$$\boldsymbol{a}_i=\lim_{\Delta t\to 0}\frac{\boldsymbol{u}_i(x_k+\Delta x_k, t+\Delta t)-\boldsymbol{u}_i(x_k,t)}{\Delta t} \tag{2-7}$$

加速度由两个原因产生，一是质点由 x_k 处运动到 $x_k+\Delta x_k$ 点，时间过去了 Δt，由于场的

不定常性,速度发生了变化;二是与此同时质点移动了 Δx_k 距离,场的不均匀性引起了速度的变化,因此,将上式分为两部分,即

$$\begin{aligned}\boldsymbol{a}_i &= \lim_{\Delta t \to 0} \frac{\boldsymbol{u}_i(x_k+\Delta x_k, t+\Delta t) - \boldsymbol{u}_i(x_k+\Delta x_k, t)}{\Delta t} \\ &\quad + \lim_{\Delta t \to 0} \frac{\boldsymbol{u}_i(x_k+\Delta x_k, t) - \boldsymbol{u}_i(x_k, t)}{\Delta t} \\ &= \lim_{\Delta t \to 0} \frac{\boldsymbol{u}_i(x_k+\Delta x_k, t+\Delta t) - \boldsymbol{u}_i(x_k+\Delta x_k, t)}{\Delta t} \\ &\quad + \lim_{\Delta t \to 0} \frac{\Delta x_k}{\Delta t} \cdot \lim_{\Delta t \to 0} \frac{\boldsymbol{u}_i(x_k+\Delta x_k, t) - \boldsymbol{u}_i(x_k, t)}{\Delta x_k}\end{aligned} \tag{2-8}$$

等号右端第一项 $\Delta t \to 0$ 时,$x_k + \Delta x_k \to x_k$,即为$\frac{\partial \boldsymbol{u}_i}{\partial t}$,代表流场的不定常性引起的速度变化,称为局部导数或就地导数。等号右端第二项是 $\boldsymbol{u}_k \frac{\partial \boldsymbol{u}_i}{\partial x_k}$,代表流场的不均匀性引起的速度变化,被称为位变导数或对流导数。

于是有 $\boldsymbol{a}_i = \frac{\partial \boldsymbol{u}_i}{\partial t} + \boldsymbol{u}_k \frac{\partial \boldsymbol{u}_i}{\partial x_k}$ 或写为矢量形式 $\boldsymbol{a} = \frac{\partial \mathbf{V}}{\partial t} + (\mathbf{V} \cdot \nabla)\mathbf{V}$,其分量为

$$\begin{aligned}\boldsymbol{a}_x &= \frac{\partial \boldsymbol{u}_x}{\partial t} + \boldsymbol{u}_x \frac{\partial \boldsymbol{u}_x}{\partial x} + \boldsymbol{u}_y \frac{\partial \boldsymbol{u}_x}{\partial y} + \boldsymbol{u}_z \frac{\partial \boldsymbol{u}_x}{\partial z} \\ \boldsymbol{a}_y &= \frac{\partial \boldsymbol{u}_y}{\partial t} + \boldsymbol{u}_x \frac{\partial \boldsymbol{u}_y}{\partial x} + \boldsymbol{u}_y \frac{\partial \boldsymbol{u}_y}{\partial y} + \boldsymbol{u}_z \frac{\partial \boldsymbol{u}_y}{\partial z} \\ \boldsymbol{a}_z &= \frac{\partial \boldsymbol{u}_z}{\partial t} + \boldsymbol{u}_x \frac{\partial \boldsymbol{u}_z}{\partial x} + \boldsymbol{u}_y \frac{\partial \boldsymbol{u}_z}{\partial y} + \boldsymbol{u}_z \frac{\partial \boldsymbol{u}_z}{\partial z}\end{aligned} \tag{2-9}$$

2.5.2 物质导数

(1) 概念

物质导数又称为随体导数,即一个观察者随同流体一起运动,并一直盯着某一特定的流体质点时所看到的某一场变量随时间的变化。那么物质导数和偏导数、全导数又有什么区别呢?现举例说明偏导数$\frac{\partial}{\partial t}$、全导数$\frac{\mathrm{d}}{\mathrm{d}t}$ 及随体导数$\frac{D}{Dt}$ 的区别。

有一条河流,其上有一座桥,河流里有小鱼游来游去,现在要调查河流里鱼群数量变化情况,设 C 为鱼群数量。当某一调查人站在桥上观察某一固定水面某时间段的鱼群数量时,可表示为$\frac{\partial C}{\partial t}$;但仅在桥面上观察整个河流的鱼群分布情况不全面,于是观察者决定划船沿着河流逆流、顺流调查,这时可表示为$\frac{\mathrm{d}C}{\mathrm{d}t} = \frac{\partial C}{\partial t} + \frac{\mathrm{d}x}{\mathrm{d}t}\left(\frac{\partial C}{\partial x}\right) + \frac{\mathrm{d}y}{\mathrm{d}t}\left(\frac{\partial C}{\partial y}\right) + \frac{\mathrm{d}z}{\mathrm{d}t}\left(\frac{\partial C}{\partial z}\right)$。式中$\frac{\partial C}{\partial t}$ 为站在桥面上时观察到的鱼群变化率,$\frac{\mathrm{d}x}{\mathrm{d}t}$、$\frac{\mathrm{d}y}{\mathrm{d}t}$、$\frac{\mathrm{d}z}{\mathrm{d}t}$ 为船的速度,$\frac{\partial C}{\partial x}$、$\frac{\partial C}{\partial y}$、$\frac{\partial C}{\partial z}$ 为船经过的位移内

观察到的鱼群变化情况。调查员划船累了，于是停止划船，让船随波逐流，这时河流鱼群情况可表示为$\frac{DC}{Dt}=\frac{\partial C}{\partial t}+v_x\frac{\partial C}{\partial x}+v_y\frac{\partial C}{\partial y}+v_z\frac{\partial C}{\partial z}$，式中 v_x、v_y、v_z 为河水流速。

(2) 系统体积分的随体导数

系统：某一确定流体质点集合的总体。随时间改变其空间位置、大小和形状，在拉格朗日参考系中，通常把注意力集中在流动的系统上。

控制体：流场中某一确定的空间区域，边界称为控制面，流体可以通过控制面流进流出，占据控制体的流体质点随时间变化，通常于欧拉参考系中研究通过控制体的流体。

设一个由流体质点组成的以面 s 为边界的流动体积 τ，流体质点的集合系统和所取的控制体 CV 在初始时刻重合，如图 2-4 所示。

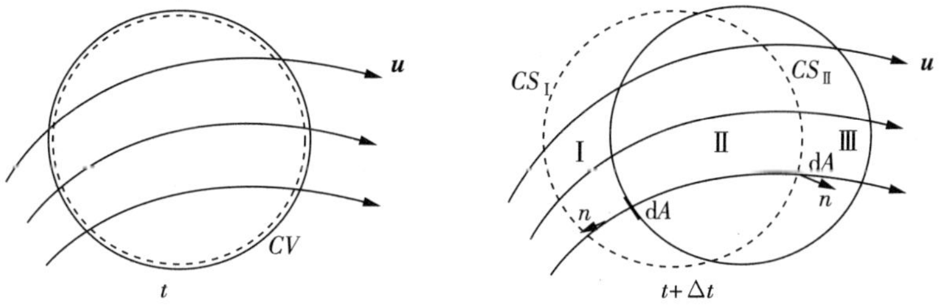

图 2-4　通过控制体的流体

设 φ 是单位体积流体的物理分布函数，$N=\iiint_\tau \varphi\,\mathrm{d}\tau$ 是系统体积内所包含的总物理量，则有

$$\frac{DN}{Dt}=\frac{D}{Dt}\iiint_\tau \varphi\,\mathrm{d}\tau \tag{2-10}$$

式中的 φ 可以取为 ρ，$\rho\boldsymbol{u}$，$\frac{1}{2}\rho\boldsymbol{u}^2$ 等。

$$\begin{aligned}\frac{DN}{Dt}&=\frac{D}{Dt}\iiint_\tau \varphi\,\mathrm{d}\tau\\&=\lim_{\Delta t\to 0}\frac{\{N_{CV}(t+\Delta t)-N_I(t+\Delta t)+N_{\mathrm{III}}(t+\Delta t)\}-N_{CV}(t)}{\Delta t}\\&=\lim_{\Delta t\to 0}\frac{N_{CV}(t+\Delta t)-N_{CV}(t)}{\Delta t}-\lim_{\Delta t\to 0}\frac{N_I(t+\Delta t)}{\Delta t}+\lim_{\Delta t\to 0}\frac{N_{\mathrm{III}}(t+\Delta t)}{\Delta t}\end{aligned} \tag{2-11}$$

式中

$$\lim_{\Delta t\to 0}\frac{N_{CV}(t+\Delta t)-N_{CV}(t)}{\Delta t}=\frac{\partial N_{CV}}{\partial t}=\frac{\partial}{\partial t}\iiint_{CV}\varphi\,\mathrm{d}\tau \tag{2-12}$$

$$-\lim_{\Delta t\to 0}\frac{N_I(t+\Delta t)}{\Delta t}=-\lim_{\Delta t\to 0}\frac{1}{\Delta t}\iiint_{V_I(t+\Delta t)}\varphi\mathrm{d}\tau=-\lim_{\Delta t\to 0}\frac{1}{\Delta t}\iint_{CS_I}-\varphi\vec{u}\cdot\boldsymbol{n}\mathrm{d}A\mathrm{d}t=\iint_{CS_I}\varphi\vec{u}\cdot\boldsymbol{n}\mathrm{d}A \tag{2-13}$$

同理可得

$$\lim_{\Delta t \to 0} \frac{N_{\text{Ⅲ}}(t+\Delta t)}{\Delta t} = \iint_{CS_{\text{Ⅲ}}} \varphi \vec{u} \cdot \boldsymbol{n} \mathrm{d}A \tag{2-14}$$

即

$$\frac{DN}{Dt} = \frac{\partial}{\partial t} \iiint_{CV} \varphi \mathrm{d}\tau + \iint_{CS_{\text{Ⅰ}}} \varphi \vec{u} \cdot \boldsymbol{n} \mathrm{d}A + \iint_{CS_{\text{Ⅲ}}} \varphi \vec{u} \cdot \boldsymbol{n} \mathrm{d}A \tag{2-15}$$

∵

$$CS_{\text{Ⅰ}} + CS_{\text{Ⅲ}} = CS \tag{2-16}$$

∴

$$\frac{DN}{Dt} = \frac{\partial}{\partial t} \iiint_{CV} \varphi \mathrm{d}\tau + \iint_{CS} \varphi \vec{u} \cdot \boldsymbol{n} \mathrm{d}A \tag{2-17}$$

式中：$\frac{DN}{Dt}$—— 系统中的变量 N 对时间的变化率；

$\frac{\partial}{\partial t} \iiint_{CV} \varphi \mathrm{d}\tau$—— 固定控制体内的变量 N 对时间的变化率，由 φ 的不定常性引起；

$\iint_{CS} \varphi \vec{u} \cdot \boldsymbol{n} \mathrm{d}A$—— N 流出控制体的净流率，由于系统的空间位置和体积随时间改变而引起。

由高斯公式

$$\iiint_{\tau} \mathrm{div} \boldsymbol{a} \mathrm{d}\tau = \iint_{s} \boldsymbol{a} \cdot \boldsymbol{n} \mathrm{d}s \text{ 或 } \iiint_{\tau} \nabla \cdot \boldsymbol{a} \mathrm{d}\tau = \iint_{s} \boldsymbol{a}_n \mathrm{d}s \tag{2-18}$$

将式(2－17)改写为

$$\frac{D}{Dt} \iiint_{\tau} \varphi \mathrm{d}\tau = \iiint_{\tau} \left[\frac{\partial \varphi}{\partial t} + \frac{\partial}{\partial x_h} (\varphi \boldsymbol{u}_k) \right] \mathrm{d}\tau \tag{2-19}$$

或

$$\frac{D}{Dt} \iiint_{\tau} \varphi \mathrm{d}\tau = \iiint_{\tau} \left[\frac{\partial \varphi}{\partial t} + \nabla \cdot (\varphi \boldsymbol{u}) \right] \mathrm{d}\tau \tag{2-20}$$

式(2－20)又称为雷诺输运公式。

2.6 流体微团运动分析

2.6.1 速度分解定理

刚体的运动可以分解为平动和转动之和，可以表示为

$$\boldsymbol{v} = \boldsymbol{v}_0 + \boldsymbol{w} \times \boldsymbol{r} \tag{2-21}$$

而 $\boldsymbol{w} = \frac{1}{2} \mathrm{rot} \boldsymbol{V}$，所以有

$$\boldsymbol{v}=\boldsymbol{v}_0+\frac{1}{2}\mathrm{rot}\boldsymbol{V}\times\boldsymbol{r} \tag{2-22}$$

此式即为刚体的速度分解。

流体的运动比刚体复杂,除了平动和转动之外,还发生变形运动。

流体的速度分解以亥姆霍兹速度分解定理进行描述,即流场 $\boldsymbol{u}_i(x_j,t)$ 中流体微团的运动可以分解为平动、旋转和变形三部分之和。

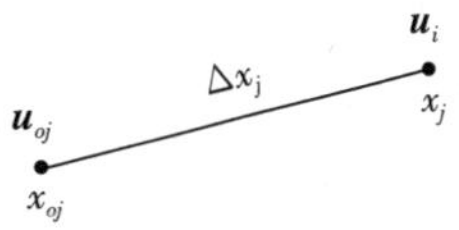

图 2-5　流场流速示意图

一流体微团在参考点 x_{oj},时间 t 的速度 $\boldsymbol{u}_{oj}=\boldsymbol{u}_i(x_{oj},t)$,同一时刻在流体微团上距点 x_{oj} 为 Δx_j 任一质点 $x_j(x_j=x_{oj}+\Delta x_j)$ 的速度 $\boldsymbol{u}_i=\boldsymbol{u}_i(x_{oj}+\Delta x_j,t)$,如图 2-5 所示。

利用泰勒级数 $f(x)=f(x_0)+f'(x_0)(x-x_0)+\dfrac{f''(x_0)}{2!}(x-x_0)^2+\cdots$,$\boldsymbol{u}_i$ 表示为

$$\boldsymbol{u}_i=\boldsymbol{u}_i(x_{oj}+\Delta x_j,t)=\boldsymbol{u}(x_{oj},t)+\frac{\partial\boldsymbol{u}_i}{\partial x_1}\Delta x_1+\frac{\partial\boldsymbol{u}_i}{\partial x_2}\Delta x_2+\frac{\partial\boldsymbol{u}_i}{\partial x_3}\Delta x_3+O(\Delta x^2) \tag{2-23}$$

略去高阶小量 $O(\Delta x^2)$,有 $\boldsymbol{u}_i(x_j,t)=\boldsymbol{u}_{oi}+\dfrac{\partial\boldsymbol{u}_i}{\partial x_j}\Delta x_j$ 其中 $\dfrac{\partial\boldsymbol{u}_i}{\partial x_j}$ 是二阶张量,可以分解为一个对称张量与一个反对称张量之和,即

$$\frac{\partial\boldsymbol{u}_i}{\partial x_j}=\frac{1}{2}\left(\frac{\partial\boldsymbol{u}_i}{\partial x_j}+\frac{\partial\boldsymbol{u}_j}{\partial x_i}\right)+\frac{1}{2}\left(\frac{\partial\boldsymbol{u}_i}{\partial x_j}-\frac{\partial\boldsymbol{u}_j}{\partial x_i}\right) \tag{2-24}$$

式中 $\dfrac{1}{2}\left(\dfrac{\partial\boldsymbol{u}_i}{\partial x_j}+\dfrac{\partial\boldsymbol{u}_j}{\partial x_i}\right)$ 是对称张量,用 $\boldsymbol{D}_{ij}$ 表示;$\dfrac{1}{2}\left(\dfrac{\partial\boldsymbol{u}_i}{\partial x_j}-\dfrac{\partial\boldsymbol{u}_j}{\partial x_i}\right)$ 是反对称张量,用 $\boldsymbol{R}_{ij}$ 表示。

因此,亥姆霍兹速度分解定理的数学表达式为

$$\boldsymbol{u}_i(x_j,t)=\boldsymbol{u}_{oi}+\boldsymbol{D}_{ij}\Delta x_j+\boldsymbol{R}_{ij}\Delta x_j \tag{2-25}$$

式中 $\boldsymbol{u}_{oj}$ 表示平移速度,$\boldsymbol{D}_{ij}\Delta x_j$ 表示变形速度,$\boldsymbol{R}_{ij}\Delta x_j$ 表示旋转速度。

2.6.2　变形张量

$\boldsymbol{D}_{ij}$ 称为变形张量,写出 $\boldsymbol{D}_{ij}$ 的所有分量为

$$\boldsymbol{D}_{ij}=\begin{vmatrix} \dfrac{\partial\boldsymbol{u}_x}{\partial x} & \dfrac{1}{2}\left(\dfrac{\partial\boldsymbol{u}_x}{\partial y}+\dfrac{\partial\boldsymbol{u}_y}{\partial x}\right) & \dfrac{1}{2}\left(\dfrac{\partial\boldsymbol{u}_x}{\partial z}+\dfrac{\partial\boldsymbol{u}_z}{\partial x}\right) \\ \dfrac{1}{2}\left(\dfrac{\partial\boldsymbol{u}_y}{\partial x}+\dfrac{\partial\boldsymbol{u}_x}{\partial y}\right) & \dfrac{\partial\boldsymbol{u}_y}{\partial y} & \dfrac{1}{2}\left(\dfrac{\partial\boldsymbol{u}_y}{\partial z}+\dfrac{\partial\boldsymbol{u}_z}{\partial y}\right) \\ \dfrac{1}{2}\left(\dfrac{\partial\boldsymbol{u}_z}{\partial x}+\dfrac{\partial\boldsymbol{u}_x}{\partial z}\right) & \dfrac{1}{2}\left(\dfrac{\partial\boldsymbol{u}_z}{\partial y}+\dfrac{\partial\boldsymbol{u}_y}{\partial z}\right) & \dfrac{\partial\boldsymbol{u}_z}{\partial z} \end{vmatrix} \tag{2-26}$$

令 $\boldsymbol{\varepsilon}_{xx}=\frac{\partial \boldsymbol{u}_x}{\partial x}$，$\boldsymbol{\varepsilon}_{yy}=\frac{\partial \boldsymbol{u}_y}{\partial y}$，$\boldsymbol{\varepsilon}_{zz}=\frac{\partial \boldsymbol{u}_z}{\partial z}$，或写为 $\boldsymbol{\varepsilon}_{ii}=\frac{\partial \boldsymbol{u}_i}{\partial x_i}$ 即为线变形速率。

$\boldsymbol{\varepsilon}_{ij}=\frac{1}{2}\left(\frac{\partial \boldsymbol{u}_i}{\partial x_j}+\frac{\partial \boldsymbol{u}_j}{\partial x_i}\right)=\frac{1}{2}\boldsymbol{\theta}_k$，式中 $\boldsymbol{\theta}$ 称为角变形速率，$\boldsymbol{\varepsilon}_{ij}$ 称为剪切变形速率。

为了更好地理解变形的含义，现以图形的形式说明，设六面体的流体微团，z 轴指向纸面，所看到的图形为四边形如图 2－6 所示示平移运动，线变形运动和角变形运动。

流体微团的平移指以 x 轴、y 轴的分速度 $\boldsymbol{u}_x$、$\boldsymbol{u}_y$ 在流场中的运动，则 x 方向的位移为 $\boldsymbol{u}_x\mathrm{d}t$，$y$ 方向的位移为 $\boldsymbol{u}_y\mathrm{d}t$。

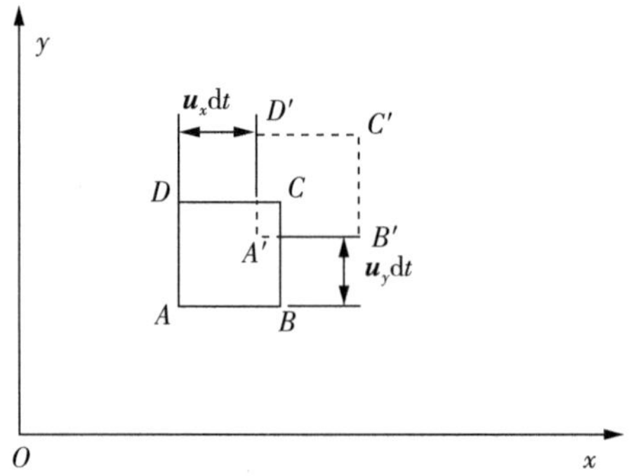

图 2－6　流体微团平移

线变形是指流体微团沿着某一条边伸长或缩短，如图 2－7 所示，x 方向的线变形为 $\frac{\partial \boldsymbol{u}_x}{\partial x}\mathrm{d}x\mathrm{d}t$。而线变形速率是指单位时间流体微团沿 x（y 或 z）方向的相对线变形，所以 x 方向的线变形速率为 $\frac{\partial \boldsymbol{u}_x}{\partial x}\mathrm{d}x\mathrm{d}t/\mathrm{d}x\mathrm{d}t=\frac{\partial \boldsymbol{u}_x}{\partial x}$。$y$ 方向的线变形为 $\frac{\partial \boldsymbol{u}_y}{\partial y}\mathrm{d}y\mathrm{d}t$，$y$ 方向的线变形速率为 $\frac{\partial \boldsymbol{u}_y}{\partial y}\mathrm{d}y\mathrm{d}t/\mathrm{d}y\mathrm{d}t=\frac{\partial \boldsymbol{u}_y}{\partial y}$。

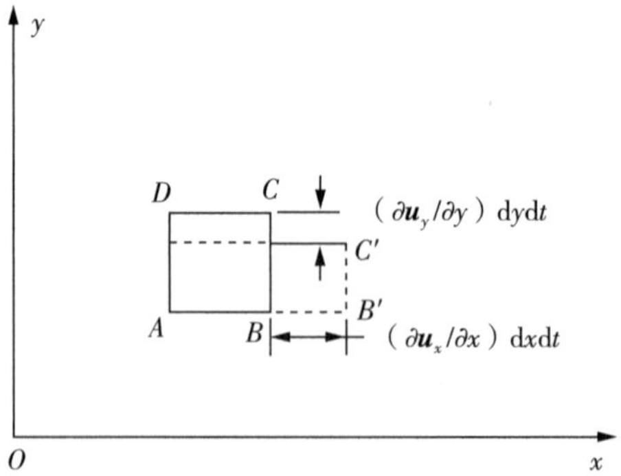

图 2－7　流体微团线变形

角变形是指流体微团两正交直角边的角度变化，如图 2－8 所示。流体微团变形运动时角度变化很小，可近似认为 $\alpha\approx\mathrm{d}\alpha$，$\beta\approx\mathrm{d}\beta$。

$$d\alpha \approx \tan d\alpha = \frac{\partial \boldsymbol{u}_y}{\partial x} dx dt / dx = \frac{\partial \boldsymbol{u}_y}{\partial x} dt \tag{2-27}$$

$$d\beta \approx \tan d\beta = -\frac{\partial \boldsymbol{u}_x}{\partial y} dy dt / dy = -\frac{\partial \boldsymbol{u}_x}{\partial y} dt \tag{2-28}$$

直角边逆时针转动时的角度为正，反之为负。

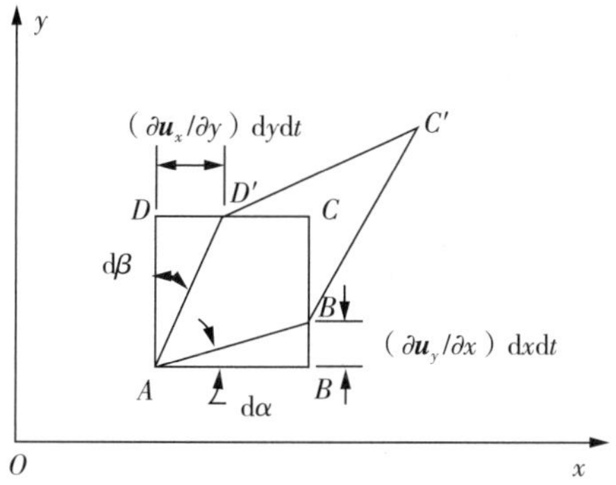

图 2-8　流体微团角变形

两条正交直角边 AB 与 AD 在 dt 时间内的角度变化为 $d\alpha - d\beta$。

今定义两条正交直角边单位时间的角度（夹角）变化为角变形速率，两条正交直角边单位时间角度变化的平均值为剪切变形速率，即

$$\boldsymbol{\theta} = (d\alpha - d\beta)/dt = \left(\frac{\partial \boldsymbol{u}_y}{\partial x} + \frac{\partial \boldsymbol{u}_x}{\partial y}\right) \tag{2-29}$$

所以有

$$\boldsymbol{\varepsilon}_{xy} = \boldsymbol{\varepsilon}_{yx} = \frac{1}{2}(d\alpha - d\beta)/dt = \frac{1}{2}\left(\frac{\partial \boldsymbol{u}_y}{\partial x} + \frac{\partial \boldsymbol{u}_x}{\partial y}\right) = \frac{1}{2}\theta \tag{2-30}$$

2.6.3　转动张量

$\boldsymbol{R}_{ij}$ 称为转动张量或旋转张量，$\boldsymbol{R}_{ij}$ 的分量为

$$\boldsymbol{R}_{ij} = \begin{vmatrix} 0 & \frac{1}{2}\left(\frac{\partial \boldsymbol{u}_x}{\partial y} - \frac{\partial \boldsymbol{u}_y}{\partial x}\right) & \frac{1}{2}\left(\frac{\partial \boldsymbol{u}_x}{\partial z} - \frac{\partial \boldsymbol{u}_z}{\partial x}\right) \\ \frac{1}{2}\left(\frac{\partial \boldsymbol{u}_y}{\partial x} - \frac{\partial \boldsymbol{u}_x}{\partial y}\right) & 0 & \frac{1}{2}\left(\frac{\partial \boldsymbol{u}_y}{\partial z} - \frac{\partial \boldsymbol{u}_z}{\partial y}\right) \\ \frac{1}{2}\left(\frac{\partial \boldsymbol{u}_z}{\partial x} - \frac{\partial \boldsymbol{u}_x}{\partial z}\right) & \frac{1}{2}\left(\frac{\partial \boldsymbol{u}_z}{\partial y} - \frac{\partial \boldsymbol{u}_y}{\partial z}\right) & 0 \end{vmatrix} \tag{2-31}$$

令 $\boldsymbol{W}_z=\frac{1}{2}\left(\frac{\partial \boldsymbol{u}_y}{\partial x}-\frac{\partial \boldsymbol{u}_x}{\partial y}\right)$，$\boldsymbol{W}_y=\frac{1}{2}\left(\frac{\partial \boldsymbol{u}_x}{\partial z}-\frac{\partial \boldsymbol{u}_z}{\partial x}\right)$，$\boldsymbol{W}_x=\frac{1}{2}\left(\frac{\partial \boldsymbol{u}_z}{\partial y}-\frac{\partial \boldsymbol{u}_y}{\partial z}\right)$，

或写为 $\boldsymbol{W}_k=\frac{1}{2}\left(\frac{\partial \boldsymbol{u}_j}{\partial x_i}-\frac{\partial \boldsymbol{u}_i}{\partial x_j}\right)$。$\boldsymbol{W}_x$、$\boldsymbol{W}_y$、$\boldsymbol{W}_z$ 为流体微团的旋转角速度，$\boldsymbol{R}_{ij}$ 为反对称张量，称为角速度张量或转动张量，$\boldsymbol{R}_{ij}$ 也可写为 $\boldsymbol{R}_{ij}=-\varepsilon_{ijk}\boldsymbol{W}_k$，流体微团的转动如图 2-9 所示。

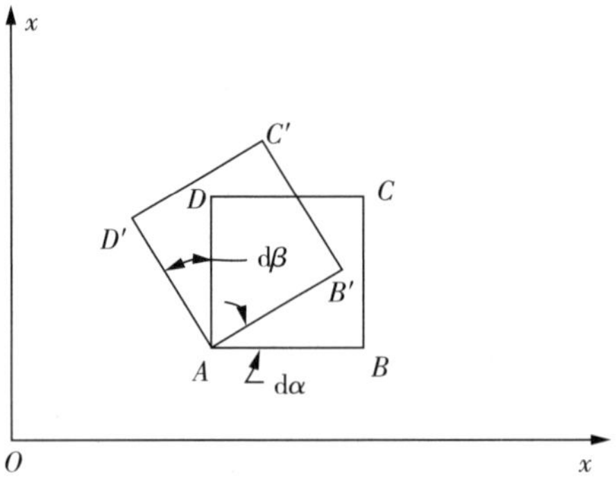

图 2-9　流体微团转动

2.7　涡旋运动

若整个流动区域内 rot$\boldsymbol{V}\neq 0$，则流体的运动称为有旋运动或涡旋运动，至少一部分区域内 rot$\boldsymbol{V}=0$，则流体运动称为无旋运动。旋度（涡量）rot$\boldsymbol{V}$ 是旋转角速度的两倍，判断流动有旋还是无旋，需要检验 rot$\boldsymbol{V}$ 是否等于 0。例如下面的流动问题⑴ 某流场 $\boldsymbol{u}=ay$，$\boldsymbol{w}=\boldsymbol{v}=0$，$a$ 为常数，流线是平行的直线；② 点涡运动，$\boldsymbol{v}_r=0$，$\boldsymbol{v}_\theta=b/r$ 或 $\boldsymbol{u}_x=-\frac{cy}{x^2+y^2}$，$\boldsymbol{u}_y=\frac{cx}{x^2+y^2}$，$c\neq 0$，如图 2-10 所示。

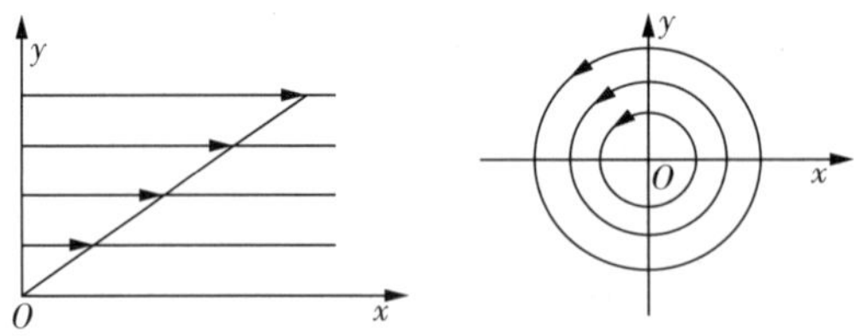

图 2-10　流场示意图

试问这两种流动是有旋还是无旋？

判断流动是否有旋，必须看流体微团是否自转，而不是看它有没有绕中心作圆周运动。

(1) 涡旋场

设流动区域有旋，按照欧拉法，在某一时刻 t，流动区域内各点均有一个确定的向量

rot**V**，从而组成一个向量场，称之为涡旋场，表示为 $\boldsymbol{\Omega}=\boldsymbol{\Omega}(r,t)$。和流场类似，以涡线表示涡旋场，涡线是这样的曲线，曲线上每一点的切线方向和该点的涡矢量方向重合，是由同一时刻不同流体质点组成的。涡线上各流体微团绕涡线方向旋转，涡线方程为$\frac{dx}{\boldsymbol{\Omega}_x}=\frac{dy}{\boldsymbol{\Omega}_y}=\frac{dz}{\boldsymbol{\Omega}_z}$。

流线与涡线一般不重合，但相交，如图 2-11 所示。

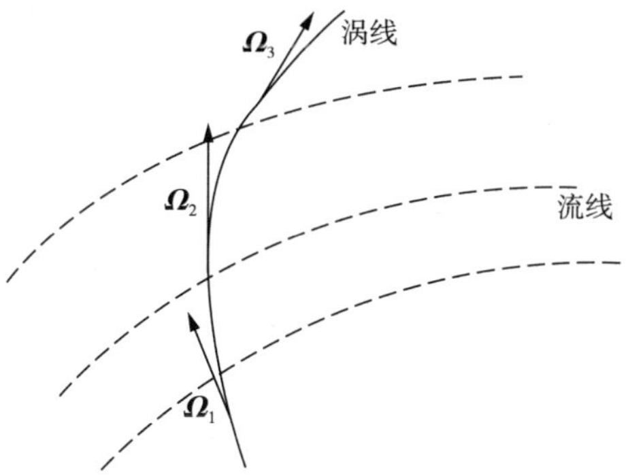

图 2-11　涡线和流线

涡面：在涡旋场内取一个非涡线曲线，过曲线每一点作涡线，这些涡线组成的曲面，称为涡面。

涡管：如果所取的非涡线的曲线 L 封闭，且不自交，则过曲线上每一点作涡线组成一个管状曲面，称为涡管。若曲线 L 无限小，称为涡管元。如果在涡管的周围，流体的涡旋皆为 0，则称此涡管为孤立涡管。

(2) 速度环量和涡通量

涡通量：面积分$\iint_S \boldsymbol{\Omega}\cdot ds$ 称为 $\boldsymbol{\Omega}$ 过任意截面的涡通量。速度环量与涡通量由 Stokes 公式相联系。线积分 $\Gamma=\int_L \boldsymbol{v}\cdot dr$ 称为速度向量沿封闭曲线 L 的环量，即速度环量。*Stokes* 公式为$\int_L \boldsymbol{v}\cdot dr=\iint_S \boldsymbol{\Omega}\cdot ds$，其中面 S 张于曲线 L 上，如图 2-12 所示。

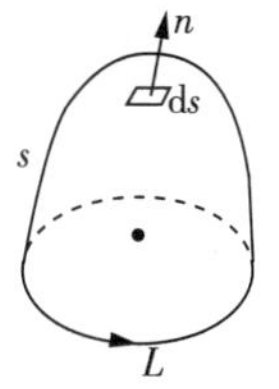

图 2-12　流场中的封闭曲面

法线单位矢量 $\boldsymbol{n}$ 的正方向与 L 的正方向组成右手螺旋系统，在直角坐标中，上式为

$$\int_L \boldsymbol{u}dx+\boldsymbol{v}dy+\boldsymbol{w}dz$$

$$=\iint_S\left[\left(\frac{\partial \boldsymbol{w}}{\partial y}-\frac{\partial \boldsymbol{v}}{\partial z}\right)\cos(n,x)+\left(\frac{\partial \boldsymbol{u}}{\partial z}-\frac{\partial \boldsymbol{w}}{\partial x}\right)\cos(n,y)+\left(\frac{\partial \boldsymbol{v}}{\partial x}-\frac{\partial \boldsymbol{u}}{\partial y}\right)\cos(n,z)\right]ds \tag{2-32}$$

即速度向量 **V** 沿封闭曲线 L 的环量等于 $\boldsymbol{\Omega}$ 通过张于 L 上曲面 S 的通量。

2.8 流体运动的分类

(1) 按运动形式

设流场中 $\mathrm{rot}\boldsymbol{V}=0$，则运动无旋，于是流体运动分为无旋运动和有旋运动。

(2) 按时间分类

若速度及所有相关物理量皆不依赖于时间 t，即$\dfrac{\partial}{\partial t}=0$，则称此运动为定常运动，否则称为不定常运动。

(3) 按空间分类

若流体运动相关物理量主要依赖于一个坐标变化，其他分量变化很小可以忽略，则称此运动为一维运动；若流体运动相关物理量主要依赖于两个坐标变化，另一坐标分量变化很小可以忽略，则称此运动为二维运动；若流体运动相关物理量三个坐标分量变化均不可忽略，则称此运动为三维运动。因此，按照流体空间运动分为一维运动、二维运动和三维运动。

2.9 应力及本构方程

2.9.1 质量力和表面力

(1) 质量力

在流体中取一个封闭曲面 s 为界面的体积 τ，则作用在流体上的力可以分为两类，即质量力和表面力。作用在 τ 内各个流体微团上的力称为质量力，如重力、引力等。与界面 s 接触的流体或固体作用于表面 s 上的力称为表面力，如压力、摩擦力等。

于 τ 内任取一点 M 围绕 M 点作体积元 $\Delta\tau$，如图 2-13 所示。设它包含的质量为 Δm，作用于它的质量力为 $\Delta\boldsymbol{f}$，作比值$\dfrac{\Delta\boldsymbol{f}}{\Delta m}$，并令 $\Delta\tau$ 向 M 点收缩，若极限$\lim\limits_{\Delta m\to 0}\dfrac{\Delta\boldsymbol{f}}{\Delta m}$存在，则有 $\boldsymbol{F}=\lim\limits_{\Delta m\to 0}\dfrac{\Delta\boldsymbol{f}}{\Delta m}=\dfrac{\mathrm{d}\boldsymbol{f}}{\mathrm{d}m}=\dfrac{1}{\rho}\dfrac{\mathrm{d}\boldsymbol{f}}{\mathrm{d}\tau}$。

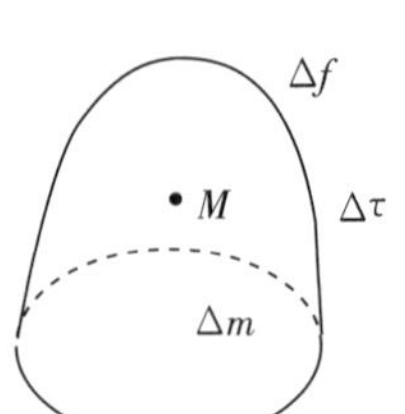

图 2-13　流场中所取微元体

则此极限代表 M 点上单位质量流体所受到的质量力，$\boldsymbol{F}$ 是空间坐标 x, y, z 和时间 t 函数，称为质量力在空间中的分布密度。作用于体积 $\mathrm{d}\tau$ 上的质量力是 $d\boldsymbol{F}=\rho\boldsymbol{F}\mathrm{d}\tau$，作用于有限体积 τ 上的质量力是$\iiint\limits_{\tau}\rho\boldsymbol{F}\mathrm{d}\tau$。

(2) 表面力

表面力用表面上的分布密度来表示，在 s 面上任取一点 M，作面积元 Δs 包围住点 M，设

Δs 法线方向为 n，n 所指向的流体作用在 Δs 面上的表面力为 $\Delta \boldsymbol{P}$，作 $\dfrac{\Delta \boldsymbol{P}}{\Delta s}$，令 Δs 向点 M 点收缩，若 $\lim\limits_{\Delta s \to 0}\dfrac{\Delta \boldsymbol{P}}{\Delta s}$ 的极限存在，则有 $\boldsymbol{P}_n=\lim\limits_{\Delta s \to 0}\dfrac{\Delta \boldsymbol{P}}{\Delta s}=\dfrac{\mathrm{d}\boldsymbol{P}}{\mathrm{d}S}$，则它表示点 M 上以 n 为法线的单位面积上所受到的表面力。$\boldsymbol{P}_n$ 不仅是 x、y、z 的函数，还和作用面的方位有关，$\boldsymbol{P}_n$ 称为表面力在 s 面上的分布密度或应力。

作用在 $\mathrm{d}s$ 面上的表面力为 $\mathrm{d}\boldsymbol{P}=\boldsymbol{P}_n\mathrm{d}s$，作用于有限大小面积 $\mathrm{d}s$ 上的表面力为 $\iint_S \boldsymbol{P}_n \mathrm{d}s$。

过任一点 M 可以作无数个不同方向的表面，但只需知道三个相互垂直坐标面上的应力，则任一以 n 为法线方向的表面上的应力均可通过它们及 n 表示出来。设在运动流体中任一点 M 取垂直于 z 轴的平面，则作用在该平面上 M 点的表面应力 $\boldsymbol{P}_n$ 取任意一个倾斜方向，表面应力在 x、y、z 三个轴向都有分量，正应力为 $\boldsymbol{P}_{zz}$，切应力为 $\boldsymbol{\tau}_{zx}$、$\boldsymbol{\tau}_{zy}$，如图 2－14 所示。第一个下标表示作用面的法线方向，表示应力作用面与该轴是垂直的，第二个下标表示应力的作用方向。同理，垂直于 y 轴的平面上，作用的应力有 $\boldsymbol{P}_{yy}$，$\boldsymbol{\tau}_{yx}$、$\boldsymbol{\tau}_{yz}$；垂直于 x 轴的平面上，作用的应力有 $\boldsymbol{P}_{xx}$，$\boldsymbol{\tau}_{xy}$，$\boldsymbol{\tau}_{xz}$。

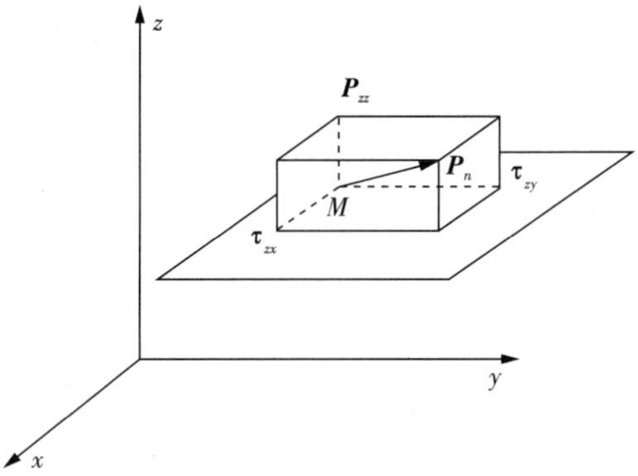

图 2－14　应力示意图

这样任一点在三个相互垂直作用面上的应力共有 9 个分量，其中三个压应力 $\boldsymbol{P}_{xx}$，$\boldsymbol{P}_{yy}$，$\boldsymbol{P}_{xx}$ 和 6 个切应力 $\boldsymbol{\tau}_{xy}$，$\boldsymbol{\tau}_{xz}$，$\boldsymbol{\tau}_{yx}$、$\boldsymbol{\tau}_{yz}$，$\boldsymbol{\tau}_{zx}$、$\boldsymbol{\tau}_{zy}$，写为矩阵形式，为

$$\begin{vmatrix} \boldsymbol{P}_{xx} & \boldsymbol{\tau}_{xy} & \boldsymbol{\tau}_{xz} \\ \boldsymbol{\tau}_{yx} & \boldsymbol{P}_{yy} & \boldsymbol{\tau}_{yz} \\ \boldsymbol{\tau}_{zx} & \boldsymbol{\tau}_{zy} & \boldsymbol{P}_{zz} \end{vmatrix} \tag{2-33}$$

或者写为 $\boldsymbol{\sigma}_{ij}$，称为应力张量，它是二阶张量。

切应力具有互等特性，即作用在两相互垂直平面上且与该两平面的交线相互垂直的切应力大小相等，即 $\boldsymbol{\tau}_{xy}=\boldsymbol{\tau}_{yx}$，$\boldsymbol{\tau}_{zx}=\boldsymbol{\tau}_{xz}$，$\boldsymbol{\tau}_{yz}=\boldsymbol{\tau}_{zy}$。

下面探讨压应力特性，对于黏性流体，同一点三个相互垂直面的压应力之和（$\boldsymbol{P}_{xx}+\boldsymbol{P}_{yy}+\boldsymbol{P}_{zz}$）的值总是保持不变，在实际流体中任何三个相互垂直面上的压应力的平均值定义为动水压强，以 p 表示，为 $p=-\frac{1}{3}(\boldsymbol{P}_{xx}+\boldsymbol{P}_{yy}+\boldsymbol{P}_{zz})$。一般规定，切应力的方向与坐标轴一致时为正，法向应力的方向与作用面的外法线方向一致时为正，与作用面的内法线方向一致时为负，即压应力为负。

2.9.2 牛顿流体的本构方程

(1) 本构方程的定义

把应力张量 $\boldsymbol{\sigma}_{ij}$ 和变形张量 $\boldsymbol{\varepsilon}_{ij}$ 联系起来的方程称为本构方程。

实际流体均有黏性，满足切应力与剪切变形线性关系的流体为牛顿流体，如水和空气等。

(2) 切应力与流速变化的关系

因变形和速度变化有关，所以切应力和流速变化有关，由牛顿内摩擦定律可知，在二维平行直线流动中，切应力的大小表达式为

$$\boldsymbol{\tau}_{yx}=\mu\frac{\mathrm{d}\boldsymbol{u}_x}{\mathrm{d}y}=\mu\frac{\mathrm{d}\theta}{\mathrm{d}t} \tag{2-34}$$

即切应力与剪切变形速度(角变形率) 成比例，式中 μ 为动力黏性系数，此结论可以推广到三维的情况，由流体微团运动分析知 $\boldsymbol{\varepsilon}_{xy}=\frac{1}{2}\left(\frac{\partial\boldsymbol{u}_y}{\partial x}+\frac{\partial\boldsymbol{u}_x}{\partial y}\right)$。

角变形率为上式的两倍，所以 $\boldsymbol{\tau}_{xy}=\mu\left(\frac{\partial\boldsymbol{u}_y}{\partial x}+\frac{\partial\boldsymbol{u}_x}{\partial y}\right)$。因此，对于三个相互垂直面上均可得出

$$\boldsymbol{\tau}_{xy}=\boldsymbol{\tau}_{yx}=\mu\left(\frac{\partial\boldsymbol{u}_y}{\partial x}+\frac{\partial\boldsymbol{u}_x}{\partial y}\right) \tag{2-35}$$

$$\boldsymbol{\tau}_{yz}=\boldsymbol{\tau}_{zy}=\mu\left(\frac{\partial\boldsymbol{u}_z}{\partial y}+\frac{\partial\boldsymbol{u}_y}{\partial z}\right) \tag{2-36}$$

$$\boldsymbol{\tau}_{xz}=\boldsymbol{\tau}_{zx}=\mu\left(\frac{\partial\boldsymbol{u}_x}{\partial z}+\frac{\partial\boldsymbol{u}_z}{\partial x}\right) \tag{2-37}$$

这就是黏性流体切应力的普遍表达式，称为广义的牛顿流体内摩擦定律，以张量形式表示为 $\boldsymbol{\sigma}_{ij}=2\mu\boldsymbol{\varepsilon}_{ij}(i,j=1,2,3\text{ 且 }i\neq j)$。

(3) 法向应力与线变形率的关系

流体微团各个方向的法向应力可以认为等于动水压强 p 加上一个附加应力，即 $\boldsymbol{P}_{xx}=-p+\boldsymbol{P}'_{xx}$，$\boldsymbol{P}_{yy}=-p+\boldsymbol{P}'_{yy}$，$\boldsymbol{P}_{zz}=-p+\boldsymbol{P}'_{zz}$。附加应力是由流体的黏性引起的，和流体的变形有关。因为黏性的作用，流体微团除发生角变形外，同时也发生线变形，即在流体微团法线方向上有相对线变形率 $\frac{\partial\boldsymbol{u}_x}{\partial x}$，$\frac{\partial\boldsymbol{u}_y}{\partial y}$，$\frac{\partial\boldsymbol{u}_z}{\partial z}$。使法向应力(压应力) 的大小与流体静止时相比有所改变，运动的流体产生附加压应力，对于不可压缩均质流体(各向同性) 附加压应力与线变形率之间有类似 $\boldsymbol{\sigma}_{ij}=2\mu\boldsymbol{\varepsilon}_{ij}$ 的关系，即斯托克斯假设，为 $\boldsymbol{P}'_{xx}=2\mu\frac{\partial\boldsymbol{u}_x}{\partial x}$，$\boldsymbol{P}'_{yy}=2\mu\frac{\partial\boldsymbol{u}_y}{\partial y}$，$\boldsymbol{P}'_{zz}=2\mu$

$\frac{\partial \boldsymbol{u}_z}{\partial z}$。微团的拉伸与压缩相适用，于是法向应力与线变形率的关系为

$$\boldsymbol{P}_{xx} = -p + 2\mu \frac{\partial \boldsymbol{u}_x}{\partial x} \quad (2-38)$$

$$\boldsymbol{P}_{yy} = -p + 2\mu \frac{\partial \boldsymbol{u}_y}{\partial y} \quad (2-39)$$

$$\boldsymbol{P}_{zz} = -p + 2\mu \frac{\partial \boldsymbol{u}_z}{\partial z} \quad (2-40)$$

以张量形式表示为

$$\boldsymbol{\sigma}_{ij} = -p\delta_{ij} + 2\mu\boldsymbol{\varepsilon}_{ij} (i, j = 1, 2, 3) \quad (2-41)$$

或写为

$$\boldsymbol{\sigma}_{ij} = -p\delta_{ij} + \mu\left(\frac{\partial \boldsymbol{u}_j}{\partial x_i} + \frac{\partial \boldsymbol{u}_i}{\partial x_j}\right) \quad (2-42)$$

即不可压缩牛顿流体的本构方程，对于可压缩流体则为

$$\boldsymbol{\sigma}_{ij} = -p\delta_{ij} + 2\mu\boldsymbol{\varepsilon}_{ij} - \frac{2}{3}\mu\, \nabla\cdot \boldsymbol{V} \quad (2-43)$$

2.10　流体动力学基本方程组

2.10.1　连续性方程

连续性方程是根据质量守恒定律推导出来的，质量守恒定律即同一流体的质量在运动过程中不变，下面描述连续性方程的两种推导方法。

(1) 系统方法

在流体中取一定流体质点组成的物质体，其体积为 τ，质量为 m，则 $m = \iiint_{\tau} \rho \mathrm{d}\tau$，根据质量守恒定律，下式在任意时刻均成立

$$\frac{\mathrm{d}m}{\mathrm{d}t} = \frac{\mathrm{d}}{\mathrm{d}t}\iiint_{\tau} \rho \mathrm{d}\tau = 0 \quad (2-44)$$

由雷诺输运方程

$\frac{D}{Dt}\iiint_{\tau} \varphi \mathrm{d}\tau = \iiint_{\tau}\left[\frac{\partial \varphi}{\partial t} + \nabla\cdot (\varphi \boldsymbol{V})\right]\mathrm{d}\tau$ 可知 $\iiint_{\tau}\left[\frac{\partial \rho}{\partial t} + \nabla\cdot (\rho \boldsymbol{V})\right]\mathrm{d}\tau = 0$，则有

$$\frac{\partial \rho}{\partial t} + \nabla\cdot (\rho \boldsymbol{V}) = 0 \quad (2-45)$$

或写为

$$\frac{\partial\rho}{\partial t}+\frac{\partial}{\partial x_k}(\rho \boldsymbol{u}_k)=0 \tag{2-46}$$

式中第一项代表单位体积密度的不定常性引起的质量变化，第二项表示流出的单位体积表面的流体质量。

若流体为均质不可压缩，则简化为$\frac{\partial \boldsymbol{u}_k}{\partial x_k}=0$ 或写为$\nabla\cdot \mathbf{V}=\mathrm{div}\mathbf{V}=0$。

(2) 控制体法

取空间位置固定的无穷小流体微团模型，如图 2-15 所示。根据质量守恒定律，单位时间控制体的六个面流出与流入的流体质量之差，等于单位时间控制体内减少的流体质量。如图 2-15 所示流场中六面体流体微团，边长分别为 $\mathrm{d}x$，$\mathrm{d}y$，$\mathrm{d}z$，速度在三个轴向的分量分别为坐标轴的方向

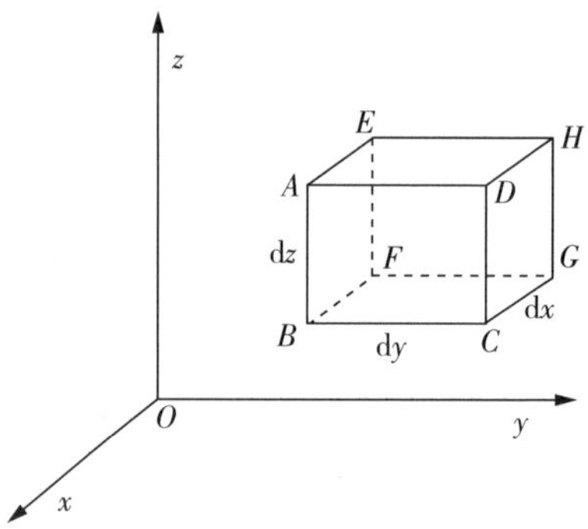

图 2-15　空间位置固定的无穷小流体微团模型

x 轴向单位时间通过面 $EFGH$ 的质量是 $\rho\boldsymbol{u}\mathrm{d}y\mathrm{d}z$，过表面 $ABCD$ 的质量流量是

$$\left(\rho+\frac{\partial\rho}{\partial x}\mathrm{d}x\right)\left(\boldsymbol{u}+\frac{\partial \boldsymbol{u}}{\partial x}\mathrm{d}x\right)\mathrm{d}y\mathrm{d}z \tag{2-47}$$

略去高阶小量 $\mathrm{d}x^2$ 后为

$$\left[\rho\boldsymbol{u}+\frac{\partial(\rho\boldsymbol{u})}{\partial x}\mathrm{d}x\right]\mathrm{d}y\mathrm{d}z \tag{2-48}$$

则 x 轴向净流出的质量是

$$\frac{\partial(\rho\boldsymbol{u})}{\partial x}\mathrm{d}x\mathrm{d}y\mathrm{d}z \tag{2-49}$$

同理可得 y，z 轴向流出的流体质量流量分别为

$$\frac{\partial(\rho\boldsymbol{v})}{\partial y}\mathrm{d}x\mathrm{d}y\mathrm{d}z \tag{2-50}$$

$$\frac{\partial(\rho\boldsymbol{w})}{\partial z}\mathrm{d}x\mathrm{d}y\mathrm{d}z \tag{2-51}$$

三个轴向净流出的流体质量流量为三式相加，为

$$\frac{\partial(\rho \boldsymbol{u})}{\partial x}\mathrm{d}x\mathrm{d}y\mathrm{d}z+\frac{\partial(\rho \boldsymbol{v})}{\partial y}\mathrm{d}x\mathrm{d}y\mathrm{d}z+\frac{\partial(\rho \boldsymbol{w})}{\partial z}\mathrm{d}x\mathrm{d}y\mathrm{d}z \tag{2-52}$$

由于密度变化，单位时间六面体内流体质量的减少量为

$$-\frac{\partial \rho}{\partial t}\mathrm{d}x\mathrm{d}y\mathrm{d}z \tag{2-53}$$

根据质量守恒得出

$$-\frac{\partial \rho}{\partial t}\mathrm{d}x\mathrm{d}y\mathrm{d}z=\frac{\partial(\rho \boldsymbol{u})}{\partial x}\mathrm{d}x\mathrm{d}y\mathrm{d}z+\frac{\partial(\rho \boldsymbol{v})}{\partial y}\mathrm{d}x\mathrm{d}y\mathrm{d}z+\frac{\partial(\rho \boldsymbol{w})}{\partial z}\mathrm{d}x\mathrm{d}y\mathrm{d}z \tag{2-54}$$

整理后为

$$\frac{\partial \rho}{\partial t}+\frac{\partial(\rho \boldsymbol{u})}{\partial x}+\frac{\partial(\rho \boldsymbol{v})}{\partial y}+\frac{\partial(\rho \boldsymbol{w})}{\partial z}=0 \tag{2-55}$$

也可写为矢量形式为

$$\frac{\partial \rho}{\partial t}+\boldsymbol{\nabla}\cdot(\rho \boldsymbol{V})=0 \tag{2-56}$$

2.10.2　运动方程

流体运动方程由牛顿第二运动定律或动量定理推导得出，即合力 $\boldsymbol{F}=\mathrm{d}(m\boldsymbol{V})/\mathrm{d}t$。

取一体积为 τ 的流体体积，边界为 s，根据动量定理，体积 τ 中流体的动量变化率等于作用于流体体积上的质量力和表面力之和。以 F 代表作用于单位质量上的质量分布函数，$\boldsymbol{\sigma}_n$ 为作用在单位面积上的表面力分布函数，则作用于 τ 上的质量力为 $\iiint_\tau \rho \boldsymbol{F}\mathrm{d}\tau$，表面力为 $\iint_s \boldsymbol{\sigma}\cdot\mathrm{d}s$，体积 τ 内的动量为 $\iiint_\tau \rho \boldsymbol{V}\mathrm{d}\tau$。

于是根据牛顿第二定律有

$$\frac{\mathrm{d}}{\mathrm{d}t}\iiint_\tau \rho \boldsymbol{V}\mathrm{d}\tau=\iiint_\tau \rho \boldsymbol{F}\mathrm{d}\tau+\iint_s \sigma\cdot\mathrm{d}s \tag{2-57}$$

流体不可压缩，有

$$\frac{\mathrm{d}}{\mathrm{d}t}\iiint_\tau \rho \boldsymbol{V}\mathrm{d}\tau=\iiint_\tau \rho\frac{\mathrm{d}\boldsymbol{V}}{\mathrm{d}t}\mathrm{d}\tau \tag{2-58}$$

应用高斯公式 $\iint_s \boldsymbol{\sigma}\cdot\mathrm{d}s=\iiint_\tau \boldsymbol{\nabla}\cdot\boldsymbol{\sigma}\mathrm{d}\tau$，于是式(2-57)改为

$$\iiint_\tau \rho\frac{\mathrm{d}\boldsymbol{V}}{\mathrm{d}t}\mathrm{d}\tau=\iiint_\tau \rho \boldsymbol{F}\mathrm{d}\tau+\iiint_\tau \boldsymbol{\nabla}\cdot\boldsymbol{\sigma}\mathrm{d}\tau \tag{2-59}$$

可写为

$$\iiint_\tau \left(\rho \frac{\mathrm{d}\boldsymbol{V}}{\mathrm{d}t} - \rho \boldsymbol{F} - \nabla \cdot \boldsymbol{\sigma}\right) \mathrm{d}\tau = 0 \tag{2-60}$$

若被积函数连续，有

$$\rho \frac{\mathrm{d}\boldsymbol{V}}{\mathrm{d}t} - \rho \boldsymbol{F} - \nabla \cdot \boldsymbol{\sigma} = 0 \tag{2-61}$$

即

$$\rho \frac{\mathrm{d}\boldsymbol{V}}{\mathrm{d}t} = \rho \boldsymbol{F} + \nabla \cdot \boldsymbol{\sigma} \tag{2-62}$$

或以张量表示为

$$\rho \frac{\mathrm{d}\boldsymbol{V}_i}{\mathrm{d}t} = \rho \boldsymbol{F}_i + \frac{\partial \boldsymbol{\sigma}_{ij}}{\partial x_j} \tag{2-63}$$

此式即为微分形式的运动方程，式中 $\rho\boldsymbol{F}$ 表示单位体积上的质量力，$\nabla\cdot\boldsymbol{\sigma}$ 表示单位体积上的应力张量的散度。

将不可压缩牛顿流体的本构方程 $\boldsymbol{\sigma}_{ij} = -p\delta_{ij} + \mu\left(\frac{\partial \boldsymbol{u}_j}{\partial x_i} + \frac{\partial \boldsymbol{u}_i}{\partial x_j}\right)$ 代入式(2-63)有

$$\rho\left(\frac{\partial \boldsymbol{u}_i}{\partial t} + \boldsymbol{u}_j \frac{\partial \boldsymbol{u}_i}{\partial x_j}\right) = \rho \boldsymbol{F}_i - \frac{\partial p}{\partial x_j}\delta_{ij} + \mu \frac{\partial}{\partial x_j}\left(\frac{\partial \boldsymbol{u}_i}{\partial x_j} + \frac{\partial \boldsymbol{u}_j}{\partial x_i}\right) \tag{2-64}$$

式中 $-\frac{\partial p}{\partial x_j}\delta_{ij} = -\frac{\partial p}{\partial x_i}$。

对于不可压缩流体，由连续性方程得$\frac{\partial \boldsymbol{u}_j}{\partial x_j} = 0$，则$\frac{\partial}{\partial x_j}\left(\frac{\partial \boldsymbol{u}_j}{\partial x_i}\right) = \frac{\partial}{\partial x_i}\left(\frac{\partial \boldsymbol{u}_j}{\partial x_j}\right) = 0$。

而$\frac{\partial}{\partial x_j}\left(\frac{\partial \boldsymbol{u}_i}{\partial x_j}\right) = \frac{\partial^2 \boldsymbol{u}_i}{\partial x_j^2} = \nabla^2 \boldsymbol{u}_i = \boldsymbol{\Delta u}_i$，整合式(2-64)有

$$\frac{\partial \boldsymbol{u}_i}{\partial t} + \boldsymbol{u}_j \frac{\partial \boldsymbol{u}_i}{\partial x_j} = \boldsymbol{F}_i - \frac{1}{\rho}\frac{\partial p}{\partial x_i} + \upsilon \frac{\partial^2 \boldsymbol{u}_i}{\partial x_j^2} \tag{2-65}$$

或写为矢量形式为

$$\frac{\mathrm{d}\boldsymbol{V}}{\mathrm{d}t} = \boldsymbol{F} - \frac{1}{\rho}\nabla p + \upsilon \boldsymbol{\Delta V} \tag{2-66}$$

此式即为不可压缩流体的 Navier - Stokes(N - S) 方程。

若为理想流体，则黏性为 0，N - S 方程为理想流体运动微分方程，称为 Euler 运动方程，表示为$\frac{\partial \boldsymbol{u}_i}{\partial t} + \boldsymbol{u}_j \frac{\partial \boldsymbol{u}_i}{\partial x_j} = \boldsymbol{F}_i - \frac{1}{\rho}\frac{\partial p}{\partial x_i}$，也即$\frac{\mathrm{d}\boldsymbol{u}_i}{\mathrm{d}t} = \boldsymbol{F}_i - \frac{1}{\rho}\frac{\partial p}{\partial x_i}$，写为矢量形式为$\frac{\mathrm{d}\boldsymbol{V}}{\mathrm{d}t} = \boldsymbol{F} - \frac{1}{\rho}\nabla p$。

若流体静止或相对静止，则称为 Euler 平衡微分方程，表示为 $\boldsymbol{F}_i - \frac{1}{\rho}\frac{\partial p}{\partial x_i} = 0$ 或写为 $\boldsymbol{F} - \frac{1}{\rho}\nabla p = 0$。

2.10.3 能量方程

联立求解运动方程和连续性方程可以得到不可压缩流体的流场中各点的流速和压强，

但考虑温度和能量变化时，则还需补充另一个基本方程，即能量方程。

将能量守恒定律应用于流体运动即得流体运动的能量方程。在流场中任取一个界面为 s 体积为 τ 的系统，能量守恒定律表述为：体积 τ 内流体总能量的变化率等于单位时间内由外界传入该流体的热量加上外力对该流体所做的功，表示为

$$\frac{\mathrm{d}E}{\mathrm{d}t}=Q_H+W \tag{2-67}$$

(1) 能量 E

包括内能、动能和势能三种形式，为了简便将势能 $\boldsymbol{g}z$ 转换到重力作功项，这样单位质量流体的能量可以写为 $e=e_g+\frac{\boldsymbol{V}^2}{2}$。

体积为 τ 密度为 ρ 的流体所具有的能量 E 可写为

$$E=\iiint_\tau \rho e\,\mathrm{d}\tau=\iiint_\tau \rho\left(e_g+\frac{\boldsymbol{V}^2}{2}\right)\mathrm{d}\tau \tag{2-68}$$

(2)Q_H

热量传递的方式有传导、对流和辐射三种形式。对流传热和流体的流动相关，辐射的计算可以在能量方程加入源项进行处理，因此，主要考虑由 Fourier 定律的热传导$q_H=k_H\mathrm{grad}T$。

对于体积为 τ 的流体，单位时间通过界面 s 传入的热量为

$$Q_H=\iint_s k_H\mathrm{grad}T\cdot\mathrm{d}s=\iint_s k\frac{\partial T}{\partial n}\mathrm{d}s \tag{2-69}$$

(3) 外界对流体做功 W

质量力做功为$\iiint_\tau \rho\cdot\boldsymbol{F}\boldsymbol{V}\mathrm{d}\tau$，表面力做功为$\iint_s \boldsymbol{P}_n\cdot\boldsymbol{V}\mathrm{d}s$，故单位时间的功 W 表示为

$$W=\iiint_\tau \rho\cdot\boldsymbol{F}\boldsymbol{V}\mathrm{d}\tau+\iint_s \boldsymbol{P}_n\cdot\boldsymbol{V}\mathrm{d}s \tag{2-70}$$

这样式(2-67) 写为

$$\frac{\mathrm{d}}{\mathrm{d}t}\iiint_\tau \rho\left(e_g+\frac{\boldsymbol{V}^2}{2}\right)\mathrm{d}\tau=\iint_s k\frac{\partial T}{\partial n}\mathrm{d}s+\iiint_\tau \rho\cdot\boldsymbol{F}\boldsymbol{V}\mathrm{d}\tau+\iint_s \boldsymbol{P}_n\cdot\boldsymbol{V}\mathrm{d}s \tag{2-71}$$

式(2-71) 中

$$\frac{\mathrm{d}}{\mathrm{d}t}\iiint_\tau \rho\left(e_g+\frac{\boldsymbol{V}^2}{2}\right)\mathrm{d}\tau=\iiint_\tau \frac{\partial}{\partial t}\left[\rho\left(e_g+\frac{\boldsymbol{V}^2}{2}\right)\right]\mathrm{d}\tau+\iint_s \rho\boldsymbol{V}_n\left(e_g+\frac{\boldsymbol{V}^2}{2}\right)\mathrm{d}s \tag{2-72}$$

$$\iint_s \boldsymbol{P}_n\cdot\boldsymbol{V}\mathrm{d}s=\iiint_\tau \mathrm{div}(\boldsymbol{P}\boldsymbol{V})\mathrm{d}\tau \tag{2-73}$$

$$\iint_s k_H\mathrm{grad}T\cdot\mathrm{d}s=\iiint_\tau \mathrm{div}(k\mathrm{grad}T)\mathrm{d}\tau \tag{2-74}$$

于是将式(2-71) 改写为

$$\iiint_\tau \left\{\frac{\partial}{\partial t}\left[\rho\left(e_g+\frac{\boldsymbol{V}^2}{2}\right)\right]+(\boldsymbol{V}\cdot\nabla)\left[\rho\left(e_g+\frac{\boldsymbol{V}^2}{2}\right)\right]\right\}\mathrm{d}\tau=\iiint_\tau \operatorname{div}(k\operatorname{grad}T)\mathrm{d}\tau$$

$$+\iiint_\tau \operatorname{div}(\boldsymbol{PV})\mathrm{d}\tau+\iiint_\tau \rho\boldsymbol{F}\cdot\boldsymbol{V}\mathrm{d}\tau \tag{2-75}$$

于是得到

$$\begin{aligned}&\frac{\partial}{\partial t}\left[\rho\left(e_g+\frac{\boldsymbol{V}^2}{2}\right)\right]+(\boldsymbol{V}\cdot\nabla)\left[\rho\left(e_g+\frac{\boldsymbol{V}^2}{2}\right)\right]\\&\quad=\nabla\cdot(k\,\nabla T)+\nabla\cdot(\boldsymbol{PV})+\rho\boldsymbol{F}\cdot\boldsymbol{V}\end{aligned} \tag{2-76}$$

式(2-76)简写为

$$\begin{aligned}\rho\frac{\mathrm{d}}{\mathrm{d}t}\left(e_g+\frac{\boldsymbol{V}^2}{2}\right)=&\rho(\boldsymbol{u}\boldsymbol{F}_x+\boldsymbol{v}\boldsymbol{F}_y+\boldsymbol{w}\boldsymbol{F}_z)+\frac{\partial}{\partial x}(\boldsymbol{P}_{xx}\boldsymbol{u}+\boldsymbol{P}_{xy}\boldsymbol{v}+\boldsymbol{P}_{xz}\boldsymbol{w})\\&+\frac{\partial}{\partial y}(\boldsymbol{P}_{yx}\boldsymbol{u}+\boldsymbol{P}_{yy}\boldsymbol{v}+\boldsymbol{P}_{yz}\boldsymbol{w})+\frac{\partial}{\partial z}(\boldsymbol{P}_{zx}\boldsymbol{u}+\boldsymbol{P}_{zy}\boldsymbol{v}+\boldsymbol{P}_{zz}\boldsymbol{w})\\&+\frac{\partial}{\partial x}\left(k\frac{\partial T}{\partial x}\right)+\frac{\partial}{\partial y}\left(k\frac{\partial T}{\partial y}\right)+\frac{\partial}{\partial z}\left(k\frac{\partial T}{\partial z}\right)\end{aligned} \tag{2-77}$$

考虑到运动方程

$$\frac{\mathrm{d}\boldsymbol{V}}{\mathrm{d}t}=\boldsymbol{F}+\frac{1}{\rho}\operatorname{div}\boldsymbol{P} \tag{2-78}$$

即

$$\begin{aligned}\rho\frac{\mathrm{d}\boldsymbol{u}}{\mathrm{d}t}&=\rho\boldsymbol{f}_x+\frac{\partial\boldsymbol{P}_{xx}}{\partial x}+\frac{\partial\boldsymbol{P}_{yx}}{\partial y}+\frac{\partial\boldsymbol{P}_{zx}}{\partial z}\\\rho\frac{\mathrm{d}\boldsymbol{v}}{\mathrm{d}t}&=\rho\boldsymbol{f}_y+\frac{\partial\boldsymbol{P}_{yy}}{\partial y}+\frac{\partial\boldsymbol{P}_{xy}}{\partial x}+\frac{\partial\boldsymbol{P}_{zy}}{\partial z}\\\rho\frac{\mathrm{d}\boldsymbol{w}}{\mathrm{d}t}&=\rho\boldsymbol{f}_z+\frac{\partial\boldsymbol{P}_{zz}}{\partial z}+\frac{\partial\boldsymbol{P}_{xz}}{\partial x}+\frac{\partial\boldsymbol{P}_{yz}}{\partial z}\end{aligned} \tag{2-79}$$

可得

$$\begin{aligned}\rho\boldsymbol{u}\frac{\mathrm{d}\boldsymbol{u}}{\mathrm{d}t}&=\rho\boldsymbol{f}_x\boldsymbol{u}+\boldsymbol{u}\frac{\partial\boldsymbol{P}_{xx}}{\partial x}+\boldsymbol{u}\frac{\partial\boldsymbol{P}_{yx}}{\partial y}+\boldsymbol{u}\frac{\partial\boldsymbol{P}_{zx}}{\partial z}\\\rho\boldsymbol{v}\frac{\mathrm{d}\boldsymbol{v}}{\mathrm{d}t}&=\rho\boldsymbol{f}_y\boldsymbol{v}+\boldsymbol{v}\frac{\partial\boldsymbol{P}_{yy}}{\partial y}+\boldsymbol{v}\frac{\partial\boldsymbol{P}_{xy}}{\partial x}+\boldsymbol{v}\frac{\partial\boldsymbol{P}_{zy}}{\partial z}\\\rho\boldsymbol{w}\frac{\mathrm{d}\boldsymbol{w}}{\mathrm{d}t}&=\rho\boldsymbol{f}_z\boldsymbol{w}+\boldsymbol{w}\frac{\partial\boldsymbol{P}_{zz}}{\partial z}+\boldsymbol{w}\frac{\partial\boldsymbol{P}_{xz}}{\partial x}+\boldsymbol{w}\frac{\partial\boldsymbol{P}_{yz}}{\partial z}\end{aligned} \tag{2-80}$$

将上式相加，左侧为 $\rho\frac{\mathrm{d}}{\mathrm{d}t}\left(\frac{\boldsymbol{V}^2}{2}\right)$，代入式(2-77)，最终化简为

$$\rho\frac{\mathrm{d}e_g}{\mathrm{d}t}=\boldsymbol{P}_{xx}\frac{\partial\boldsymbol{u}_x}{\partial x}+\boldsymbol{P}_{yy}\frac{\partial\boldsymbol{u}_y}{\partial y}+\boldsymbol{P}_{zz}\frac{\partial\boldsymbol{u}_z}{\partial z}+\boldsymbol{P}_{xy}\left(\frac{\partial\boldsymbol{u}_y}{\partial x}+\frac{\partial\boldsymbol{u}_x}{\partial y}\right)+\boldsymbol{P}_{yz}\left(\frac{\partial\boldsymbol{u}_z}{\partial y}+\frac{\partial\boldsymbol{u}_y}{\partial z}\right)$$
$$+\boldsymbol{P}_{zx}\left(\frac{\partial\boldsymbol{u}_x}{\partial z}+\frac{\partial\boldsymbol{u}_z}{\partial x}\right)+\frac{\partial}{\partial x}\left(k\frac{\partial T}{\partial x}\right)+\frac{\partial}{\partial y}\left(k\frac{\partial T}{\partial y}\right)+\frac{\partial}{\partial z}\left(k\frac{\partial T}{\partial z}\right)\tag{2-81}$$

内能可以表示为 $e_g=C_VT$，引入扩散系数 $\alpha=\dfrac{k}{\rho C_p}$，$C_p$，$C_V$ 近似为 C，将各应力做功项综合表示为 $\mu\varphi$，φ 称为耗散系数，能量方程式(2-81) 写为

$$\frac{\mathrm{d}T}{\mathrm{d}t}=\alpha\boldsymbol{\Delta}T+\frac{\mu}{\rho C}\varphi\tag{2-82}$$

略去耗散项时，简化为

$$\frac{\partial T}{\partial t}+\boldsymbol{u}_x\frac{\partial T}{\partial x}+\boldsymbol{u}_y\frac{\partial T}{\partial y}+\boldsymbol{u}_z\frac{\partial T}{\partial z}=\alpha\left(\frac{\partial^2T}{\partial x^2}+\frac{\partial^2T}{\partial y^2}+\frac{\partial^2T}{\partial z^2}\right)\tag{2-83}$$

2.10.4　基本方程组及初边条件

(1) 流体力学基本方程组

微分形式的流体力学基本方程组为

$$\begin{cases}\dfrac{\partial\rho}{\partial t}+\boldsymbol{\nabla}\cdot(\rho\mathbf{V})=0\\[2ex]\dfrac{\mathrm{d}\mathbf{V}}{\mathrm{d}t}=\boldsymbol{F}-\dfrac{1}{\rho}\nabla p+\upsilon\boldsymbol{\Delta}\mathbf{V}\\[2ex]\dfrac{\mathrm{d}T}{\mathrm{d}t}=\alpha\boldsymbol{\Delta}T+\dfrac{\mu}{\rho C}\varphi\end{cases}\tag{2-84}$$

如果流体的属性 ρ、μ、α、C 均已知，则方程组中未知量为 3 个速度分量，一个压强和一个温度，共 5 个未知数，而方程的个数共为 5 个，由此可知方程组是封闭的，可以求解。

(2) 初始条件和边界条件

所有的流体运动都要满足基本方程组，但是满足同一方程组的流体运动各不相同。只有确定了初始状态和边界状态之后，流体的运动才是唯一的。对于流体力学的基本方程组通解中包含的任意函数只有在给定初始条件和边界条件之后才具有唯一确定的解。

① 初始条件

所谓初始条件就是初始时刻 $t=t_0$ 时，流体运动应该满足的初始状态，$t=t_0$ 时方程中的 $\mathbf{V}$，p，T 都是给定的已知函数或给定值，如果研究流体的定常运动，则不须要给出初始条件。

② 边界条件

所谓边界条件指的是流体运动边界上方程组的解应该满足的条件。它的形式多种多样，需要具体问题具体分析，下面只写出常用的几种。

a. 无穷远处

例如飞机在高空中飞行，辽阔的天空可近似地看作是无边无际的，于是无穷远处是这类问题的边界，那里的边界条件可写为 $\boldsymbol{V}=\boldsymbol{V}_\infty$，$p=p_\infty$，$T=T_\infty$。

b. 两种介质交接面处

两介质的界面可以是气、液、固三相中任意两种不同相的界面，也可以是同一相组成的界面。例如物体在空气中运动，物面就是气、固两相的界面，海洋中的水面就是空气和水两相的界面，河流中清水和浊水的界面就是同一液相，但密度不同的界面等等。

若界面处的两种介质互不渗透，而且在运动过程中，原来是两介质界面的边界在以后时刻永远是两介质的界面，即满足不发生分离的连续条件，则在界面处速度应连续，$\boldsymbol{V}_{(\text{介质1})}=\boldsymbol{V}_{(\text{介质2})}$；$T_{(\text{介质1})}=T_{(\text{介质2})}$。

c. 固体壁面处

固体壁面处边界条件是两介质界面处边界条件的重要特例，此时两介质中有一个是固体，另一个是流体（可以是气体或液体），固壁处的条件为 $\boldsymbol{V}_{\text{流}}=\boldsymbol{V}_{\text{固}}$。

当固体静止时，$\boldsymbol{V}=0$，称为无滑移边界条件。

如果是理想流体，$\boldsymbol{V}_{n\text{流}}=\boldsymbol{V}_{n\text{固}}$，如果固体壁面处于静止，则 $\boldsymbol{V}_{n\text{流}}=0$。

d. 自由表面处

压力 $p=p_0$，切应力 $\boldsymbol{\tau}=0$。

2.11 思考题

（1）流体力学的研究方法有哪些，针对具体的流体力学相关问题该如何运用？

（2）假设流体为连续介质的意义是什么？

（3）流体静止时只有正应力，运动的流体才有切应力作用，是否能表明运动的流体才有黏性，而流体静止时没有黏性？

（4）描述流体运动的方法有几种，有什么特点？

（5）什么是随体导数、局部导数、位变导数？说明 $\dfrac{D\boldsymbol{V}}{Dt}=0$，$\dfrac{\partial \boldsymbol{V}}{\partial t}=0$，$(\boldsymbol{V}\cdot\nabla)\boldsymbol{V}=0$ 的物理意义是什么？

（6）已知速度场为 $\boldsymbol{u}=y+2z$，$\boldsymbol{v}=x+2x$，$\boldsymbol{w}=x+2y$，求①速度的质点导数及加速度；②变形张量；③转动张量；④涡线方程。

（7）试根据质量守恒定律推导连续性方程，根据动量守恒定律推导微分形式的运动方程。

（8）由第1章曲线坐标的知识，根据质量守恒定律推导曲线坐标系下的线性方程，并转换为柱坐标形式。

（9）流体力学基本方程组中流体的属性 μ、α、C 均已知，而 $\boldsymbol{V}$，p，T，ρ 未知，方程组是否封闭？如果不封闭请提出方程组封闭的方法。

第3章　理想流体及势流理论

3.1　势流运动控制方程

不可压缩理想均质流体的连续性方程和 Euler 运动方程分别为

$$\mathrm{div}v=0 \tag{3-1}$$

$$\frac{\mathrm{d}v}{\mathrm{d}t}=f-\frac{1}{\rho}\nabla p \tag{3-2}$$

若运动是无旋的，则 $\mathrm{rot}v=0$，即存在速度势函数(流速势)φ，使得

$$v=\mathbf{grad}\varphi \text{ 或 } v=\nabla\varphi \tag{3-3}$$

于是一个速度势函数 $\varphi(x,y,z,t)$ 就可以代替三个速度分量函数。将式(3-3)代入连续性方程(3-1)，得到

$$\nabla^2\varphi=0 \tag{3-4a}$$

在笛卡儿坐标系中，有

$$\frac{\partial^2\varphi}{\partial x^2}+\frac{\partial^2\varphi}{\partial y^2}+\frac{\partial^2\varphi}{\partial z^2}=0 \tag{3-4b}$$

这是一个线性的二阶偏微分方程，通常称为拉普拉斯(Laplace)方程。线性方程的一个突出优点就是解的可叠加性，从而给解决问题带来很多方便。

通过一定变换，把 Euler 方程写成 Lamb - $\Gamma_{\text{POMЬIK}}$。方程的形式。在 Euler 运动方程(3-2)中，将加速度$\frac{\mathrm{d}v}{\mathrm{d}t}$写成

$$\frac{\mathrm{d}v}{\mathrm{d}t}=\frac{\partial v}{\partial t}+v\cdot\nabla v$$

考虑到场论中基本运算公式

$$(a\cdot\nabla)a=\mathbf{grad}\frac{a^2}{2}-a\times\mathbf{rot}a$$

有

$$\frac{\mathrm{d}v}{\mathrm{d}t}=\frac{\partial v}{\partial t}+\textbf{grad}\,\frac{v^2}{2}+\textbf{rot}v\times v \tag{3-5}$$

将惯性加速度写成上述形式的优点在于它将 $v\cdot\nabla v$ 中的位势部分和涡旋部分分开。将式(3－5)代入式(3－2),得到

$$\frac{\partial v}{\partial t}+\textbf{grad}\,\frac{v^2}{2}+\textbf{rot}v\times v=f-\frac{1}{\rho}\textbf{grad}p \tag{3-6}$$

这就是兰姆－葛罗米柯(Lamb－Γромык。)形式的运动方程。

对于流动是无旋的,上式简化为

$$\frac{\partial v}{\partial t}+\textbf{grad}\,\frac{v^2}{2}=f-\frac{1}{\rho}\textbf{grad}p \tag{3-7}$$

对于不可压缩均质流体,密度 ρ 为常数,则有

$$\frac{1}{\rho}\textbf{grad}p=\textbf{grad}\,\frac{p}{\rho} \tag{3-8}$$

对于外力有势且质量力只有重力的情况,有

$$f=-g=-\textbf{grad}(gz) \tag{3-9}$$

因流动有势,流速 $v=\textbf{grad}\varphi$。根据拉格朗日(Lagrange)定理,只要一个时刻流速有势,则任何时刻也都有势。而且,因为空间和时间是相互独立的变量,可以把 $\frac{\partial}{\partial t}$ 和 **grad** 次序互换。因此可写成

$$\frac{\partial v}{\partial t}=\frac{\partial}{\partial t}\textbf{grad}\varphi=\textbf{grad}\,\frac{\partial\varphi}{\partial t} \tag{3-10}$$

将式(3－8)、(3－9)、(3－10)代入运动方程(3－7),得到

$$\textbf{grad}\left(\frac{\partial\varphi}{\partial t}+\frac{v^2}{2}+\frac{p}{\rho}+gz\right)=0$$

积分后

$$\frac{\partial\varphi}{\partial t}+\frac{v^2}{2}+\frac{p}{\rho}+gz=f(t) \tag{3-11}$$

此式称为 Lagrange 积分方程。

综上所述,对理想不可压缩均质流体的有势流动,其控制方程变为连续性方程(3－4)和 Lagrange 积分方程(3－11),即

$$\nabla^2\varphi=0$$

$$\frac{\partial\varphi}{\partial t}+\frac{v^2}{2}+\frac{p}{\rho}+gz=f(t)$$

因此,求解理想不可压缩均质流体的有势流动,即求解上述两个方程中的两个未知数,

$\varphi(x,y,z,t)$ 和 $p(x,y,z,t)$。因 Laplace 方程(3-4) 只包含一个变量 φ，而 φ 的分布又确定了流速的分布，故式(3-4) 在满足边界条件和初始条件的情况下，完全确定了全流场的流速分布。当流速场确定以后，利用 Lagrange 积分方程(3-11) 可求得压强分布。

3.2　流函数与速度势函数

3.2.1　平面流与流函数

如果流场中流体的流动参量只是两个坐标的函数，即流体的流动参量只随平面内不同点的坐标而变化，这种流动就称作平面流动。平面流动实际上就是二维流动。

流线可以形象地描绘出流场内的流动形态。在数学分析上，我们可以将描述流场特征的所有流线所构成的流线族用一定的函数形式来表示，这种函数就称为流函数。

设有一不可压缩流体的二维平面流动，其连续性方程为

$$\frac{\partial u_x}{\partial x}+\frac{\partial u_y}{\partial y}=0 \tag{a}$$

流线微分方程为

$$\frac{\mathrm{d}x}{u_x}=\frac{\mathrm{d}y}{u_y}$$

或写成

$$u_x\mathrm{d}y-u_y\mathrm{d}x=0 \tag{b}$$

根据数学分析可知，如果式(b) 的左边恰好是某一个函数 $\psi=\psi(x,y)$ 的全微分，即

$$\mathrm{d}\psi=\frac{\partial\psi}{\partial x}\mathrm{d}x+\frac{\partial\psi}{\partial y}\mathrm{d}y=-u_y\mathrm{d}x+u_x\mathrm{d}y \tag{3-12}$$

那么式(b) 就是一个全微分方程。函数 $\psi(x,y)$ 就称为流函数。由式(3-12) 可得

$$u_x=\frac{\partial\psi}{\partial y},\ u_y=-\frac{\partial\psi}{\partial x} \tag{3-13}$$

将式(3-13) 代入平面流的连续性方程式(a)，得

$$\frac{\partial u_x}{\partial x}+\frac{\partial u_y}{\partial y}=\frac{\partial^2\psi}{\partial y\partial x}-\frac{\partial^2\psi}{\partial x\partial y}=0$$

即流函数 ψ 永远满足连续性方程。

流函数存在下列几个重要性质：

(1) 流函数 $\psi(x,y)=C$ 的方程为流线方程。

(2) 通过两条流线间各截面上的流体的体积流量都相等，并恒等于两条流线上的流函数值之差。

设在给定的某一瞬时，有两条流线 1 和 2，它们的流函数值分别为 ψ_1 和 ψ_2，如图 3-1 所示。例如通过 AB 截面的体积流量(取单位宽度) 为

$$Q_{AB}=\int_{y_1}^{y_2}u_x\,\mathrm{d}y=\int_{y_1}^{y_2}\frac{\partial\psi}{\partial y}\mathrm{d}y=\int_{\psi_1}^{\psi_2}\mathrm{d}\psi=\psi_2-\psi_1$$

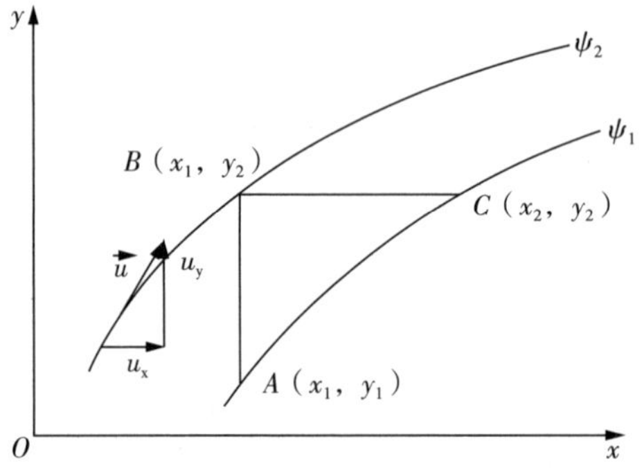

图 3-1 流量与流函数值的关系

同理，通过 BC 截面的体积流量为

$$Q_{BC}=\int_{x_1}^{x_2}u_y\,\mathrm{d}x=\int_{x_1}^{x_2}\left(-\frac{\partial\psi}{\partial x}\right)\mathrm{d}x=-\int_{\psi_2}^{\psi_1}\mathrm{d}\psi=\psi_2-\psi_1$$

因此得到

$$Q_{12}=Q_{AB}=Q_{BC}=\psi_2-\psi_1 \tag{3-14}$$

(3) 不可压缩流体平面无旋流动的流函数满足拉普拉斯方程，即

$$\frac{\partial^2\psi}{\partial x^2}+\frac{\partial^2\psi}{\partial y^2}=0 \tag{3-15}$$

凡是满足拉普拉斯方程的函数，在数学分析上称为调和函数，所以流函数是一个调和函数。

(4) 在不可压缩流体平面无旋流动的流场中，流线与等势线处处正交。

对于圆柱坐标系来说，流函数与速度分量之间的关系为

$$u_r=\frac{1}{r}\frac{\partial\psi}{\partial\theta},u_\theta=-\frac{\partial\psi}{\partial r} \tag{3-16}$$

$$\mathrm{d}\psi=-u_\theta\,\mathrm{d}r+u_r r\,\mathrm{d}\theta \tag{3-17}$$

3.2.2 势流与速度势函数

流体的无旋流动，即角速度 $\vec{\omega}=0$ 的流动也称为有势流动，简称为势流。

在势流流场中，各流体质点仅具有速度向量，而没有角速度向量。一般情况下，在某一瞬时，流线上各流体质点的速度具有不同的大小和方向，它们相对于某一基准各自具有不同的速度位势。所谓速度位势就是速度向量在某一方向上的投影与该方向上一段距离的乘积(或者说是速度向量的大小与其方向上一段距离的乘积)。即 $\vec{u}\cdot\vec{s}$。如果我们将流场中各流线上具有相同速度位势的点连接起来，所组成的线(或面)就称为等势线(或等势面)。对于

不同的等势线(或等势面)也可以用一定的函数形式来表示,这种函数就称为速度势函数,或简称为速度势或势函数。

在无旋流动的条件下必然存在函数 $\varphi=\varphi(x,y,z)$,它和速度分量 u_x、u_y、u_z 的关系为

$$\mathrm{d}\varphi=u_x\mathrm{d}x+u_y\mathrm{d}y+u_z\mathrm{d}z \tag{3-18}$$

在给定瞬时,函数 φ 的全微分又可写成

$$\mathrm{d}\varphi=\frac{\partial\varphi}{\partial x}\mathrm{d}x+\frac{\partial\varphi}{\partial y}\mathrm{d}y+\frac{\partial\varphi}{\partial z}\mathrm{d}z$$

比较以上两式,可以得出

$$u_x=\frac{\partial\varphi}{\partial x},u_y=\frac{\partial\varphi}{\partial y},u_z=\frac{\partial\varphi}{\partial z} \tag{3-19}$$

函数 φ 就称为速度势函数。

速度势函数 φ 存在以下几个重要性质:

(1) 速度势函数 $\varphi(x,y)-C$ 的方程为等势线方程。而速度势函数 $\varphi(x,y,z)-C$ 的方程为等势面方程。

(2) 速度势函数的梯度就是流场中流体的速度。或者说,流体的速度即为速度势函数的梯度。按向量分析。

$$\vec{u}=u_x\vec{i}+u_y\vec{j}+u_z\vec{k}=\frac{\partial\varphi}{\partial x}\vec{i}+\frac{\partial\varphi}{\partial y}\vec{j}+\frac{\partial\varphi}{\partial z}\vec{k}=\nabla\varphi=\mathbf{grad}\varphi \tag{3-20}$$

(3) 不可压缩流体的有势流动,其速度势函数满足拉普拉斯方程。

将式(3-19)代入不可压缩流体的连续性方程,可得

$$\frac{\partial^2\varphi}{\partial x^2}+\frac{\partial^2\varphi}{\partial y^2}+\frac{\partial^2\varphi}{\partial z^2}=0 \tag{3-21}$$

式(3-21)是拉普拉斯方程。速度势函数 φ 满足拉普拉斯方程,因而它也是一个调和函数。

对于不可压缩流体的平面无旋流动,其流函数和速度势函数同时存在。

$$\frac{\partial\varphi}{\partial x}=\frac{\partial\psi}{\partial y},\frac{\partial\varphi}{\partial y}=-\frac{\partial\psi}{\partial x} \tag{3-22}$$

或写成

$$\frac{\partial\varphi}{\partial x}\frac{\partial\psi}{\partial x}+\frac{\partial\varphi}{\partial y}\frac{\partial\psi}{\partial y}=0 \tag{3-22a}$$

满足上述关系的两个调和函数称为共轭调和函数。已知其中的一个函数就能够求出另一个函数。

(4) 在不可压缩流体平面无旋流动的流场中,等势线与流线处处正交。这也是前述流函数的重要性质之一。

(5) 在势流流动的流场中,沿任意曲线上的速度环量等于该曲线两端点上的速度势函数

值之差，而与曲线的形状无关。

沿任意曲线 ab 的速度环量为

$$\begin{aligned}\Gamma_{ab} &= \int_a^b u_x \mathrm{d}x + u_y \mathrm{d}y + u_z \mathrm{d}z \\ &= \int_a^b \frac{\partial \varphi}{\partial x}\mathrm{d}x + \frac{\partial \varphi}{\partial y}\mathrm{d}y + \frac{\partial \varphi}{\partial z}\mathrm{d}z = \int_{\varphi_a}^{\varphi_b} \mathrm{d}\varphi = \varphi_b - \varphi_a\end{aligned} \tag{3-23}$$

式(3-23)说明，在势流流场中，沿任意曲线 ab 的速度环量只取决于起点 a 和终止 b 的位置，而与曲线 ab 的形状无关。

3.3 复位势和复速度

对于平面势流运动，速度势函数 φ 与流函数 ψ 都是调和函数，而且是共轭的，即有以下关系：

$$\nabla^2 \varphi = 0, \nabla^2 \psi = 0 \tag{3-24}$$

$$\frac{\partial \varphi}{\partial x} = \frac{\partial \psi}{\partial y}, \frac{\partial \varphi}{\partial y} = -\frac{\partial \psi}{\partial x} \tag{3-25}$$

式(3-25)是联系 φ 和 ψ 的关系式，是复变函数中所熟知的柯西-黎曼(Cauchy-Riemann)条件。

有复函数

$$f(z) = \varphi(x, y) + i\psi(x, y) \tag{3-26}$$

它的实数部分是速度势函数，虚数部分是流函数，其中 $z = x + iy$ 为复变量。由于 φ 和 ψ 满足柯西－黎曼条件，根据复变函数理论，$f(z)$ 是解析函数，称之为复势，或复位势。

用复势描述有势流动，需建立复势 $f(z)$ 和速度矢量的关系。复势的导数为

$$\frac{\mathrm{d}f}{\mathrm{d}z} = \frac{\partial \varphi}{\partial x} + i\frac{\partial \psi}{\partial x} = u - iv \tag{3-27}$$

称复势的导数为复速度，其实数为 x 向的分速度，其虚数为 y 向分速度的负值。复速度 $\frac{\mathrm{d}f}{\mathrm{d}z} = u - iv$ 的共轭为 $\overline{\frac{\mathrm{d}f}{\mathrm{d}z}} = u + iv$。

复速度的模(modulus)为

$$\left|\frac{\mathrm{d}f}{\mathrm{d}z}\right| = \sqrt{u^2 + v^2} = U \tag{3-28}$$

复速度的幅角(argument)为

$$\theta = \arctan\left(\frac{v}{u}\right) \tag{3-29}$$

则复速度及其共轭表示为

$$\frac{\mathrm{d}f}{\mathrm{d}z}=u-iv=Ue^{-i\theta} \tag{3-30}$$

$$\overline{\frac{\mathrm{d}f}{\mathrm{d}z}}=u+iv=Ue^{i\theta} \tag{3-31}$$

复势 $f(z)$ 具有以下的基本性质：

(1) $f(z)$ 可以相差任意常数而不影响流体运动；

(2) $f(z)=\mathrm{const}$ 等价于 $\varphi(x,y)=\mathrm{const}$，$\psi(x,y)=\mathrm{const}$，它们分别代表等势线和流线，而且等势线和流线正交；

(3) $\Gamma+i\boldsymbol{Q}=\oint_L \mathrm{d}\varphi+i\mathrm{d}\psi=\oint_L \mathrm{d}f=\oint_L \frac{\mathrm{d}f}{\mathrm{d}z}\mathrm{d}z$，由此可见复速度沿封闭曲线 L 的积分，其实数部分为沿该封闭曲线的速度环量，而虚数部分则为通过封闭曲线 L 的流量。

3.4　基本平面势流及其叠加

3.4.1　均匀直线流

当流体作匀速直线运动时，流场中各点的速度都是大小相等，方向相同的，这种流动就称为均匀直线流，又称为等速平行流。

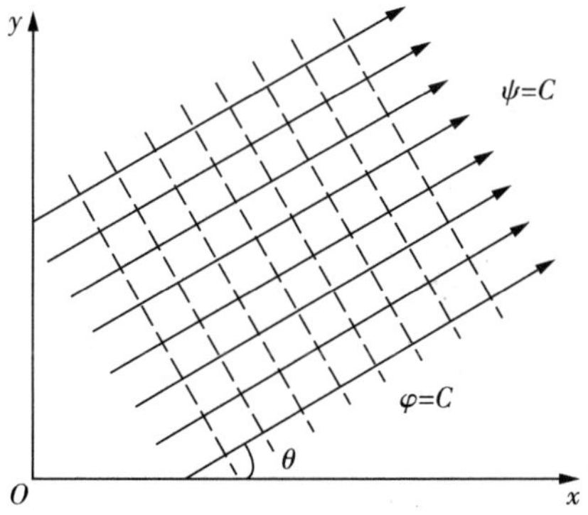

图 3-2　均匀直线流动

如图 3-2 所示，流体的流动方向与 x 轴的夹角为 θ，流场中各点的速度均为 u_0，而且 u_0 为一定值。则 x 和 y 方向的分速度为

$$u_x=u_0\cos\theta, u_y=u_0\sin\theta \tag{3-32}$$

其流函数及速度势函数可由下式求出

$$\mathrm{d}\psi=u_x\mathrm{d}y-u_y\mathrm{d}x=u_0\cos\theta\mathrm{d}y-u_0\sin\theta\mathrm{d}x$$

$$d\varphi = u_x dx + u_y dy = u_0 \cos\theta dx + u_0 \sin\theta dy$$

积分上式可得流函数 ψ 及速度势函数 φ

$$\psi = u_0 \cos\theta y - u_0 \sin\theta x = u_0 (y\cos\theta - x\sin\theta)$$
$$\varphi = u_0 \cos\theta x + u_0 \sin\theta y = u_0 (x\cos\theta + y\sin\theta) \quad (3-33)$$

由于流场中各点的速度都相等，根据伯努利方程可以得到

$$\frac{p}{\gamma} + z = C \quad (3-34a)$$

如果均匀直线流动是在同一水平面内，则有

$$p = C \quad (3-34b)$$

即在水平均匀直线流动的流场中，压力是处处相等的。

3.4.2 源流和汇流

如图 3-3(a) 所示，设无限平面内有一点 O，流体不断地从 O 点流出后，沿径向均匀地向四周各个方向继续扩散流动，这种流动称为源流，或简称点源，O 点称为源点。与此相反，若流体不断地沿径向均匀地从四周各个方向流入 O 点，则这种流动称为汇流，或简称点汇，O 点称为汇点，如图 3-3(b) 所示。显然，这两种流动的流线都是从 O 点发出的射线，即流体从源点流出和向汇点流入都只有径向速度 u_r，而切向速度 u_θ 为零。

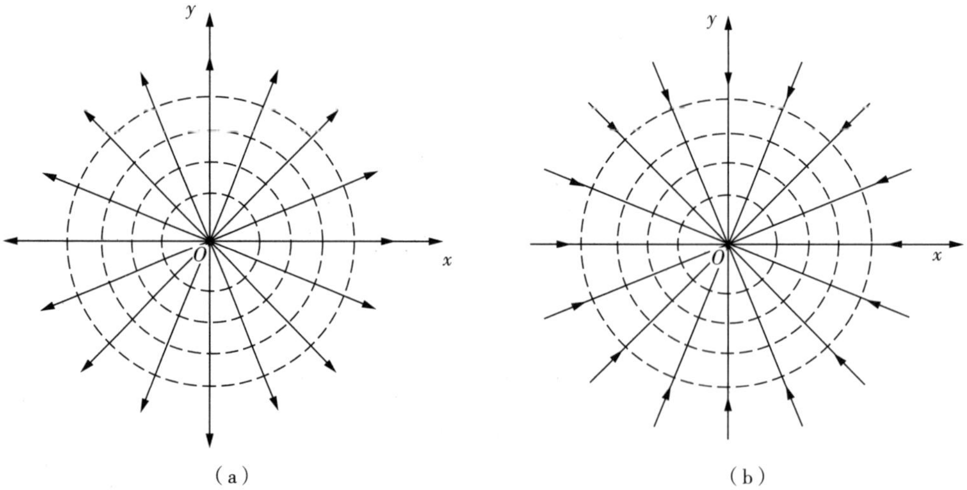

图 3-3 源流和汇流

现以 O 点为原点取柱坐标(如图 3-3)。对于不可压缩流体的稳定流动来说，流体在单位时间内通过任意半径为 r 的单位长度圆柱面上的体积流量 Q 都应该相等，即 $Q = 2\pi r u_r =$ 常数。流量 Q 又称为源流强度(或汇流强度)，单位是 $m^3/(s \cdot m)$。由此可得源流(或汇流) 流场的速度分布为

$$u_r=\frac{Q}{2\pi r},u_\theta=0 \tag{3-35}$$

对于源流，$Q>0$，因而 $u_r>0$，因此有

$$\left.\begin{aligned}\psi&=\frac{Q}{2\pi}\theta=\frac{Q}{2\pi}\mathrm{tg}^{-1}\frac{y}{x}\\ \varphi&=\frac{Q}{2\pi}\ln r=\frac{Q}{2\pi}\ln\sqrt{x^2+y^2}\end{aligned}\right\} \tag{3-36}$$

由式(3-36)可以看出，等流函数线族(流线族)是以源点为起点的辐射线，而等势线族是以源点为圆心的同心圆，这说明等势线族与流线族是正交的。

汇流与源流是互逆过程，流函数和速度势函数的表达式与源流相同，只是符号相反，即

$$\left.\begin{aligned}\psi&=-\frac{Q}{2\pi}\theta=-\frac{Q}{2\pi}\mathrm{tg}^{-1}\frac{y}{x}\\ \varphi&=-\frac{Q}{2\pi}\ln r=-\frac{Q}{2\pi}\ln\sqrt{x^2+y^2}\end{aligned}\right\} \tag{3-37}$$

由于 $u_r=\frac{Q}{2\pi r}$，当 $r\to 0$ 时，$u_r\to\infty$，所以源点和汇点都是奇点。因此其流函数和速度势函数只有在源点或汇点之外才存在，即除源点或汇点外，整个平面流场上都是有势流动。

3.4.3　涡流和点涡

设有一旋涡强度为 I 的无限长直线涡束，该涡束像刚体一样以等角速度 $\tilde{\omega}$ 绕自身轴旋转，并带动涡束周围的流体绕其环流，由于直线涡束为无限长，所以可以认为与涡束垂直的所有平面上流动情况都一样。这种由涡束诱导出来的平面流动，称为涡流。设涡束轴为 z 轴，则由涡束诱导的环流的流线在 xOy 平面内都是以坐标原点 O 为圆心的同心圆，如图 3-4 所示。由斯托克斯定理可知，沿任何圆周流线的速度环量都等于涡束的旋涡强度，即

$$\Gamma=2\pi r u_\theta=I=\text{常数}$$

于是

$$u_r=0,u_\theta=\frac{\Gamma}{2\pi r} \tag{3-38}$$

因此，在涡束外流体的速度与半径成反比；而在涡束内，流体则如同刚体一样以等角速度 $\tilde{\omega}$ 绕其自身轴旋转，其速度与半径成正比，即 $u_\theta=\omega r$，如图 3-4 所示。我们称涡束外的流动区域为势流旋转区，称涡束内的流动区域为涡核区。

若涡束的半径 $r_0\to 0$，则涡束就成为一条涡线，这样的涡流称为点涡，或称自由涡。当 $r_0\to 0$ 时，$u_\theta\to\infty$，因此涡点是一个奇点，所以点涡又称纯环流。涡核外势流区的流函数和速度势函数为

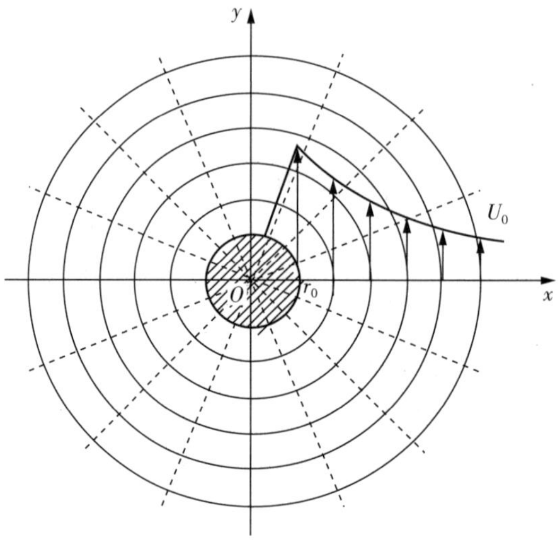

图 3-4　涡束诱导出的涡流

$$
\left.\begin{aligned}
\psi &= -\frac{\Gamma}{2\pi}\ln r = -\frac{\Gamma}{2\pi}\ln\sqrt{x^2+y^2} \\
\varphi &= \frac{\Gamma}{2\pi}\theta = \frac{\Gamma}{2\pi}\mathrm{tg}^{-1}\frac{y}{x}
\end{aligned}\right\} \tag{3-39}
$$

当 $\Gamma > 0$ 时，$u_\theta > 0$，环流为逆时针方向；当 $\Gamma < 0$ 时，$u_\theta < 0$，环流为顺时针方向。

3.4.4　螺旋流

螺旋流是由点源或者点汇流动和点涡流动叠加（源点或者汇点和涡点重合）而成的。将点源或者点汇和点涡的速度势函数及流函数分别相加，即可得到螺旋流的速度势函数和流函数。如点汇和点涡叠加后得到的螺旋流的速度势函数和流函数为

$$
\left.\begin{aligned}
\varphi &= -\frac{\boldsymbol{Q}}{2\pi}\ln r + \frac{\Gamma}{2\pi}\theta = -\frac{1}{2\pi}(\boldsymbol{Q}\ln r - \Gamma\theta) \\
\psi &= -\frac{\boldsymbol{Q}}{2\pi}\theta - \frac{\Gamma}{2\pi}\ln r = -\frac{1}{2\pi}(\boldsymbol{Q}\theta + \Gamma\ln r)
\end{aligned}\right\} \tag{3-40}
$$

式中，Γ 取逆时针方向为正。令以上两式等于常数，便可得到等势线方程和流线方程为

$$
\left.\begin{aligned}
\boldsymbol{Q}\ln r - \Gamma\theta &= C \\
\boldsymbol{Q}\theta + \Gamma\ln r &= C'
\end{aligned}\right\} \tag{3-41}
$$

或写成

$$
\left.\begin{aligned}
r &= C_1 e^{\frac{\Gamma}{Q}\theta} \\
r &= C_2 e^{-\frac{Q}{\Gamma}\theta}
\end{aligned}\right\} \tag{3-42}
$$

式中：C_1、C_2 是两个常数。显然，等势线族和流线族是两组相互正交的对数螺旋线族（如图 3-5），所以称为螺旋流。在图 3-5 所示的螺旋流动（点汇和点涡叠加的结果）的流场中，流体是从四周向中心流动。

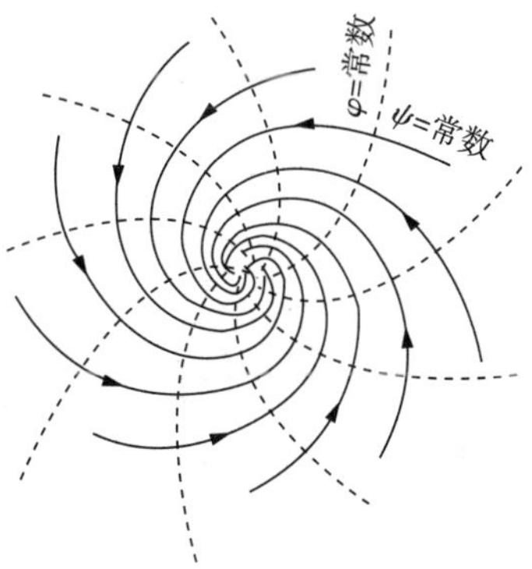

图 3-5　螺旋流

3.4.5　偶极流

偶极流是同强度的点源和点汇叠加的结果。若把点源和点汇无限靠近，即源点和汇点间的距离 $\Delta S \to 0$，并且在 $\Delta S \to 0$ 的同时，强度 $\boldsymbol{Q} \to \infty$，以使得 $\Delta S\boldsymbol{Q}=$ 常数，这样便得到一个所谓的偶极流的有势流动。

如图 3-6 所示，为一把强度为 $\boldsymbol{Q}$ 的点源和强度为 $-\boldsymbol{Q}$ 的点汇分别放置在坐标系的 A 点 $(-a,0)$ 和 B 点 $(a,0)$ 上，叠加后得到的流动图形。叠加后的速度势函数和流函数分别为

$$\varphi_{AB}=\frac{\boldsymbol{Q}}{2\pi}\ln r_A-\frac{\boldsymbol{Q}}{2\pi}\ln r_B=\frac{\boldsymbol{Q}}{2\pi}\ln\frac{r_A}{r_B} \tag{3-43}$$

$$\psi_{AB}=\frac{\boldsymbol{Q}}{2\pi}\theta_A-\frac{\boldsymbol{Q}}{2\pi}\theta_B=\frac{\boldsymbol{Q}}{2\pi}(\theta_A-\theta_B)=-\frac{\boldsymbol{Q}}{2\pi}\alpha \tag{3-44}$$

式中：α 为动点 $P(x,y)$ 与源点 A 和汇点 B 的连接线之间的夹角。由流线方程 $\psi=$ 常数，得 $\alpha=$ 常数。

现在来分析在点源与点汇无限接近的同时，流量 $\boldsymbol{Q}$ 无限增大（即 $a\to 0$ 时，$\boldsymbol{Q}\to\infty$），以使得 $2a\boldsymbol{Q}$ 保持一个有限常数 $\boldsymbol{M}$ 的极限情况，即偶极流的情况。$\boldsymbol{M}=2a\boldsymbol{Q}$ 称为偶极矩，或称为偶极强度，单位为 $m^4/(s\cdot m)$ 或 m^3/s，方向是从源点到汇点为正。

偶极流的速度势函数和流函数可由式(3-43)和式(3-44)根据上述条件推导出来。由式(3-43)得

$$\varphi_{AB}=\frac{\boldsymbol{Q}}{2\pi}\ln\frac{r_A}{r_B}=\frac{\boldsymbol{Q}}{2\pi}\ln\left(1+\frac{r_A-r_B}{r_B}\right)$$

如图 3-7 所示，当 A 点和 B 点向原点 O 无限靠近时，$r_A-r_B\approx 2a\cos\theta_A$，而且当 $2a\to 0$，$\boldsymbol{Q}\to\infty$ 时，$2a\boldsymbol{Q}=\boldsymbol{M}$，$r_A\to r_B\to r$，$\theta_A\to\theta_B\to\theta$。又由于

$$\ln(1+\varepsilon)=\varepsilon-\frac{\varepsilon^2}{2}+\frac{\varepsilon^3}{3}-\frac{\varepsilon^4}{4}+\cdots$$

当 ε 为无穷小时，可以略去高阶项，即 $\ln(1+\varepsilon)\approx\varepsilon$。

因此，偶极流的速度势函数为

$$\begin{aligned}\varphi&=\lim_{\substack{2a\to 0\\ Q\to\infty}}\varphi_{AB}=\lim_{\substack{2a\to 0\\ Q\to\infty}}\left[\frac{\boldsymbol{Q}}{2\pi}\ln\left(1+\frac{2a\cos\theta_A}{r_B}\right)\right]=\lim_{\substack{2a\to 0\\ Q\to\infty}}\left(\frac{\boldsymbol{Q}}{2\pi}\frac{2a\cos\theta_A}{r_B}\right)\\&=\frac{\boldsymbol{M}}{2\pi}\frac{\cos\theta}{r}=\frac{\boldsymbol{M}}{2\pi}\frac{r\cos\theta}{r^2}=\frac{\boldsymbol{M}}{2\pi}\frac{x}{x^2+y^2}\end{aligned} \tag{3-45}$$

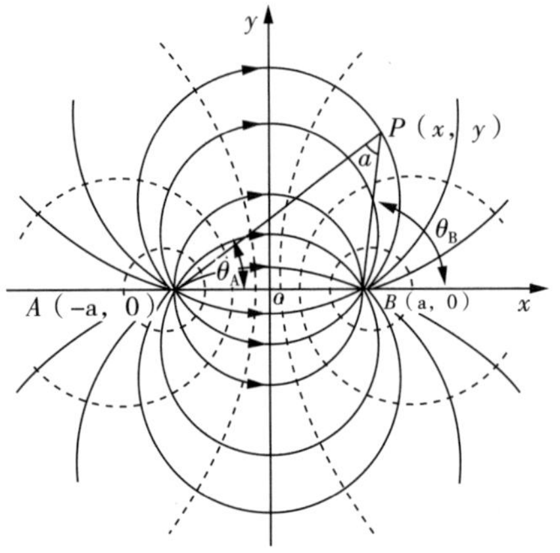

图 3-6　点源和点汇的叠加

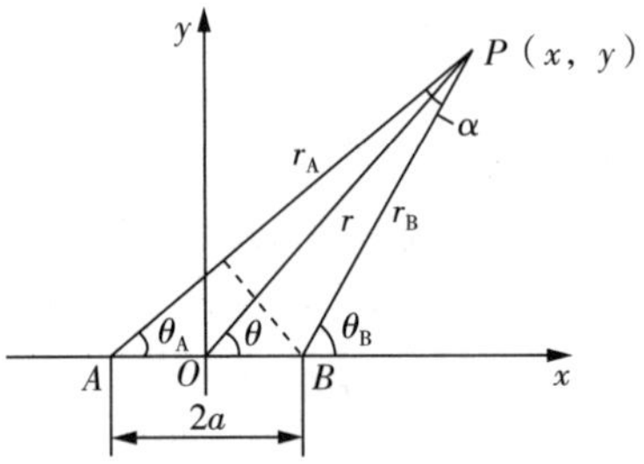

图 3-7　推导偶极流速度势和流函数用图

由式(3-44)得

$$\psi_{AB}=\frac{\boldsymbol{Q}}{2\pi}(\theta_A-\theta_B)=\frac{\boldsymbol{Q}}{2\pi}\mathrm{tg}^{-1}\ \frac{\mathrm{tg}\theta_A-\mathrm{tg}\theta_B}{1+\mathrm{tg}\theta_A\cdot\mathrm{tg}\theta_B}$$

$$=\frac{\boldsymbol{Q}}{2\pi}\mathrm{tg}^{-1}\ \frac{\dfrac{y}{x+a}-\dfrac{y}{x-a}}{1+\dfrac{y^2}{(x+a)(x-a)}}=\frac{\boldsymbol{Q}}{2\pi}\mathrm{tg}^{-1}\ \frac{-2ay}{x^2+y^2-a^2}$$

又因为

$$\psi=-\frac{\boldsymbol{M}}{2\pi}\frac{y}{x^2+y^2}=-\frac{\boldsymbol{M}}{2\pi}\frac{r\sin\theta}{r^2}=-\frac{\boldsymbol{M}}{2\pi}\frac{\sin\theta}{r}\tag{3-46}$$

3.4.6　均匀直线流绕圆柱体无环量的平面流动

设有一个在无穷远处速度为 u_∞ 的均匀直线流(平行流),从与圆柱体轴垂直的方向绕过半径为 r_0 的无限长圆柱体流动,如图 3-8 所示,这一流动可认为是由均匀直线流和偶极流叠加而成的组合平面流动。根据式(3-33)与式(3-45)和式(3-46)可得组合流动的速度势函数与流函数分别为

$$\varphi=u_\infty x+\frac{\boldsymbol{M}}{2\pi}\frac{x}{x^2+y^2}=u_\infty x\left(1+\frac{\boldsymbol{M}}{2\pi u_\infty}\frac{1}{x^2+y^2}\right)\tag{3-47}$$

$$\psi=u_\infty y-\frac{\boldsymbol{M}}{2\pi}\frac{y}{x^2+y^2}=u_\infty y\left(1-\frac{\boldsymbol{M}}{2\pi u_\infty}\frac{1}{x^2+y^2}\right)\tag{3-48}$$

于是,流线方程为

$$u_\infty y\left(1-\frac{\boldsymbol{M}}{2\pi u_\infty}\frac{1}{x^2+y^2}\right)=C$$

当 $C=0$ 时,$\psi=0$,该流线称为零值流线。零值流线的方程为

$$u_{\infty}y\left(1-\frac{\boldsymbol{M}}{2\pi u_{\infty}}\frac{1}{x^2+y^2}\right)=0$$

即

$$y=0, x^2+y^2=\frac{\boldsymbol{M}}{2\pi u_{\infty}}$$

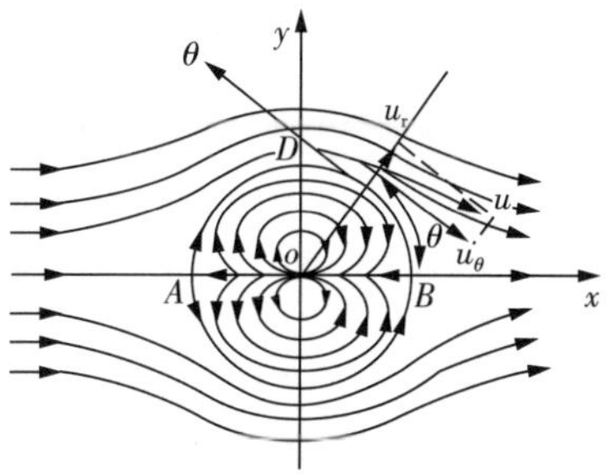

图 3-8　平行流绕圆柱体无环量的流动

由此可知，零值流线是 x 轴和一个以坐标原点为圆心，半径为 $r_0=\sqrt{\dfrac{\boldsymbol{M}}{2\pi u_{\infty}}}$ 的圆周线所构成的图形。于是，均匀直线流绕圆柱体无环量的平面流动的速度势函数和流函数也可以写成

$$\varphi=u_{\infty}x\left(1+\frac{r_0^2}{x^2+y^2}\right)=u_{\infty}\left(1+\frac{r_0^2}{r^2}\right)r\cos\theta \tag{3-47a}$$

$$\psi=u_{\infty}y\left(1-\frac{r_0^2}{x^2+y^2}\right)=u_{\infty}\left(1-\frac{r_0^2}{r^2}\right)r\sin\theta \tag{3-48a}$$

以上两式中的 $r\geqslant r_0$，因为 $r<r_0$ 在圆柱体内，没有实际意义。

3.5　思考题

(1) 流体的有势流动指的是什么？什么是速度势函数？

(2) 流体的无旋流动和有势流动有什么关系？

(3) 什么是流函数？试分析流函数存在的条件有哪些？

(4) 存在流函数的流体具有哪些重要性质？

(5) 速度势函数存在的条件是什么？

(6) 若已知势函数 $\varphi=xy$，求流函数，描绘流场的大致情景。

(7) 已知平面流动的流函数 $\psi=3x^2y-y^3$，求势函数，证明流速与距坐标原点的距离的平方成正比。

(8) 什么是源流和汇流？

(9) 在平面流动中，涡流涡束内外流体的速度与半径有什么关系？

(10) 什么是均匀直线流？均匀直线流有什么特点？

(11) 螺旋流、偶极流和均匀直线绕圆柱体无环量的平面流动分别是由哪些基本势流叠加而成？

第 4 章　N－S 方程的精确解

4.1　概　　述

在第二章中建立起描述黏性流体流动的基本方程组，即 N－S 方程组，该方程组是封闭的，从数学上分析可以求得其通解。但是由于 N－S 方程（动量方程）中，黏性项$\frac{\partial}{\partial x_j}\left(\mu\frac{\partial u_i}{\partial x_j}\right)$是二阶项，迁移加速度项$\rho u_j\frac{\partial u_i}{\partial x_j}$是非线性项。因此，N－S 方程是一个二阶非线性偏微分方程。黏性流体的 N－S 方程中由于含有非线性项，三维流动情况时在任意的初始条件和边界条件下，分析求解时会遇到难以克服的数学困难，目前尚无法获得一般流动情形下的解析解。对于可压缩流体的层流流动，由于基本方程中的物性参数受到温度的影响，使流场中的速度分布受到温度分布的影响，所以需要用基本微分方程组和补充的物性方程联立求解，这样问题就复杂很多。对于不可压缩流体的层流流动，物性参数可近似作为常量处理，使速度分布不受到温度分布的影响，即连续方程及 N－S 方程与能量方程无关，因而可首先用连续方程和 N－S 方程联立求解速度分布和压力分布。然后，在此基础上用能量方程求解温度分布。但是，即使是对于常物性、不可压缩流体的层流流动，求解三维一般流动的 N－S 方程在数学上的困难也仍然没有减少。

黏性流体流动与理想流体流动存在重大差别。从数学角度来看，N－S 方程与欧拉方程的阶数不同，前者为二阶非线性偏微分方程，而后者为一阶非线性偏微分方程，这导致所要求的定解条件的个数以及解法均不相同。从物理角度看，黏性流体流动时，由于黏性与固体壁面的作用，总是有旋涡产生；由于黏性的存在，与理想流体流动中涡量守恒不同，在黏性流体流动中涡量并不守恒；由于黏性流体流动中存在不可逆过程，与理想流体流动中机械能守恒不同，黏性流体流动的机械能并不守恒。

对于一些简单的流动，人们通过物理上的分析，进行近似处理，使方程简化，以得到求解方程时数学上的方便。在黏性流体力学中，在大多数场合，略去 N－S 方程中的质量力或将质量力吸收到压力项中去，以使 N－S 方程减少一项而利于求解；此外，还用减少维数的办法，以处理二维流动问题为主，这是因为通过一维问题来掌握黏性流动的性质有困难，而三维问题往往可由二维问题推广得到。在这样的前提下，只有几个流动情况是极为简单的特例，可以直接求解 N－S 方程得到解析解。总之，连续方程和 N－S 方程的解析解的适用范围是很有限的。迄今为止人们大约获得 70 多个流动问题的解析解，近 50 年来，新的解析解几乎没有。自 1887 年 N－S 方程建立之后，人们在很长一段时间中一直热衷于探索着 N－S 方程的精确解。然而，从20世纪50年代起，人们就不怎么热心于寻找N－S方程的精确解了。主要原因在于：

(1)N－S方程存在固有的非线性问题，使得数学上的求解十分困难；

(2) 自1904年Prandtl提出边界层理论以后，许多黏性流体流动问题可以采用近似理论(例如边界层理论)来解决；

(3) 随着大型电子计算机的出现和不断升级，使得N－S方程的数值求解成为可能。

分析讨论N－S方程的精确求解，主要目的有：

(1) 能够使得学习者对流体力学发展历程中的若干典型解法有所了解，以利于开阔解决流体流动问题的思路；

(2) 能使学习者对一些黏性流体流动问题及其基本特性有所了解，或许有助于求解较为复杂的流动问题；

(3) 有时可以用这些精确解来检验某种近似解法的准确性与适用性。如果实际流动与精确解的流动情况近似，可用摄动法求解流动问题，精确解构成这种方法的基础。

(4) 用来检验数值计算的结果，如编写计算机程序进行数值计算时，以精确解作为算例，可以用来验证模型的可靠性和程序的正确程度。

用解析的方法求解N－S方程时，依据所获得的结果又可以分为精确解和近似解。对一些特别简单的特定流动情形，可以得到精确解，这些精确解从不同的方面反映了黏性流体流动的性质。另外，对某些流动可以引进不同程度的物理或数学的近似以求得其近似解，边界层近似就是一个典型的例子。关于近似解的相关分析讨论将在后续章节中详细介绍。

对于N－S方程的精确解，在某些简单的流动情况下，N－S方程中的非线性的惯性项等于零或者可以简化为非常简单的形式，这样控制方程组得以线性化或得到很简单的形式，可以求出方程的精确解。因此精确解又可分为如下两类。

(1) 非线性项全部消失

从整个工程上来看，该类问题不多，最典型的就是均匀流动，如平行层流。在物性参数ρ、μ、k、c_p为常数的情况下，虽然待求量为u_i、p和T，但是连续方程和动量方程就已构成关于求解u_i和p的封闭方程组。因此，对于这一类问题的求解可以先由连续方程和动量方程联立求解出u_i和p，然后再代入到能量方程中求得温度T分布。

(2) 非线性项可化为非常简单的形式

根据流动问题的性质，N－S方程中虽然保留有非线性项，但它的形式相对简单，这时在一定条件下通过坐标的相似变换方法，将简单的非线性偏微分方程变换为常微分方程，然后求得其精确解。例如，物体驻点附近的流动、旋转圆盘附近的流动、扩张管和收缩管内的层流流动等，就可用这种方法求解。

迄今为止得到的解析解几乎都是对常物性、不可压缩黏性牛顿流体得出的，即流体的密度、黏性系数、导热系数和比热容等均为常数。这时不需要将能量方程与连续性方程、动量方程相耦合，可先通过求解连续方程和动量方程来计算得到速度场和压力场后，再代入能量方程单独求解温度分布。

N－S方程的精确解仅限于层流问题，湍流问题不可能有精确解。

4.2 定常无对流项N－S方程精确解

4.2.1 平面库埃特-泊肃叶流动

常物性的不可压缩黏性流体作层流流动时，其连续方程、动量方程和能量方程在直角坐标系中的表达式为

$$\frac{\partial u_x}{\partial x}+\frac{\partial u_y}{\partial y}+\frac{\partial u_z}{\partial z}=0$$

$$\frac{\partial u_x}{\partial t}+u_x\frac{\partial u_x}{\partial x}+u_y\frac{\partial u_x}{\partial y}+u_z\frac{\partial u_x}{\partial z}=-\frac{1}{\rho}\frac{\partial p}{\partial x}+\nu\left(\frac{\partial^2 u_x}{\partial x^2}+\frac{\partial^2 u_x}{\partial y^2}+\frac{\partial^2 u_x}{\partial z^2}\right)+f_x$$

$$\frac{\partial u_y}{\partial t}+u_x\frac{\partial u_y}{\partial x}+u_y\frac{\partial u_y}{\partial y}+u_z\frac{\partial u_y}{\partial z}=-\frac{1}{\rho}\frac{\partial p}{\partial y}+\nu\left(\frac{\partial^2 u_y}{\partial x^2}+\frac{\partial^2 u_y}{\partial y^2}+\frac{\partial^2 u_y}{\partial z^2}\right)+f_y$$

$$\frac{\partial u_z}{\partial t}+u_x\frac{\partial u_z}{\partial x}+u_y\frac{\partial u_z}{\partial y}+u_z\frac{\partial u_z}{\partial z}=-\frac{1}{\rho}\frac{\partial p}{\partial z}+\nu\left(\frac{\partial^2 u_z}{\partial x^2}+\frac{\partial^2 u_z}{\partial y^2}+\frac{\partial^2 u_z}{\partial z^2}\right)+f_z$$

$$\begin{aligned}\frac{\partial T}{\partial t}+u_x\frac{\partial T}{\partial x}+u_y\frac{\partial T}{\partial y}+u_z\frac{\partial T}{\partial z}=&\frac{\lambda}{\rho c_p}\left(\frac{\partial^2 T}{\partial x^2}+\frac{\partial^2 T}{\partial y^2}+\frac{\partial^2 T}{\partial z^2}\right)\\&+\frac{\mu}{2\rho c_p}\left\{4\left[\left(\frac{\partial u_x}{\partial x}\right)^2+\left(\frac{\partial u_y}{\partial y}\right)^2+\left(\frac{\partial u_z}{\partial z}\right)^2\right]\right.\\&\left.+2\left[\left(\frac{\partial u_x}{\partial y}+\frac{\partial u_y}{\partial x}\right)^2+\left(\frac{\partial u_x}{\partial z}+\frac{\partial u_z}{\partial x}\right)^2+\left(\frac{\partial u_z}{\partial y}+\frac{\partial u_y}{\partial z}\right)^2\right]\right\}+S\end{aligned}\tag{4-1}$$

为便于讨论，设质量力仅为重力，引入广义压力函数 p'，并且满足

$$\frac{\partial p'}{\partial x_i}=\frac{\partial p}{\partial x_i}-\rho g_i\tag{4-2}$$

则可以把动量方程中的压力梯度项和质量力项合并为一项，减少了运动方程的项数，降低方程的求解难度。对于平行层流流动，所有流体质点都沿着同一方向运动，只有一个速度分量不为零，不失一般性，假定 x 方向的速度分量 u_x 不为零，而速度分量 u_y 和 u_z 处处为零，即 $u_y=u_z=0$。将该条件代入连续方程中，可以得出$\frac{\partial u_x}{\partial x}=0$，这就意味着 x 方向的速度分量 u_x 不依赖于 x。即

$$u_x=u_x(y,z,t);u_y=u_z=0$$

把上两式代入控制方程组中，并忽略能量方程中的源项，即 $S=0$，则控制方程组可以简化为

$$
\begin{aligned}
&\frac{\partial u_x}{\partial x}=0\\
&\frac{\partial u_x}{\partial t}=-\frac{1}{\rho}\frac{\partial p'}{\partial x}+\nu\left(\frac{\partial^2 u_x}{\partial y^2}+\frac{\partial^2 u_x}{\partial z^2}\right)\\
&0=-\frac{1}{\rho}\frac{\partial p'}{\partial y}\\
&0=-\frac{1}{\rho}\frac{\partial p'}{\partial z}\\
&\frac{\partial T}{\partial t}+u_x\frac{\partial T}{\partial x}=\frac{\lambda}{\rho c_p}\left(\frac{\partial^2 T}{\partial x^2}+\frac{\partial^2 T}{\partial y^2}+\frac{\partial^2 T}{\partial z^2}\right)+\frac{\mu}{\rho c_p}\left[\left(\frac{\partial u_x}{\partial y}\right)^2+\left(\frac{\partial u_x}{\partial z}\right)^2\right]
\end{aligned}
\tag{4-3}
$$

上式中有 $\partial p'/\partial y=0$ 和 $\partial p'/\partial z=0$，因此压力函数 p' 与 y 和 z 无关，即 $p'=p'(x,t)$。方程组进一步简化为

$$
\begin{aligned}
&\frac{\partial u_x}{\partial t}=-\frac{1}{\rho}\frac{\mathrm{d}p'}{\mathrm{d}x}+\nu\left(\frac{\partial^2 u_x}{\partial y^2}+\frac{\partial^2 u_x}{\partial z^2}\right)\\
&\frac{\partial T}{\partial t}+u_x\frac{\partial T}{\partial x}=\frac{\lambda}{\rho c_p}\left(\frac{\partial^2 T}{\partial x^2}+\frac{\partial^2 T}{\partial y^2}+\frac{\partial^2 T}{\partial z^2}\right)+\frac{\mu}{\rho c_p}\left[\left(\frac{\partial u_x}{\partial y}\right)^2+\left(\frac{\partial u_x}{\partial z}\right)^2\right]
\end{aligned}
\tag{4-4}
$$

当流动定常时，$\partial u_x/\partial t=0$ 和 $\partial T/\partial t=0$，则上述方程组简化为

$$
\begin{aligned}
&\frac{\partial^2 u_x}{\partial y^2}+\frac{\partial^2 u_x}{\partial z^2}=\frac{1}{\mu}\frac{\mathrm{d}p'}{\mathrm{d}x}\\
&u_x\frac{\partial T}{\partial x}=\frac{\lambda}{\rho c_p}\left(\frac{\partial^2 T}{\partial x^2}+\frac{\partial^2 T}{\partial y^2}+\frac{\partial^2 T}{\partial z^2}\right)+\frac{\mu}{\rho c_p}\left[\left(\frac{\partial u_x}{\partial y}\right)^2+\left(\frac{\partial u_x}{\partial z}\right)^2\right]
\end{aligned}
\tag{4-5}
$$

式中动量方程左端是 y、z 的函数，而右端是 x 的函数。因此两端只能等于同一个常数，即

$$
\frac{\partial^2 u_x}{\partial y^2}+\frac{\partial^2 u_x}{\partial z^2}=\frac{1}{\mu}\frac{\mathrm{d}p'}{\mathrm{d}x}=\mathrm{const}
\tag{4-6}
$$

此为泊松方程。如果常数为 0，则为拉普拉斯方程。

(1) 泊肃叶流动

设有两平行放置的宽大平板，两平行平板之间充满常物性不可压缩黏性流体，如图 4－1

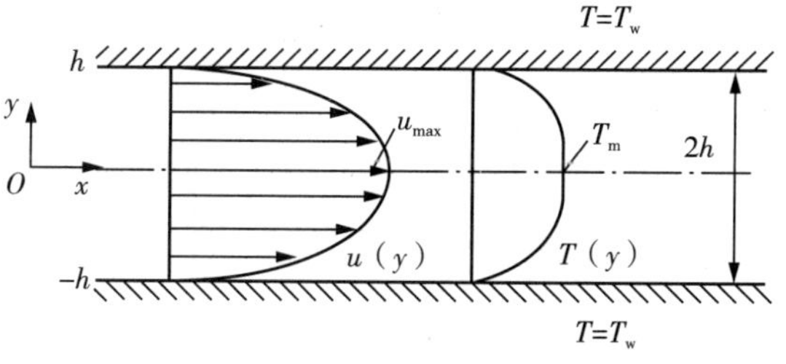

图 4－1　两无限大平行平板间的平面泊肃叶流动

所示，两平板之间的距离为 $2h$，平板的宽度为 b。当 $2h/b \ll 1$ 时，可以认为是无限大平板，此时流动可视为二维平面流动，两平板都静止不动，上下两平板的温度均保持为 T_w，并且在流动过程中温度保持恒定。这种两无限大平行平板间充分发展的二维定常层流流动称为平面泊肃叶流动。现在我们来分析求解流动的速度场和温度场分布。

分析该流动的特点，可以认为该流动是二维定常流动，那么速度和温度沿 z 方向的变化率均为零，则有

$$u_x = u(y),\ T = T(x, y)$$

又因为上下两平板的温度沿板面保持不变，并且温度剖面也是充分发展的，所以

$$\frac{\partial T}{\partial x} = 0,\ T = T(y)$$

把 $u_x = u(y)$ 和 $T = T(y)$ 代入到控制方程组，可得

$$\begin{aligned} \mu \frac{\mathrm{d}^2 u_x}{\mathrm{d}y^2} &= \frac{\mathrm{d}p}{\mathrm{d}x} = \mathrm{const} \\ \frac{\mathrm{d}^2 T}{\mathrm{d}y^2} &= -\frac{\mu}{\lambda}\left(\frac{\mathrm{d}u_x}{\mathrm{d}y}\right)^2 \end{aligned} \tag{4-7}$$

式中为书写简便，仍用 p 来表示广义压力函数，忽略质量力时，即为流体的静压力。相对应的边界条件为

$$\begin{aligned} y = -h,\ u_x = 0,\ T = T_w \\ y = h,\ u_x = 0,\ T = T_w \end{aligned} \tag{4-8}$$

接下来分析求解以上控制方程组，从而得到其速度分布和温度分布。

① 速度分布

对控制方程组中的动量方程直接进行两次积分，可得

$$u_x = \frac{1}{2\mu}\frac{\mathrm{d}p}{\mathrm{d}x}y^2 + c_1 y + c_2$$

式中：c_1 和 c_2 为积分常数。把两个速度边界条件代入上式，可求得

$$c_1 = 0,\ c_2 = -\frac{h^2}{2\mu}\frac{\mathrm{d}p}{\mathrm{d}x}$$

则得到平面泊肃叶流动的速度分布

$$u_x = \frac{1}{2\mu}\frac{\mathrm{d}p}{\mathrm{d}x}(y^2 - h^2) = \frac{h^2}{2\mu}\left(-\frac{\mathrm{d}p}{\mathrm{d}x}\right)\left[1 - \left(\frac{y}{h}\right)^2\right] \tag{4-9}$$

由上式可见平面泊肃叶流动的速度剖面为抛物型。压力梯度 $\frac{\mathrm{d}p}{\mathrm{d}x}$ 前的负号表示速度指向压力降低的方向。中线（$y=0$）处速度达到最大值，其值为

$$u_{\max} = \frac{1}{2\mu}\left(-\frac{\mathrm{d}p}{\mathrm{d}x}\right)h^2 \tag{4-10}$$

将最大速度代入速度表达式，则速度分布可表示为

$$u_x = u_{\max}\left[1-\left(\frac{y}{h}\right)^2\right] \tag{4-11}$$

② 温度分布

把以上计算求得的速度分布表达式代入能量方程，并积分两次，可得温度分布的表达式

$$T = -\frac{y^4}{12\lambda\mu}\left(\frac{\mathrm{d}p}{\mathrm{d}x}\right)^2 + c_1 y + c_2$$

式中：c_1 和 c_2 为积分常数。把温度边界条件代入上式，即可求得积分常数

$$c_1 = 0,\ c_2 = T_{\mathrm{w}} + \frac{h^4}{12\lambda\mu}\left(\frac{\mathrm{d}p}{\mathrm{d}x}\right)^2$$

则得到平面泊肃叶流动的温度分布表达式

$$T = T_{\mathrm{w}} + \frac{h^4}{12\lambda\mu}\left(-\frac{\mathrm{d}p}{\mathrm{d}x}\right)^2\left[1-\left(\frac{y}{h}\right)^4\right] = T_{\mathrm{w}} + \frac{1}{3}\frac{\mu u_{\max}^2}{\lambda}\left[1-\left(\frac{y}{h}\right)^4\right] \tag{4-12}$$

可见温度分布为四次抛物型。

③ 体积流量

通过宽度为 b 的平面渠道，则流体的体积流量 Q 为

$$Q = b\int_{-h}^{h} u\,\mathrm{d}y = \frac{2}{3}\frac{bh^3}{\mu}\left(-\frac{\mathrm{d}p}{\mathrm{d}x}\right) \tag{4-13}$$

可见通过平面渠道的体积流量 Q 与渠道的h^3 成正比，与渠道宽度 b 的一次方成正比，与压力梯度$\frac{\mathrm{d}p}{\mathrm{d}x}$ 成正比。

假设平面渠道长为 L，两端的压差 $p = p_1 - p_2$，则有

$$-\mathrm{d}p/\mathrm{d}x = p/L$$

此时通过平面渠道的体积流量 Q 和最大速度 $u_{\max}$ 的表达式可以利用压差表示为

$$\begin{gathered} Q = \frac{2}{3}\frac{bh^3}{\mu}\frac{p}{L} \\ u_{\max} = \frac{h^2}{2\mu}\frac{p}{L} \end{gathered} \tag{4-14}$$

流过平面渠道的平均流速 $\bar{u}$ 可以计算得到

$$\bar{u}=\frac{Q}{2bh}=\frac{h^2}{3\mu}\frac{p}{L}=\frac{2}{3}u_{\max} \tag{4-15}$$

可见平均流速为最大流速的 2/3 倍。

④ 压力降

由平均速度的表达式可以求得压力降

$$p=\frac{3}{2}\frac{\mu LQ}{bh^3}=3\mu\frac{L}{h^2}\bar{u} \tag{4-16}$$

可见压力降与平均速度的一次方成正比。

(2) 库埃特-泊肃叶流动

如图 4-2 所示,两平行安放的宽大平板间充满常物性不可压缩流体,假设上平板以恒定速度 U 沿 x 轴正方向运动,下平板静止不动,此时的流动一般称为平面库埃特-泊肃叶流动。假设上平板的温度为 T_e,下平板的温度为 T_w,且在流体流动过程中两温度均保持不变。现在来分析求解该流动的速度场和温度场分布。

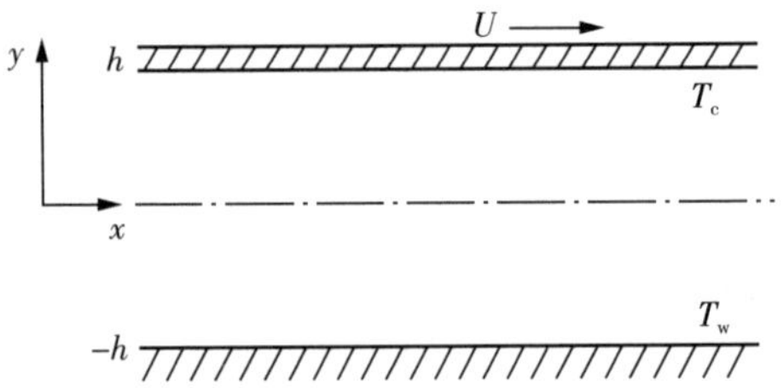

图 4-2 两无限大平行平板间的二维库埃特-泊肃叶流动

平面库埃特-泊肃叶流动的基本控制方程组仍然为

$$\begin{aligned}&\mu\frac{d^2u_x}{dy^2}=\frac{dp}{dx}=\text{const}\\&\frac{d^2T}{dy^2}=-\frac{\mu}{\lambda}\left(\frac{du_x}{dy}\right)^2\end{aligned} \tag{4-17}$$

相应的边界条件为

$$\begin{cases}y=-h: u_x=0, T=T_w\\y=h: u_x=U, T=T_e\end{cases} \tag{4-18}$$

① 速度分布

对控制方程组中的动量方程进行两次积分,可得

$$u_x=\frac{1}{2\mu}\frac{dp}{dx}y^2+c_1y+c_2$$

式中：c_1 和 c_2 为积分常数。把两个速度边界条件代入上式，可求得积分常数

$$c_1=\frac{U}{2h},c_2=\frac{U}{2}-\frac{h^2}{2\mu}\frac{\mathrm{d}p}{\mathrm{d}x}$$

带入速度分布表达式，可得到平面库埃特-泊肃叶流动的速度分布表达式

$$u_x=\frac{1}{2\mu}\frac{\mathrm{d}p}{\mathrm{d}x}(y^2-h^2)+\frac{U}{2}\left(1+\frac{y}{h}\right)=\frac{U}{2}\left(1+\frac{y}{h}\right)+\frac{h^2}{2\mu}\left(-\frac{\mathrm{d}p}{\mathrm{d}x}\right)\left[1-\left(\frac{y}{h}\right)^2\right] \quad (4-19)$$

上式表明速度 u_x 沿 y 方向的分布由两项组成：第一项 $\frac{U}{2}\left(1+\frac{y}{h}\right)$ 是由黏性拖动引起的，第二项 $\frac{h^2}{2\mu}\left(-\frac{\mathrm{d}p}{\mathrm{d}x}\right)\left[1-\left(\frac{y}{h}\right)^2\right]$ 则是由压力梯度引起的。

当压力函数的梯度为零时，表示流体完由运动壁面通过黏性力拖动，把 $\mathrm{d}p/\mathrm{d}x=0$ 代入速度表达式有

$$u_x=\frac{U}{2}\left(1+\frac{y}{h}\right)$$

这种特殊情况称为简单库埃特流动。

② 温度分布

把速度分布表达式代入能量方程中，进行两次积分可得温度分布表达式

$$T=-\frac{\mu}{\lambda}\left[\frac{1}{12}\left(\frac{1}{\mu}\frac{\mathrm{d}p}{\mathrm{d}x}\right)^2y^4+\frac{U}{6h}\left(\frac{1}{\mu}\frac{\mathrm{d}p}{\mathrm{d}x}\right)y^3+\frac{U^2}{8h^2}y^2\right]+c_1y+c_2$$

式中：c_1 和 c_2 为积分常数，把温度边界条件代入上式，可求得

$$c_1=\frac{1}{2h}(T_e-T_w)+\frac{hU}{6\lambda}\frac{\mathrm{d}p}{\mathrm{d}x},c_2=\frac{1}{2}(T_e+T_w)+\frac{h^4}{12\lambda\mu}\left(\frac{\mathrm{d}p}{\mathrm{d}x}\right)^2+\frac{\mu U^2}{8\lambda}$$

代入温度分布表达式，则得到平面库埃特-泊肃叶流动的温度分布表达式

$$T=T_w+\frac{1}{2}(T_e-T_w)\left(1+\frac{y}{h}\right)+\frac{\mu U^2}{8\lambda}\left[1-\left(\frac{y}{h}\right)^2\right]-\frac{Uh^2}{6\lambda}\left(-\frac{\mathrm{d}p}{\mathrm{d}x}\right)\left[\frac{y}{h}-\left(\frac{y}{h}\right)^3\right]$$
$$+\frac{\mu U^2}{12\lambda}\left[\frac{h^2}{\mu U}\left(-\frac{\mathrm{d}p}{\mathrm{d}x}\right)\right]^2\left[1-\left(\frac{y}{h}\right)^4\right] \quad (4-20)$$

温度分布可进一步简化为

$$\frac{T-T_w}{T_e-T_w}=\frac{1}{2}\left(1+\frac{y}{h}\right)+\frac{1}{8}\frac{\mu c_p}{\lambda}\frac{U^2}{c_p(T_e-T_w)}\left[1-\left(\frac{y}{h}\right)^2\right]$$
$$-\frac{1}{6}\frac{\mu c_p}{\lambda}\frac{U^2}{c_p(T_e-T_w)}\frac{h^2}{\mu U}\left(-\frac{\mathrm{d}p}{\mathrm{d}x}\right)\left[\frac{y}{h}-\left(\frac{y}{h}\right)^3\right]$$

$$+\frac{1}{12}\frac{\mu c_p}{\lambda}\frac{U^2}{c_p(T_e-T_w)}\left[\frac{h^2}{\mu U}\left(-\frac{\mathrm{d}p}{\mathrm{d}x}\right)\right]^2\left[1-\left(\frac{y}{h}\right)^4\right]$$

$$=\frac{1}{2}\left(1+\frac{y}{h}\right)+\frac{Br}{8}\left[1-\left(\frac{y}{h}\right)^2\right]-\frac{Br}{6}\frac{h^2}{\mu U}\left(-\frac{\mathrm{d}p}{\mathrm{d}x}\right)\left[\frac{y}{h}-\left(\frac{y}{h}\right)^3\right]$$

$$+\frac{Br}{12}\left[\frac{h^2}{\mu U}\left(-\frac{\mathrm{d}p}{\mathrm{d}x}\right)\right]^2\left[1-\left(\frac{y}{h}\right)^4\right]$$

$$Br=\frac{\mu c_p}{\lambda}\frac{U^2}{c_p(T_e-T_w)}=PrEc \tag{4-21}$$

式中：Br 为布林克曼数；Pr 为普朗特数，$Pr=\frac{\nu}{a}=\frac{\mu c_p}{\lambda}$；$Ec$ 为埃克特数，$Ec=\frac{U^2}{c_p\Delta T}$。

当 $U=0$，$\frac{\mathrm{d}p}{\mathrm{d}x}=0$ 时，没有流体流动，在这种特殊流动情形下，上式中右侧前两项表示两壁间由于上下平板之间存在温差而产生的纯导热的温度分布，即

$$\begin{aligned}&u_x=0\\&T=T_w+\frac{1}{2}(T_e-T_w)\left(1+\frac{y}{h}\right)\end{aligned} \tag{4-22}$$

后三项则是由于黏性流体流动过程中耗散热而产生的温度分布。

③ 方程的量纲一化

引入量纲一量

$$y^*=\frac{y}{h};u^*=\frac{u_x}{U};T^*=\frac{T-T_w}{T_e-T_w}$$

$$Br=\frac{\mu c_p}{\lambda}\frac{U^2}{c_p(T_e-T_w)}=PrEc \tag{4-23}$$

$$P^*=\frac{h^2}{\mu U}\left(-\frac{\mathrm{d}p'}{\mathrm{d}x}\right)$$

式中：Br 为布林克曼数；P^* 为量纲一的压力梯度。

把以上量纲一代入速度和温度表达式中，可以得到平面库埃特-泊肃叶流动量纲一的速度分布和温度分布。

$$\begin{aligned}&u^*=\frac{1}{2}(1+y^*)+\frac{1}{2}P^*(1-y^{*2})\\&T^*=\frac{1}{2}(1+y^*)+\frac{Br}{8}(1-y^{*2})-\frac{Br}{6}P^*(y^*-y^{*3})+\frac{Br}{12}P^{*2}(1-y^{*4})\end{aligned} \tag{4-24}$$

图 4-3 所示为量纲一的速度分布曲线，图 4-4 所示为量纲一的温度分布曲线，下面对以上两式进行讨论。

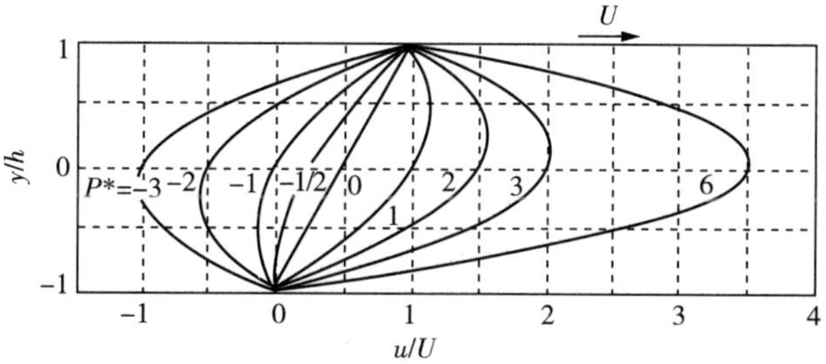

图 4-3　两无限大平行平板间库埃特-泊肃叶流速度分布

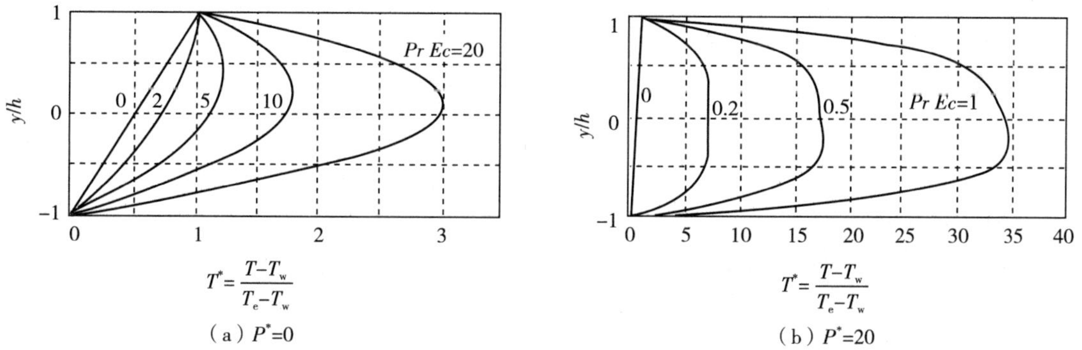

图 4-4　两无限大平行平板间库埃特-泊肃叶流温度分布

首先来分析量纲一速度分布。

a. 当 $U=0$ 时，上平板也静止不动，流体流动由两平板之间存在的压力梯度驱动，此时速度表达式为

$$u_x=\frac{1}{2\mu}\left(-\frac{\mathrm{d}p}{\mathrm{d}x}\right)h^2(1-y^{*2}) \tag{4-25}$$

此为二维平行流的泊肃叶流动，得到二次抛物线速度分布。

b. 当 $P^*=0$（即 $\mathrm{d}p/\mathrm{d}x=0$）时，两平板之间不存在压力梯度，流体流动由上平板的运动驱动，速度表达式为

$$u^*=\frac{1}{2}(1+y^*) \tag{4-26}$$

此为纯剪切流动，速度场呈直线分布。由此可见库埃特-泊肃叶流动是泊肃叶流动和纯剪切流动叠加而成。

c. 当 $P^*<0$（即 $\mathrm{d}p/\mathrm{d}x>0$）时，压力沿流动方向增加，称为逆压梯度，逆压梯度使流体减速，黏性拖动可能为负，即出现部分逆流。开始出现逆流的条件是

$$\left.\frac{\mathrm{d}u_x}{\mathrm{d}y}\right|_{-h}=0$$

由速度表达式可知此条件对应于

$$\frac{\mathrm{d}p}{\mathrm{d}x}=\frac{\mu U}{2h^2} \qquad (4-27)$$

$$P^* = -1/2$$

d. 当$P^* > 0$(即 $\mathrm{d}p/\mathrm{d}x < 0$) 时,压力沿流动方向下降,称为顺压梯度,整个断面上速度分布曲线向右凸出(速度为正值)。

e. 当$P^* \to \infty$(即 $\mathrm{d}p/\mathrm{d}x$ 很大) 时,而 $U \neq 0$,则流动接近于泊肃叶流动。

接下来分析量纲一温度分布。

a. 图 4-4 中分别给出了$P^* = 0$ 和$P^* = 20$ 时,不同布林克曼数 Br 时温度的分布曲线,由此可见温度分布取决于 Br 数和P^* 的值。

b. 当 $Br = 0, P^* = 0$(即 $U = 0, \mathrm{d}p/\mathrm{d}x = 0$) 时,表示流体静止,此时温度分布

$$T^* = \frac{1}{2}(1 + y^*) \qquad (4-28)$$

这是由两平板之间存在温差而引起的纯热传导温度分布。

c. 当 $Br \neq 0, P^* = 0$(即 $U \neq 0, \mathrm{d}p/\mathrm{d}x = 0$) 时,有

$$T^* = \frac{Br}{8}(1 - y^{*2}) + \frac{1}{2}(1 + y^*) \qquad (4-29)$$

表明两平板的速度差和温差而引起的温度分布。上式第二项说明,若上板运动速度 U 越大,则流体耗散率就越大,这就要求更大的温度梯度的变化率,才能将耗散热传导出去,这是量纲一量 Br 影响温度分布的一种因素。

d. 当$P^* \to \infty$(即 $\mathrm{d}p/\mathrm{d}x \to \infty$) 时,温度分布表达式可只保留最后一项,成为

$$T^* = \frac{h^4}{12\mu\lambda(T_e - T_w)}\left(-\frac{\mathrm{d}p}{\mathrm{d}x}\right)^2[1 - (y^*)^4] \qquad (4-30)$$

此时温度分布与上壁平移速度 U 无关,呈现出与泊肃叶流动中温度分布类似的四次抛物型特征。

e. 对于常用的流体如水和空气等,Br 数总很小,如果P^* 又不是很大,则温度分布表达式中的后三项,即由于耗散热产生的温度变化通常可以略去。而对于黏性很大的流体如油等,Br 数不再很小,只有在这种情况下才有必要考虑由于耗散而产生的温度变化。

4.2.2 充分发展管道内哈根-泊肃叶流动

流体自大空间进入管道以后,在管道进口处相当长的一段距离内,流场会受管道进口的影响。沿长度方向流动逐渐变化,进口处的影响逐渐减弱,经过一段距离之后,流体的流动达到稳定状态。流体流动发生变化的那一段距离,称为起始段;起始段之后流体流动形成充

分发展的流动。通常把圆形截面管道内常物性不可压缩流体达到充分发展段的定常层流流动称为哈根-泊肃叶流流动，流动主要由压力梯度来驱动。

如图4-5所示，充满不可压缩黏性流体的圆管水平静止摆放，圆管直径$D=2a$，a为半径。由于流体黏性作用，壁面无滑移，则壁面上流体的速度处处为零，在圆管轴线上速度达到最大值。流体在轴向压力梯度的驱动下沿轴向流动，而在垂直于轴线的每个截面上可以认为压力是均匀的。由于摩擦效应，切向应力相互作用于各流层之间。因此，流体质点在压力梯度的作用下加速运动，而在摩擦切应力的作用下减速运动。

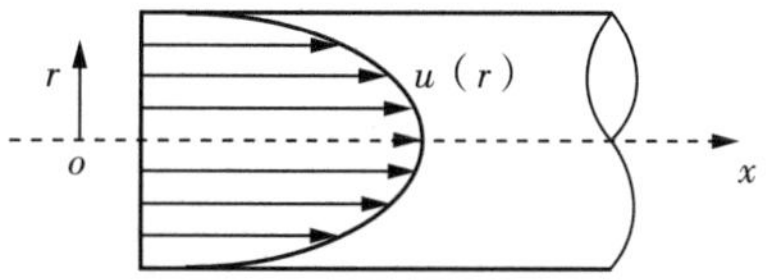

图4-5　圆形直管内的哈根-泊肃叶流动

取圆柱坐标系(r,θ,x)来描述该流动问题比较合适，且有$y=r\cos\theta$，$z=r\sin\theta$，$r=\sqrt{y^2+z^2}$。与前节同样引入广义压力函数p，把动量方程中的体积力项和静压力项合并为一项，则常物性不可压黏性牛顿流体基本方程在圆柱坐标系中表达式为

连续方程

$$\frac{\partial u_r}{\partial r}+\frac{1}{r}\frac{\partial u_\theta}{\partial \theta}+\frac{u_r}{r}+\frac{\partial u_x}{\partial x}=0 \tag{4-31}$$

运动方程

$$\begin{aligned}
&\frac{\partial u_r}{\partial t}+u_r\frac{\partial u_r}{\partial r}+\frac{u_\theta}{r}\frac{\partial u_r}{\partial \theta}-\frac{u_\theta^2}{r}+u_x\frac{\partial u_r}{\partial x}\\
&\qquad=-\frac{1}{\rho}\frac{\partial p}{\partial r}+\nu\left(\frac{\partial^2 u_r}{\partial r^2}+\frac{1}{r}\frac{\partial u_r}{\partial r}+\frac{1}{r^2}\frac{\partial^2 u_r}{\partial \theta^2}+\frac{\partial^2 u_r}{\partial x^2}-\frac{2}{r^2}\frac{\partial u_\theta}{\partial \theta}-\frac{u_r}{r^2}\right)\\
&\frac{\partial u_\theta}{\partial t}+u_r\frac{\partial u_\theta}{\partial r}+\frac{u_\theta}{r}\frac{\partial u_\theta}{\partial \theta}-\frac{u_\theta u_r}{r}+u_x\frac{\partial u_\theta}{\partial x}\\
&\qquad=-\frac{1}{\rho r}\frac{\partial p}{\partial \theta}+\nu\left(\frac{\partial^2 u_\theta}{\partial r^2}+\frac{1}{r}\frac{\partial u_\theta}{\partial r}+\frac{1}{r^2}\frac{\partial^2 u_\theta}{\partial \theta^2}+\frac{\partial^2 u_\theta}{\partial x^2}-\frac{u_\theta}{r^2}+\frac{2}{r^2}\frac{\partial u_r}{\partial \theta}\right)\\
&\frac{\partial u_x}{\partial t}+u_r\frac{\partial u_x}{\partial r}+\frac{u_\theta}{r}\frac{\partial u_x}{\partial \theta}+u_x\frac{\partial u_x}{\partial x}\\
&\qquad=-\frac{1}{\rho}\frac{\partial p}{\partial x}+\nu\left(\frac{\partial^2 u_x}{\partial r^2}+\frac{1}{r}\frac{\partial u_x}{\partial r}+\frac{1}{r^2}\frac{\partial^2 u_x}{\partial \theta^2}+\frac{\partial^2 u_x}{\partial x^2}\right)
\end{aligned} \tag{4-32}$$

能量方程

$$\begin{aligned}
&\rho c_p\left(\frac{\partial T}{\partial t}+u_r\frac{\partial T}{\partial r}+\frac{u_\theta}{r}\frac{\partial T}{\partial \theta}+u_x\frac{\partial T}{\partial x}\right)\\
&\qquad=\frac{\lambda}{r}\left[\frac{\partial}{\partial r}\left(r\frac{\partial T}{\partial r}\right)+\frac{\partial}{\partial \theta}\left(\frac{1}{r}\frac{\partial T}{\partial \theta}\right)+\frac{\partial}{\partial x}\left(r\frac{\partial T}{\partial x}\right)\right]+\Phi
\end{aligned} \tag{4-33}$$

在能量方程中忽略了源项，即认为$S=0$。圆柱坐标系中不可压缩流动的耗散函数Φ为

$$\begin{aligned}\Phi &= 2\mu S_{ij}S_{ij} \\ &= 2\mu(S_{rr}S_{rr}+S_{\theta\theta}S_{\theta\theta}+S_{xx}S_{xx}+2S_{r\theta}S_{r\theta}+2S_{rx}S_{rx}+2S_{\theta x}S_{\theta x}) \\ &= \mu\left[2\left(\frac{\partial u_r}{\partial r}\right)^2+2\left(\frac{1}{r}\frac{\partial u_\theta}{\partial \theta}+\frac{1}{r}u_r\right)^2+2\left(\frac{\partial u_x}{\partial x}\right)^2+\left(\frac{1}{r}\frac{\partial u_r}{\partial \theta}+\frac{\partial u_\theta}{\partial r}-\frac{1}{r}u_\theta\right)^2\right. \\ &\quad \left.+\left(\frac{1}{r}\frac{\partial u_x}{\partial \theta}+\frac{\partial u_\theta}{\partial x}\right)^2+\left(\frac{\partial u_r}{\partial x}+\frac{\partial u_x}{\partial r}\right)^2\right]\end{aligned} \tag{4-34}$$

边界条件为

$$\begin{aligned} r=a:u_r=u_\theta=u_x=0,T=T_{\mathrm{w}} \\ r=0:u_r<\infty,u_\theta<\infty,u_x<\infty,T<\infty \end{aligned} \tag{4-35}$$

式中，在 $r=0$ 时表示圆管中心轴线上的速度和温度均为有限值。

分析该流动的特点，可以对问题做进一步简化：流动是稳态的，在距离进口截面足够远的地方，截面上的速度分布和温度分布与沿流动方向的坐标无关。在以管轴为中心轴的各圆柱截面上，速度是相等的，同时各圆柱薄层之间相互滑移，速度沿轴向均匀分布。可以设想流动是单向的平行流动，沿流动方向是均匀的，在周向是轴对称的。由以上分析可以得到如下简化条件：

$$u_x=u(r),u_r=u_\theta=0,\frac{\partial}{\partial t}=0,\frac{\partial}{\partial \theta}=0,\frac{\partial u_x}{\partial x}=0,\frac{\partial T}{\partial x}=0$$

把以上简化条件依次代入基本方程和边界条件。

(1) 把 $u_x=u(r)$ 和 $u_r=u_\theta=0$ 代入连续方程，可得

$$\frac{\partial u(r)}{\partial x}=0$$

可见连续方程自动满足。

(2) 把 $u_r=u_\theta=0$ 代入 r 方向和 θ 方向的动量方程，可得

$$\frac{\partial p}{\partial r}=0;\frac{\partial p}{\partial \theta}=0$$

可见压力函数 p 只是流动方向坐标 x 的函数，即 $p=p(x)$。

(3) 把 $u_r=u_\theta=0,\dfrac{\partial u_x}{\partial x}=\dfrac{\partial u_x}{\partial \theta}=0$ 和 $u_x=u(r)$ 代入 x 方向的动量方程，可得简化的控制方程

$$\mu\frac{\mathrm{d}^2u_x}{\mathrm{d}r^2}+\mu\frac{1}{r}\frac{\mathrm{d}u_x}{\mathrm{d}r}=\frac{\mathrm{d}p}{\mathrm{d}x}$$

上式中右侧 p 只是 x 的函数，而左侧 u 只是 r 的函数，要使等式成立，方程两侧必须等于同一个常数，即

$$\mu\frac{\mathrm{d}^2u_x}{\mathrm{d}r^2}+\mu\frac{1}{r}\frac{\mathrm{d}u_x}{\mathrm{d}r}=\frac{\mathrm{d}p}{\mathrm{d}x}=\mathrm{const}$$

（4）把 $u_r = u_\theta = 0, \dfrac{\partial}{\partial \theta} = 0, \dfrac{\partial T}{\partial x} = 0, u_x = u(r)$ 代入耗散函数和能量方程表达式，可得

$$\Phi = \mu \left(\frac{\mathrm{d}u}{\mathrm{d}r}\right)^2;$$

$$0 = \Phi + \frac{\lambda}{r}\left[\frac{\mathrm{d}}{\mathrm{d}r}\left(r\frac{\mathrm{d}T}{\mathrm{d}r}\right)\right]$$

在流体的物性参数 μ 和 λ 均为常数，并且忽略源项的条件下，能量方程的表达式可以简化为

$$\frac{1}{r}\left[\frac{\mathrm{d}}{\mathrm{d}r}\left(r\frac{\mathrm{d}T}{\mathrm{d}r}\right)\right] = -\frac{\mu}{\lambda}\left(\frac{\mathrm{d}u}{\mathrm{d}r}\right)^2$$

（5）把 $u_r = u_\theta = 0, \dfrac{\partial u_x}{\partial x} = 0, u_x = u(r)$ 代入相应的边界条件，则边界条件化为

$$\begin{cases} r = 0: \dfrac{\mathrm{d}u}{\mathrm{d}r} = 0, T < \infty \\ r = a: u = 0, T = T_{\mathrm{w}} \end{cases}$$

根据以上分析讨论，可以得到该问题的动量方程、能量方程简化式

$$\begin{aligned} &\mu\frac{\mathrm{d}^2u}{\mathrm{d}r^2} + \mu\frac{1}{r}\frac{\mathrm{d}u}{\mathrm{d}r} = \frac{\mathrm{d}p}{\mathrm{d}x} = \mathrm{const} \\ &\frac{1}{r}\frac{\mathrm{d}}{\mathrm{d}r}\left(r\frac{\mathrm{d}T}{\mathrm{d}r}\right) = -\frac{\mu}{\lambda}\left(\frac{\mathrm{d}u}{\mathrm{d}r}\right)^2 \end{aligned} \tag{4-36}$$

相对应边界条件简化为：

$$\begin{aligned} &r = 0: u = \text{有限值}, T = \text{有限值} \\ &r = a: u = 0, T = T_{\mathrm{w}} \end{aligned} \tag{4-37}$$

由以上控制方程可以看出，两方程之间不存在耦合关系，可以先由动量方程式求解出速度分布，然后再代入能量方程式可求解出温度分布。

圆管内的速度分布

直接求解 x 方向的运动方程就能得到圆管内的速度分布。注意到

$$\frac{\mathrm{d}^2u}{\mathrm{d}r^2} + \frac{1}{r}\frac{\mathrm{d}u}{\mathrm{d}r} = \frac{1}{r}\frac{\mathrm{d}}{\mathrm{d}r}\left(r\frac{\mathrm{d}u}{\mathrm{d}r}\right)$$

积分一次可得

$$r\frac{\mathrm{d}u}{\mathrm{d}r} = \frac{1}{2\mu}\frac{\mathrm{d}p}{\mathrm{d}x}r^2 + c_1$$

再进行第二次积分，可得

$$u = \frac{1}{4\mu}\frac{\mathrm{d}p}{\mathrm{d}x}r^2 + c_1\ln r + c_2$$

式中积分常数 c_1、c_2 可以代入边界条件，求得

$$c_1=0, c_2=-\frac{a^2}{4\mu}\frac{\mathrm{d}p}{\mathrm{d}x}$$

由此得到圆管内的速度分布为

$$u=\frac{1}{4\mu}\left(-\frac{\mathrm{d}p}{\mathrm{d}x}\right)(a^2-r^2) \tag{4-38}$$

可见圆管截面上的速度是轴对称的抛物线分布。

在忽略体积力的情况下，如果所研究管段的进口和出口端面的压力分别为 p_1 和 p_2，管段长度为 l，则压力梯度可以表示为

$$\frac{\mathrm{d}p}{\mathrm{d}x}=-\frac{p_1-p_2}{l}$$

将上式代入到速度分布式可得

$$u=\frac{a^2-r^2}{4\mu}\left(\frac{p_1-p_2}{l}\right) \tag{4-39}$$

由于圆形截面管道是工程实践中应用最为广泛的流体输送管道，因而计算求得圆管内的速度分布后，可以进一步求得一些工程上经常需要计算求解的物理量。

(1) 流过管道截面的体积流量 Q_V

对速度分布沿管道截面上积分，就可以求得流过管道截面上的流体体积流量

$$Q_V=\int_A u_x(r)\mathrm{d}A=\int_0^a u_x(r)2\pi r\mathrm{d}r=\frac{\pi a^4}{8\mu}\left(-\frac{\mathrm{d}p}{\mathrm{d}x}\right)=\frac{\pi a^4}{8\mu}\left(\frac{p_1-p_2}{l}\right) \tag{4-40}$$

哈根首先通过分析计算得出以上流量公式，不久后泊肃叶也得到了这一关系式。该方程通常称为管道中层流的哈根-泊肃叶公式。如果已经测得两截面间的长度、压差、管径和流体的黏性系数，就可由上述公式计算流体流过管道的体积流量。

(2) 管内的最大速度 u_{max}

由速度分布式可见，当 $r=0$ 时，速度存在最大值，即圆管内最大速度值在管道中心线上，其大小为

$$u_{max}=\frac{a^2}{4\mu}\left(-\frac{\mathrm{d}p}{\mathrm{d}x}\right)=\frac{a^2}{4\mu}\left(\frac{p_1-p_2}{l}\right) \tag{4-41}$$

(3) 圆管截面上的平均速度 $\bar{u}$

流体的体积流量除以管道的流通截面积，可得到圆管截面上的平均流速 $\bar{u}$，即

$$\bar{u}=\frac{Q_V}{\pi a^2}=\frac{a^2}{8\mu}\left(-\frac{\mathrm{d}p}{\mathrm{d}x}\right)=\frac{1}{2}u_{max} \tag{4-42}$$

当忽略体积力，知道管道进出口压强时，就可以得到

$$\bar{u}=\frac{a^2}{8\mu}\left(\frac{p_1-p_2}{l}\right)=\frac{1}{2}u_{max} \tag{4-43}$$

(4) 流体黏性系数的计算

由流量计算公式可得

$$\mu=\frac{\pi a^4}{8\,Q_V}\left(-\frac{\mathrm{d}p}{\mathrm{d}x}\right)=\frac{\pi D^4}{128\,Q_V}\left(\frac{p_1-p_2}{l}\right) \tag{4-44}$$

上式可以用来测定某些流体的黏性系数，首先设计一个很长的水平圆管流动实验装置，通过测量圆管直径 D、流过管道截面的体积流量Q_V 以及管道长度 l 上的压降 Δp，就可由上式计算得到流体的黏性系数 μ。

(5) 壁面摩擦系数 C_f

流体沿轴向的切向应力 τ_{rx} 可本构方程计算得到

$$\tau_{rx}=2\mu S_{rx}=\mu\left(\frac{\partial u_r}{\partial x}+\frac{\partial u_x}{\partial r}\right)=\mu\frac{\mathrm{d}u}{\mathrm{d}r}=\frac{r}{2}\frac{\mathrm{d}p}{\mathrm{d}x}$$

根据作用力与反作用力，可以得到壁面所受到的切向应力 τ_w

$$\tau_{rx}\mid_{r=a}=\tau_w=-\tau_{rx}\mid_{r=a}=\frac{a}{2}\left(-\frac{\mathrm{d}p}{\mathrm{d}x}\right)$$

定义圆管壁面的摩擦系数 C_f(范宁因子)

$$C_f=\frac{\tau_w}{\rho\bar{u}^2/2}=\frac{16}{Re} \tag{4-45}$$

其中 $Re=\dfrac{\rho\bar{u}D}{\mu}$。

(6) 沿程阻力系数 λ

定义圆管流动量纲一的沿程阻力系数 λ 为

$$\lambda=\frac{D}{\rho\bar{u}^2/2}\left(-\frac{\mathrm{d}p}{\mathrm{d}x}\right)=\frac{p_1-p_2}{\rho\bar{u}^2/2}\frac{D}{l}$$

把平均速度 $\bar{u}$ 的计算式代入上式，可得沿程阻力系数 λ 的计算式为

$$\lambda=\frac{64}{\rho\bar{u}\,2a}=\frac{64}{Re}=4C_f \tag{4-46}$$

图 4－6 中给出了圆形水平管道中层流情况下沿程阻力系数 λ 的理论值与实验值的比较，可见二者符合得很好。哈根-泊肃叶流的沿程阻力系数 λ 是从 N－S 方程推导出来的，并被实验所证实，从而间接地验证了 N－S 方程的正确性。

求解能量方程可以得到圆管内的温度分布。将速度分布和平均速度 $\bar{u}$ 的表达式分别代入到能量方程中，得到

$$\frac{\mathrm{d}}{\mathrm{d}r}\left(r\frac{\mathrm{d}T}{\mathrm{d}r}\right)=-\frac{16\mu\bar{u}^2r^3}{\lambda a^4} \tag{4-47}$$

对上式积分两次，可得

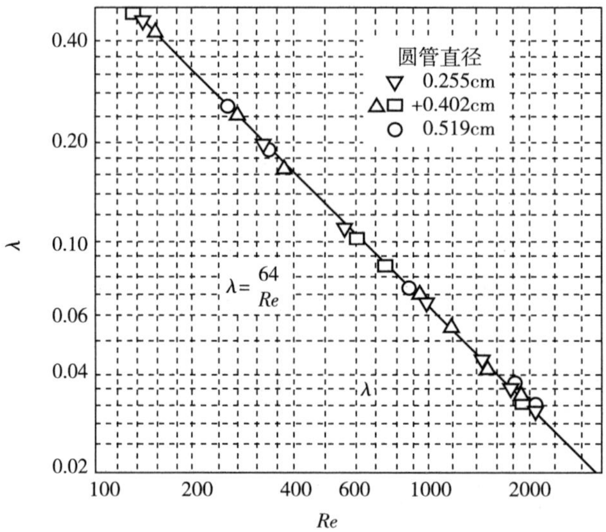

图 4-6　圆管中层流的摩擦阻力系数 λ 的理论值与实验值比较

$$T=-\frac{1}{64\lambda\mu}\left(-\frac{\mathrm{d}p}{\mathrm{d}x}\right)^2 r^4+c_1\ln r+c_2$$

把温度边界条件 $r=0$，$T=$有限值；$r=a$，$T=T_w$ 代入上式，确定出积分常数 c_1，c_2

$$c_1=0, c_2=T_w+\frac{1}{64\lambda\mu}\left(-\frac{\mathrm{d}p}{\mathrm{d}x}\right)^2 a^4$$

可得圆管内温度分布表达式为

$$T=T_w+\frac{\mu\bar{u}^2 r^3}{\lambda a^4}(a^4-r^4)=T_w+\frac{1}{64\lambda\mu}\left(-\frac{\mathrm{d}p}{\mathrm{d}x}\right)^2(a^4-r^4) \tag{4-48}$$

在管道中心线上($r=0$)温度达到最大值

$$T_{\max}=T_w+\frac{\mu\bar{u}^2}{\lambda} \tag{4-49}$$

上式右侧第二项是由于流体黏性耗散而引起的温度升高，由于

$$\begin{gathered}\frac{\mu\bar{u}^2}{\lambda}=\frac{\mu c_p}{\lambda}\frac{\bar{u}^2}{c_p\Delta T}\Delta T=PrEc\,\Delta T=Br\,\Delta T \\ Br=\frac{\mu c_p}{\lambda}\frac{\bar{u}^2}{c_p\Delta T}\end{gathered} \tag{4-50}$$

对于工程上常见的流体如水和空气等，Br 数总是很小，所以一般来说由于黏性耗散而产生的温度变化可以忽略，由此得到 $T=T_w$。这就是说，常用流体在管道中流动时，其温度分布可近似认为 $T\approx T_w$，而不会产生太大误差。

对于管道截面为其他特殊形状的流动，比如椭圆形截面管道、矩形截面管道、等边三角形截面管道内达到充分发展的不可压缩黏性流体层流流动问题，可以采用同以上类似的分析方法来求得其精确解，只是分析求解过程比较烦琐，感兴趣的可以参阅相关参考文献，此处不再进一步分析讨论。

4.2.3　两同心旋转圆柱面间的库埃特流动

考虑如图 4－7 所示两个同轴旋转的圆筒之间黏性流体的流动，内筒的外径为 r_1，外筒的内径为 r_2，两圆筒均绕 z 轴作匀速旋转运动，旋转角速度分别为 ω_1 和 ω_2。旋转式圆筒形黏度计内的流体流动可以归入这一类流动。

当圆筒沿 z 方向的长度足够长时，可以忽略圆筒端部对流体流动的影响，认为流体在两个无限长同轴旋转圆筒之间流动。在旋转筒壁带动下流体作轴对称定常平面运动，采用柱坐标系(r,θ,z)来描述该问题最为合适。此时流体运动速度只有沿 θ 方向的一个分量，即周向分速度不为零，假定 $u_\theta=u$，而轴向分速度 u_z 和径向分速度 u_r 均为零，$u_r=u_z=0$，并且 u_θ 只与坐标 r 有关，与 θ 和 z 无关，即 $u_\theta=u(r)$。把三个速度分量代入连续方程和运动方程，可得此时连续方程自动满足，N－S 方程中的非线性项为零。

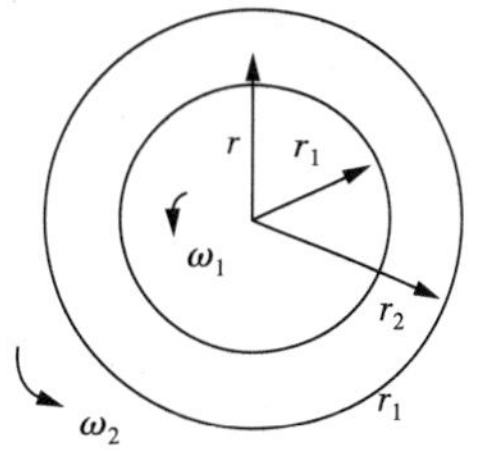

图 4－7　同轴旋转圆筒之间的黏性流体的定常层流

r 方向和 θ 方向的动量方程分别简化为

$$\begin{aligned}\frac{u^2}{r}&=\frac{\mathrm{d}p}{\mathrm{d}r}\\ r^2\frac{\mathrm{d}^2u}{\mathrm{d}r^2}+r\frac{\mathrm{d}u}{\mathrm{d}r}-u&=0\end{aligned}\tag{4-51}$$

相应的边界条件为

$$\begin{aligned}r=r_1,u=r_1\omega_1\\ r=r_2,u=r_2\omega_2\end{aligned}\tag{4-52}$$

θ 方向的动量方程可变形为

$$\frac{\mathrm{d}}{\mathrm{d}r}\left(\frac{\mathrm{d}u}{\mathrm{d}r}+\frac{u}{r}\right)=0$$

积分一次得

$$\frac{\mathrm{d}u}{\mathrm{d}r}+\frac{u}{r}=\frac{1}{r}\frac{\mathrm{d}}{\mathrm{d}r}(ru)=A$$

再积分一次得

$$u=C_1r+C_2\frac{1}{r}$$

积分常数 C_1 和 C_2 可以由边界条件确定

$$C_1=\frac{\omega_2 r_2^2-\omega_1 r_1^2}{r_2^2-r_1^2}$$

$$C_2=\frac{r_2^2 r_1^2(\omega_1-\omega_2)}{r_2^2-r_1^2}$$

可得速度分布为

$$u(r)=\frac{1}{r_2^2-r_1^2}\left[r(\omega_2 r_2^2-\omega_1 r_1^2)-\frac{r_2^2 r_1^2}{r}(\omega_2-\omega_1)\right] \tag{4-53}$$

由此可见,圆筒之间的速度是由刚体转动时的漩涡 $C_1 r$ 与等环量势流$\frac{C_2}{r}$ 两部分共同组成。

(1) 压强分布

把计算求得的速度分布公式代入 r 方向的运动方程,即可确定由这种运动引起的径向压强分布为

$$p=C+\frac{\rho}{r_2^2-r_1^2}\left[\frac{r^2(\omega_2 r_2^2-\omega_1 r_1^2)}{2}+2r_2^2 r_1^2(\omega_1-\omega_2)(\omega_2 r_2^2-\omega_1 r_1^2)\ln r\right.$$
$$\left.-\frac{r_2^4 r_1^4}{2r}(\omega_1-\omega_2)^2-\frac{r_2^4 r_1^4}{2}(\omega_2-\omega_1)^2\left(\frac{1}{r^2}-\frac{1}{r_1^2}\right)\right] \tag{4-54}$$

式中:积分常数 C 由特定点的压力值来确定。

(2) 温度分布

如果内外圆筒壁之间有温差,即

$$T\big|_{r=r_1}=T_1 \quad T\big|_{r=r_2}=T_2$$

把速度分布代入能量方程

$$\frac{1}{r}\frac{\mathrm{d}}{\mathrm{d}r}\left(r\frac{\mathrm{d}T}{\mathrm{d}r}\right)=-\frac{\mu}{\lambda}\left(\frac{\mathrm{d}u}{\mathrm{d}r}-\frac{u}{r}\right)^2$$

即可求得温度分布为

$$T=T_1+\frac{\mu}{\lambda}\frac{(\omega_1-\omega_2)^2 r_2^4 r_1^4}{(r_1^2-r_2^2)^2}\left(\frac{1}{r_1^2}-\frac{1}{r_2^2}\right)$$
$$-\left[T_1-T_2+\frac{\mu}{\lambda}\frac{(\omega_1-\omega_2)^2 r_2^4 r_1^4}{(r_1^2-r_2^2)^2}\left(\frac{1}{r_1^2}-\frac{1}{r_2^2}\right)\right]\frac{\ln(r/r_1)}{\ln(r_2/r_1)} \tag{4-55}$$

(3) 转动力矩

以下讨论转动力矩。垂直于 r、θ 方向的切向应力分布为

$$\tau_{r\theta}=\mu\left(\frac{\partial u_\theta}{\partial r}+\frac{1}{r}\frac{\partial u_r}{\partial\theta}-\frac{u_\theta}{r}\right)=\mu\left(\frac{\mathrm{d}u}{\mathrm{d}r}-\frac{u}{r}\right)$$

将速度分布式代入上式,可得切向应力分布

$$\tau_{r\theta}=2\mu(\omega_2-\omega_1)\left(\frac{r_2^2 r_1^2}{r_2^2-r_1^2}\right)\frac{1}{r^2} \tag{4-56}$$

黏性流体作用在内、外圆筒表面上的切应力可以分别计算得到

在内圆筒外表面，即 $r=r_1$，$\tau_{r\theta}=2\mu(\omega_2-\omega_1)\dfrac{r_2^2}{r_2^2-r_1^2}$；

在外圆筒内表面，即 $r=r_2$，$\tau_{r\theta}=2\mu(\omega_2-\omega_1)\dfrac{r_1^2}{r_2^2-r_1^2}$；

以上两式表明内筒壁面上受到的摩擦切应力较大，外筒壁面上受到的摩擦切应力较小。

在内、外圆筒之间，半径为 r 的柱面上，单位高度圆筒壁面上所受到的摩擦力矩为

$$M=\int_0^{2\pi}\tau_{r\theta}r^2d\theta=4\pi\mu(\omega_2-\omega_1)\frac{r_1^2r_2^2}{r_2^2-r_1^2} \tag{4-57}$$

可见，摩擦力矩大小与半径 r 无关，即在内、外圆筒半径 r_1 和 r_2、旋转角速度 ω_1 和 ω_2 以及流体动力黏度 μ 一定的条件下，摩擦力矩 M 恒为常数。因此，内、外圆筒壁面上摩擦力矩大小相等，但由于法线的方向不同，摩擦力矩方向相反。

工程实际中可以利用以上摩擦力矩公式来测定流体的动力黏度 μ。当内圆筒静止，即 $\omega_1=0$，外圆筒以恒定角速度 ω_2 旋转时，单位高度外圆柱面传递给流体的转动力矩大小即为 $M=4\pi\mu\omega_2\dfrac{r_1^2r_2^2}{r_2^2-r_1^2}$，从而得到所测流体的动力黏度 μ 的计算公式

$$\mu=\frac{M(r_2^2-r_1^2)}{4\pi\omega_2r_1^2r_2^2} \tag{4-58}$$

可见，只要测量得到外圆筒旋转角速度和转动力矩，即可求得流体的动力黏度，这是库埃特在 1890 年设计并给出的旋转黏度计，至今仍在使用。

(4) 几种特殊情况讨论

最后，分别讨论几种特殊情况。

① 无内筒的情况

无内筒时，$r_1=0$，$\omega_1=0$。也就是说此时在圆筒内($r=r_2$) 充满黏性不可压缩流体，圆筒面以恒定角速度 ω_2 旋转。此时，速度、压力、切应力、转动力矩分别简化为

$$\begin{cases} u=r\omega_2 \\ p=C+\dfrac{\rho}{2}\omega_2r^2 \\ \tau_{r\theta}=0 \\ M=0 \end{cases}$$

以上结果表明，圆筒内的流体像刚体一样旋转，速度分布是线性的。由于没有内摩擦力作用，因此为了使流体作等角速度旋转不需要施加外力矩。

② 无外筒的情况

无外筒时，$r_2\to\infty$，$\omega_2\to0$。也就是说半径为 $r=r_1$ 的圆柱在无界黏性不可压流体中作等角速度 ω_1 旋转。此时，速度、压力、切应力、转动力矩分别简化为

$$\begin{cases} u=\dfrac{r_1^2\omega_1}{r}=\dfrac{\Gamma}{2\pi r} \\ p=C-\dfrac{\rho}{2}u^2 \\ \tau_{r\theta}=-2\mu\dfrac{r_1^2\omega_1}{r^2} \\ M=-4\pi\mu r_1^2\omega_1 \end{cases}$$

式中：$\Gamma=\oint u(r)\mathrm{d}l=2\pi\omega_1 r_1^2$。

此时的速度分布与强度为 Γ 的点涡在无黏流中诱导的速度分布完全一致。所以在这种情况下点涡周围的无黏流解也就是 N－S 方程的解。这是一个特殊的例子，黏性不可压缩流体作无旋流动，是黏性流有旋性的一个极其个别的反例。此时无黏流解既满足黏性流的边界条件，也满足黏性流本身。

③ 内外筒以等角速度旋转

内外筒均以等角速度 ω 旋转时，$0<r_1<r_2<+\infty$，$\omega_1=\omega_2=\omega$。这种情况下，速度、压力、切应力、转动力矩分别简化为

$$\begin{cases} u=r\omega \\ p=C+\dfrac{\rho}{2}\omega r^2 \\ \tau_{r\theta}=0 \\ M=0 \end{cases}$$

该情形与 ① 的结果相同。该种情况下也没有能量耗散，摩擦力矩为零。

④ 内圆筒旋转，外圆筒静止

该情形下 r_1 和 r_2 均为有限值，$0<r_1<r_2<+\infty$，内圆筒以恒定角速度 ω_1 旋转，外圆筒静止，$\omega_2=0$。此时，速度、压力、切应力、转动力矩分别简化为

$$\begin{cases} \dfrac{u}{u_1}=\dfrac{u}{r_1\omega_1}=\dfrac{r_1^2}{r_2^2-r_1^2}\dfrac{r_2^2-r^2}{r_1 r} \\ p=C-\dfrac{\rho}{r_2^2-r_1^2}\left[\dfrac{r^2\omega_1 r_1^2}{2}+2r_2^2r_1^2(\omega_1^2r_1^2)\ln r+\dfrac{r_2^4r_1^4}{2r}\omega_1^2\right] \\ \tau_{r\theta}=-2\mu\omega_1\dfrac{r_2^2}{r_2^2-r_1^2} \\ M=-4\pi\mu\omega_1\dfrac{r_1^2r_2^2}{r_2^2-r_1^2} \end{cases}$$

⑤ 外圆筒旋转，内圆筒静止

该情形下 r_1 和 r_2 均为有限值，$0 < r_1 < r_2 < +\infty$，外圆筒以恒定角速度 ω_2 旋转，内圆筒静止，$\omega_1 = 0$。此时，速度、压力、切应力、转动力矩分别简化为

$$
\begin{cases}
\dfrac{u}{u_2} = \dfrac{u}{r_2\omega_2} = \dfrac{r_2^2}{r_2^2 - r_1^2}\,\dfrac{r^2 - r_2^2}{r_2 r} \\[2ex]
p = C + \dfrac{\rho}{r_2^2 - r_1^2}\left[\dfrac{r^2\omega_2 r_2^2}{2} + 2r_2^2 r_1^2(\omega_2^2 r_2^2)\ln r - \dfrac{r_2^4 r_1^4}{2r}\omega_2^2\right] \\[2ex]
\tau_{r\theta} = 2\mu\omega_2\,\dfrac{r_2^2}{r_2^2 - r_1^2} \\[2ex]
M = 4\pi\mu\omega_2\,\dfrac{r_1^2 r_2^2}{r_2^2 - r_1^2}
\end{cases}
$$

4.3　非定常无对流项 N－S 方程精确解

非定常无对流项的黏性流体流动问题一般是指平行非定常流动，主要分为两类，一类是物体在静止流体中的启动过程或在压差作用下管内的起始流动；另一类是物体在流体中振荡所引起的流体振荡流动。本节分别介绍突然加速平板引起的流体流动问题（即斯托克斯第一问题）和周期性振动平板引起的流体流动（即斯托克斯第二问题）。

4.3.1　斯托克斯第一问题——突然加速平板引起的流动

设有一无限长、无限宽的平板，其上部的无限空间内充满静止不可压缩黏性流体，初始时刻平板与流体都处于静止状态。某一瞬时平板由静止突然加速，在自身平面内以速度 U_0 作等速运动，并带动平板上部的流体运动。此流动问题由斯托克斯于 1851 年提出并给出解答，通常称为斯托克斯第一问题。

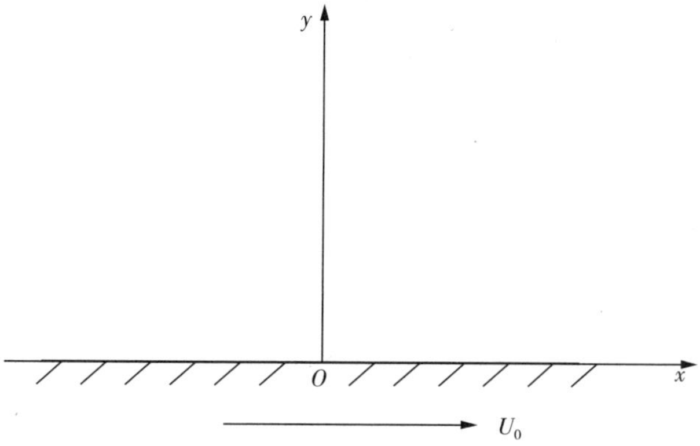

图 4－8　突然加速平板引起的流动

在平板起动的瞬时，只有黏附在平板壁面上的流体质点获得速度U_0而与平板一起运动，流场其余部分仍处于静止状态。随着时间的增加，平板上方的流体被逐层牵连而产生平行于无限大平板的运动。

突然加速平板引起的流动可以近似看成平面二维平行流动，即

$$u_y = u_z = 0, \frac{\partial}{\partial z} = 0$$

由平行流动的连续方程，可得：$\frac{\partial u_x}{\partial x} = 0$，

所以：$u_x = u(y,t)$。

可见只有 x 方向的速度分量不为零，且该速度分量只与 y 方向坐标和时间 t 有关

由于平板为无限大，在 x 方向为无限长，因此可以认为所有流动参数沿 x 方向均不变，即$\frac{\partial}{\partial x} = 0$。

对于压强 p，有$\frac{\partial p}{\partial x} = 0$

利用 y 方向 N－S 方程，有$\frac{\partial p}{\partial y} = 0$

由此可知，在整个流动区域，压强 p 处处相等，为一常数，即

$$p = p_\infty = \text{const}$$

x 方向的 N－S 方程可进一步简化为

$$\frac{\partial u}{\partial t} = \nu \frac{\partial^2 u}{\partial y^2} \tag{4-59}$$

这就是突然加速平板引起的非定常流动基本方程，N－S方程中的非线性项全部消失，控制流体流动的方程变成线性方程。

该方程的定解条件为

初始条件：$t = 0, u = 0, (y \geqslant 0)$

边界条件：$y = 0, u = U_0, (t > 0)$

$$y \to \infty, u = 0, (t > 0)$$

上述方程与有两个自变量(y,t)的经典热传导方程形式相同，数学上有不少方法可以用来求解这类方程，现采用相似变换法进行求解。

引入量纲一的相似变量 η

$$\eta = \frac{y}{2\sqrt{\nu t}}$$

量纲一速度

$$\frac{u}{U_0} = f(\eta)$$

由此可得

$$\frac{\partial u}{\partial t}=-\frac{1}{2}U_0\frac{\eta}{t}\frac{\mathrm{d}f}{\mathrm{d}\eta}\frac{\partial^2 u}{\partial y^2}=\frac{U_0}{4\nu t}\frac{d^2 f}{d\eta^2} \tag{4-60}$$

x 方向的 N-S 方程变为

$$-\frac{1}{2}U_0\frac{\eta}{t}\frac{\mathrm{d}f}{\mathrm{d}\eta}=\frac{U_0}{4t}\frac{d^2 f}{d\eta^2} \tag{4-61}$$

或者

$$f''(\eta)+2\eta f'(\eta)=0 \tag{4-62}$$

这样，通过相似变量，把函数 u 的偏微分方程化为常微分方程。
上述方程的边界条件：

$$\eta=0, f(\eta)=1$$
$$\eta\to\infty, f(\eta)=0 \tag{4-63}$$

积分上述常微分方程，可得

$$f'(\eta)=C_1\exp(-\eta^2)$$

再进行定积分，得

$$f(\eta)=C_1\int_0^{\eta}\exp(-\zeta^2)d\zeta+C_2$$

利用边界条件：$\eta=0, f(\eta)=1; \eta\to\infty, f(\eta)=0$ 得积分常数

$$C_1=-\frac{1}{\int_0^{\infty}\exp(-\eta^2)\mathrm{d}\eta}=-\frac{1}{\sqrt{\pi}}, C_2=1$$

因此得到量纲一速度函数

$$f(\eta)=1-\frac{\int_0^{\eta}\exp(-\eta^2)\mathrm{d}\eta}{\int_0^{\infty}\exp(-\eta^2)\mathrm{d}\eta}$$

速度分布为

$$u=U_0\left[1-\frac{\int_0^{\eta}\exp(-\eta^2)\mathrm{d}\eta}{\int_0^{\infty}\exp(-\eta^2)\mathrm{d}\eta}\right] \tag{4-64}$$

上式中的积分之比称为误差函数，用 $erf(\eta)$ 表示，即

$$erf(\eta)=\frac{\int_0^{\eta}\exp(-\eta^2)\mathrm{d}\eta}{\int_0^{\infty}\exp(-\eta^2)\mathrm{d}\eta}$$

由于存在如下极限

$$\lim_{\eta \to \infty} \int_0^{\eta} \exp(-\eta^2) \mathrm{d}\eta = \frac{\sqrt{\pi}}{2}$$

所以

$$erf(\eta) = \frac{2}{\sqrt{\pi}} \int_0^{\eta} \exp(-\eta^2) \mathrm{d}\eta$$

则流速分布可表示成

$$u = U_0 [1 - erf(\eta)] \tag{4-65}$$

$1 - erf(\eta)$ 也称为补偿误差函数，用 $erfc(\eta)$ 表示，$erf(\eta)$ 和 $erfc(\eta)$ 的值可从数学手册中查取，或按渐进展开计算。则量纲一速度分布可以表示为

$$\frac{u}{U_0} = 1 - erf(\eta) = erfc(\eta) = erfc\left(\frac{y}{2\sqrt{\nu t}}\right) \tag{4-66}$$

图 4-9 为量纲一速度分布曲线。(a) 图为 u/U_0 随 η 变化的一条曲线；右图绘出了 u/U_0 随 y 变化的关系曲线，其在各个时刻的速度分布曲线不一样，是一簇曲线。由此可见，通过相似变量把一簇曲线变成了一条曲线。

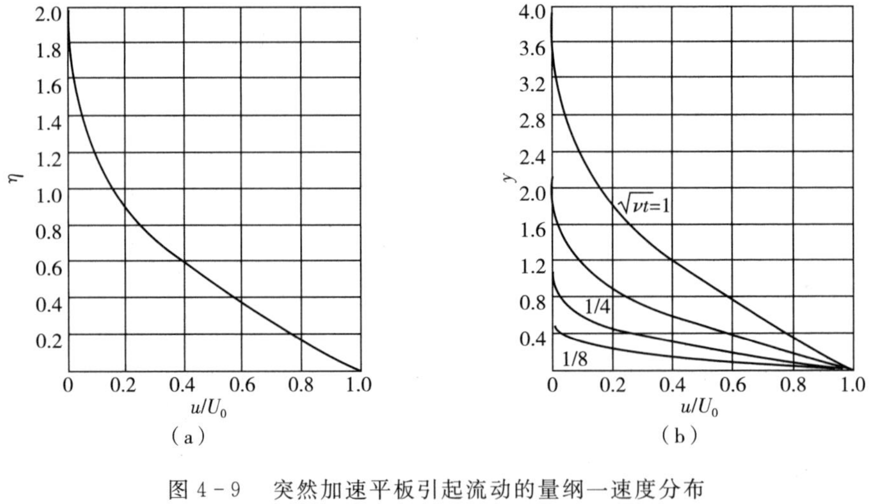

图 4-9　突然加速平板引起流动的量纲一速度分布

分析(b) 图可知，在距平板一定距离的某固定点上，流体速度是随时间增加而增加的，当时间 $t \to \infty$ 时，流体才和平板具有相同的速度U_0；某一固定时刻，流速是随着距平板距离 y 呈误差函数规律而衰减的，在距板面无穷远处($y \to \infty$) 流速降为零。

从(a) 图中可以看出，η 愈大，u/U_0 愈小，当 $\eta = 2$ 时，$u/U_0 \approx 0$，即 $u \approx 0$。因此，可以认为黏性作用显著的区域仅限于平板壁面附近，定量分析认为流体黏性作用仅局限在 $\eta = 2$ 的边界线以内，由此可得黏性影响的边界层厚度 y_δ

$$y_\delta = 2\eta\sqrt{\nu t} \approx 4\sqrt{\nu t} \tag{4-67}$$

可见流体黏性影响的边界层厚度与运动黏性系数和时间之积的平方根成正比。这一结果也表明，离开平板壁面 $4\sqrt{\nu t}$ 以外的地方，流体几乎不受到平板运动的影响。

定义涡量

$$\boldsymbol{\Omega}=\nabla\times\boldsymbol{u}=2\boldsymbol{\omega}$$

则

$$\Omega=\Omega_z=2\omega_z=\frac{\partial u_y}{\partial x}-\frac{\partial u_x}{\partial y}$$

由速度分布式可以求得涡量的分布，即

$$\Omega=\Omega_z=-\frac{\partial u}{\partial y}=\frac{U_0}{\sqrt{\pi\nu t}}\exp\left(-\frac{y^2}{4\nu t}\right) \tag{4-68}$$

由上式可见，平板突然加速的瞬间，即 $t=0$ 时，在平板壁面 $y=0$ 处$\left(保持\dfrac{y^2}{\nu t}有界\right)$$\omega$ 无穷大。这说明了涡量在固壁产生的情况。在给定位置，涡量随时间增加而减小；涡量随平板法向距离增大而减小。

切向应力分布为

$$\tau_{yx}=2\mu S_{yx}=\mu\left(\frac{\partial u_y}{\partial x}+\frac{\partial u_x}{\partial y}\right)$$

平板壁面上的切应力可以表示为

$$\tau_{\mathrm{w}}=-\tau_{yx}\Big|_{y=0}=-\mu\left(\frac{\partial u}{\partial y}\right)\Big|_{y=0}=\frac{\mu U_0}{\sqrt{\pi\nu t}} \tag{4-69}$$

平板壁面上的局部摩擦阻力系数(或当地阻力系数)C_{f} 定义为

$$C_{\mathrm{f}}=\frac{\tau_{\mathrm{w}}}{\rho U_0^2/2}=\frac{2}{\sqrt{\pi}}\sqrt{\frac{\nu}{U_0(U_0 t)}} \tag{4-70}$$

若令 $Re=\dfrac{U_0(U_0 t)}{\nu}$

则有 $C_{\mathrm{f}}=\dfrac{2}{\sqrt{\pi}}\dfrac{1}{\sqrt{Re}}$

由此可见，局部阻力系数 C_{f} 与雷诺数 Re 的平方根成反比。

4.3.2　斯托克斯第二问题——周期性振动平板引起的流动

设有一个无限大平板在自身所在的平面内作简谐振动，振动速度为：$u=U_0\cos\omega t$，式中：U_0 为振幅；ω 为振动角频率。振动平板通过黏性而带动周围原来处于静止的不可压缩黏性流体形成的流动，该流动问题首先由斯托克斯提出，后来瑞利又进行了讨论，常称为斯托克斯第二问题。

建立如图所示直角坐标系，其中 x 轴位于平板上，y 轴与平板壁面垂直。振动平板引起

的流动同样可以看成平面二维平行流动，则有如下关系成立：$u_y = u_z = 0$，$\frac{\partial}{\partial z} = 0$。流体运动速度分量仅有 $u(y,t)$。控制方程同样为线性化的 N－S 方程：

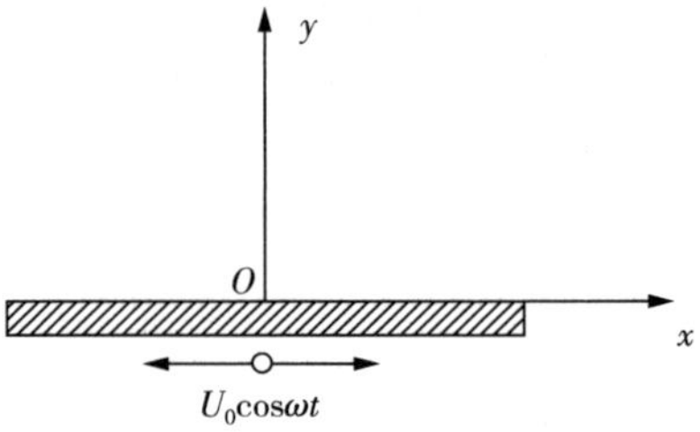

图 4－10　振动平板引起的流动

$$\frac{\partial u}{\partial t} = \nu \frac{\partial^2 u}{\partial y^2} \tag{4-71}$$

相应的边界条件为：

平板壁面上：$y=0$，$u(0,t) = U_0\cos\omega t$

无穷远处：$y \to \infty$，$u(\infty,t) = 0$

由于只考虑稳定的周期性解，而忽略稳定流动建立前的瞬态过程，因此该流动问题不需要初始条件。

虽然斯托克斯第二问题与斯托克斯第一问题的微分方程完全相同，但斯托克斯第二问题存在特征时间 $1/\omega$，因此不存在相似解。平板在 x 方向作往复运动，在平板运动引起的黏性剪力作用下流体也在 x 方向以相同的频率振动，但是流体的脉动振幅及相对于平板的相位差则依赖于到平板的距离。此类周期性流动问题通常利用复变函数方法求解，根据周期性解的特点设速度分布表达式为

$$u(y,t) = U_0 f(y)\, e^{i\omega t} \tag{4-72}$$

式中，$f(y)$ 是一个复变量，因此 $u(y,t)$ 可能具有与壁面速度 $U_0\cos\omega t$ 不同的相位。对我们有意义的是上式中的实数部分；满足线性方程的复数解，其实部和虚部必然都满足同一方程，因此只要找到满足方程(4－71)的复数解 $u(y,t)$，它的实部也必然满足该方程。将上式代入运动控制方程，可得

$$f'' - \frac{i\omega}{\nu} f = 0 \tag{4-73}$$

上述二阶线性齐次微分方程特征方程为 $\lambda^2 - \frac{i\omega}{\nu} = 0$，其特征根为 $\lambda = \pm\sqrt{\frac{i\omega}{\nu}}$

又因为 $\sqrt{i} = [e^{i\pi/2}]^{\frac{1}{2}} = e^{i\frac{\pi}{4}} = \cos\frac{\pi}{4} + i\sin\frac{\pi}{4} = \frac{\sqrt{2}}{2}(1+i)$

可得

$$\lambda = \pm(1+i)\omega 2\nu\lambda = \pm(1+i)\sqrt{\frac{\omega}{2\nu}} = \pm(1+i)k$$

式中：$k = \sqrt{\frac{\omega}{2\nu}}$ 为简谐振动的波数。

方程的通解为

$$f(y) = U_0[A e^{(1+i)ky} + B e^{-(1+i)ky}]$$

速度分布为

$$u(y,t)=U_0[A\,e^{i\omega t+k(1+i)y}+B\,e^{i\omega t-k(1+i)y}]=U_0[A\,e^{ky}\,e^{i(\omega t+ky)}+B\,e^{-ky}\,e^{i(\omega t-ky)}] \tag{4-74}$$

式中积分常数可以由边界条件求得：$A=0$；$B=1$

于是速度表示式为

$$u(y,t)=U_0\,e^{-ky}\,e^{i(\omega t-ky)}=U_0\,e^{-ky}[\cos(\omega t-ky)+i\sin(\omega t-ky)] \tag{4-75}$$

取上式的实数部分

$$u(y,t)=U_0\,e^{-ky}\cos(\omega t-ky)$$

则量纲一速度分布可以写成为

$$\frac{u(y,t)}{U_0}=e^{-ky}\cos(\omega t-ky) \tag{4-76}$$

速度分布随时间 t 和坐标 y 变化规律如图 4-11、图 4-12 所示，由此可见：

(1) 流体振动速度按指数衰减的简谐振动规律随时间 t 和坐标 y 而变化；

(2) 流场的振动频率与平板的振动频率相同均为 ω；

(3) 流体的振幅为 U_0e^{-ky}，且随 y 值的增加按指数规律衰减，在平板壁面处($y=0$)，振幅最大；

(4) 在与平板相距 y 处的流体层，其简谐振动相对于平板振动的相位滞后 ky；

(5) 振动的波长为 $\lambda=\frac{2\pi}{k}=2\pi\sqrt{\frac{2\nu}{\omega}}$，表示两速度相位相同的流体层之间距离间距，波长也称黏性波的穿透深度。

计算求得流场中的流速分布，便可求得平板壁面切应力

$$\tau_w=-\mu\left(\frac{\partial u}{\partial y}\right)_0=\mu\,U_0\sqrt{\frac{\omega}{2\nu}}(\cos\omega t-\sin\omega t) \tag{4-77}$$

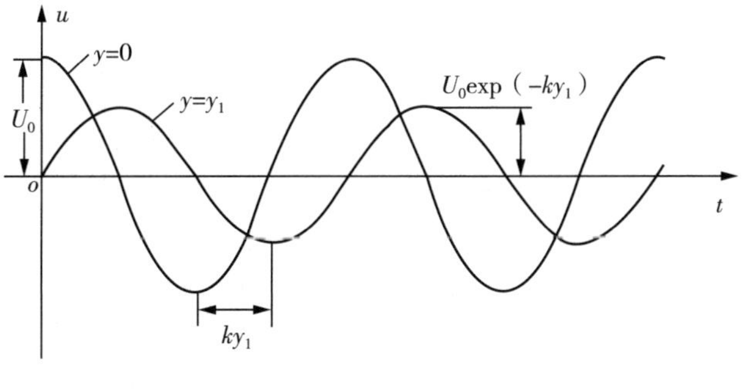

图 4-11　速度分布随时间 t 的变化规律

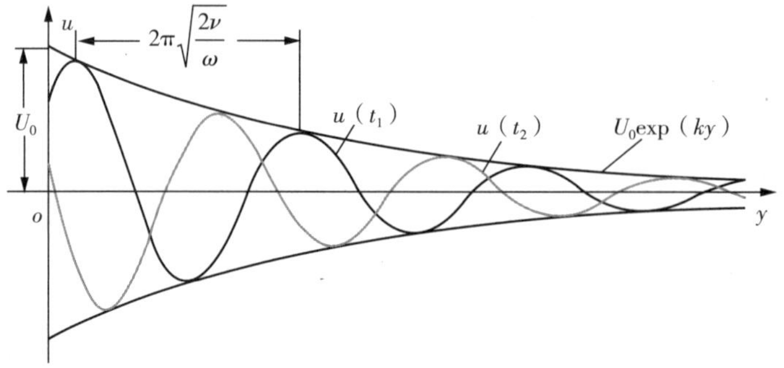

图 4-12　速度分布随坐标 y 的变化规律

4.4　定常有对流项 N-S 方程精确解

前面所讨论的 N-S 方程精确解都是对流加速度项$(\boldsymbol{u}\cdot\nabla)\boldsymbol{u}$等于零，从而使得运动控制方程转化为线性方程的情形；对流加速度项不等于零的流动问题的求解远较线性问题的求解复杂。本节将讨论对流加速度项不等于零的二维流动问题，它们或者可以通过变量置换使得自变量数目减少为一个，将偏微分方程转换为常微分方程求解，或者可以使对流加速度项线性化，从而得到方程的解析解。通常，所得到的常微分方程或对流加速度项线性化的偏微分方程数学求解非常烦琐复杂，一般需要采用数值方法才能求得这些方程的解。

能够获得解析解的对流加速度项不等于零的定常流动问题主要包括滞止流动（二维平面流动、轴对称流动、三维流动）、楔形区域流动（收缩形和扩张形通道内的流动）、多孔壁上的流动、旋转圆盘附近的流动等。本节仅以二维平面滞止区域流动为例，介绍具有对流加速度的 N-S 方程精确解的具体求解过程。

在很多实际问题中，都存在有驻点（滞止点）附近区域的流动现象，也称为二维定常滞止区域的流动。例如，在平板状物体前面的流动区域就是驻点区域的流动。该问题是 1911 年 K. Hiemenz 首先发现可用 N-S 方程分析求解的，所以也称为 Hiemenz 流动问题。

设在无穷远处的黏性不可压缩常物性流体（流体密度 ρ 和黏性系数 μ 均为常数），垂直冲向无限大平板，作二维平面定常流动，忽略质量力。将坐标原点取在平板宽度的中点（即驻点或滞止点）上，滞止流线取为 y 轴，壁面取为 x 轴，垂直于纸面取为 z 轴。设平板在 z 方向无限长，流动速度在 y 方向无限远处垂直于平板。

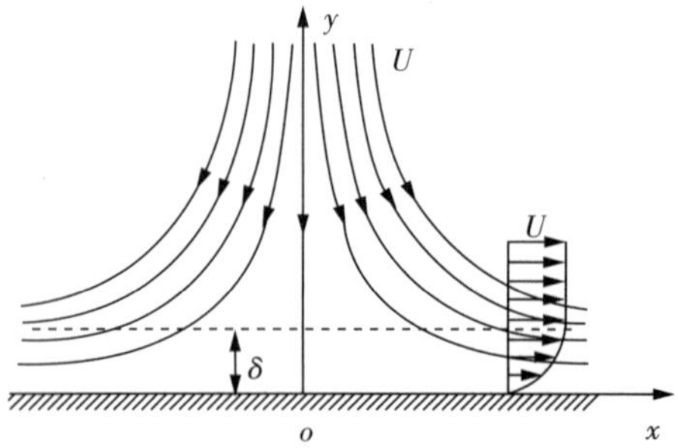

图 4-13　平面驻点附近的流动 / 平面滞止区域的流动

求解平面定常滞止区域流动问题的基本思路是修正相应的势流解，使其满足 N－S 方程和壁面上的无滑移条件。

根据黏性流体流动的一般分析，可以认为流体黏性只在平板附近有影响，而在离开平板足够远处（离板面 $x=L$，$y=L$ 以外的区域）的流体不受黏性作用，可按理想流体考虑。

由势流理论可知，对于驻点附近区域的理想流体势流速度分布为

$$U=ax\,,V=-ay$$

公式中 a 为常数。

由势流 Bernoulli 方程，可以确定压强分布

$$p=p_0-\frac{1}{2}\rho a^2(x^2+y^2)$$

式中：p_0 为驻点压强。

或者

$$p_0-p=\frac{1}{2}\rho a^2(x^2+y^2)$$

理想流体势流流动时流体质点在平板上存在滑动，板上流体质点的速度不为零，不满足无滑移条件。

现考虑与上述势流具有大致相同流动结构的定常黏性不可压缩流体的流动，其连续方程及 N－S 方程组为

$$\frac{\partial u_x}{\partial x}+\frac{\partial u_y}{\partial y}=0$$

$$u_x\frac{\partial u_x}{\partial x}+u_y\frac{\partial u_x}{\partial y}=-\frac{1}{\rho}\frac{\partial p}{\partial x}+\nu\left(\frac{\partial^2 u_x}{\partial x^2}+\frac{\partial^2 u_x}{\partial y^2}\right) \tag{4-78}$$

$$u_x\frac{\partial u_y}{\partial x}+u_y\frac{\partial u_y}{\partial y}=-\frac{1}{\rho}\frac{\partial p}{\partial y}+\nu\left(\frac{\partial^2 u_y}{\partial x^2}+\frac{\partial^2 u_y}{\partial y^2}\right)$$

边界条件为：

$$y=0,u_x=0,u_y=0$$

$$y\rightarrow\infty,u_x=U=ax$$

$$x=0,y=0,p=p_0 \tag{4-79}$$

速度分布和压强分布满足连续方程和欧拉方程。理想流体的运动方程（欧拉方程）与黏性流体的运动方程（N－S方程）的差别在于后者包含了黏性项 $\nu\nabla^2\boldsymbol{u}$，对于不可压缩势流，$\boldsymbol{u}=\nabla\varphi$，$\nabla^2\boldsymbol{u}=\nabla^2(\nabla\varphi)=\nabla(\nabla^2\varphi)=0$，因此上述势流解也满足不可压缩流体的运动方程，但是势流的速度分布不满足静止壁面上的无滑移条件。为了使速度分布满足无滑移条件，必须对

势流的速度分布进行修正。将 x 方向的速度分量取为

$$u_x = Uf'(y) = axf'(y) \tag{4-80}$$

由连续方程

$$\frac{\partial u_y}{\partial y} = -\frac{\partial u_x}{\partial x} = -af'(y)$$

所以 y 方向的速度分量形式为

$$u_y = -af(y)$$

将其代入 N-S 方程，得

$$a^2xf'^2 - a^2xff'' = -\frac{1}{\rho}\frac{\partial p}{\partial x} + a\nu xf'''$$

$$a^2ff' = -\frac{1}{\rho}\frac{\partial p}{\partial y} - a\nu f''$$

第二式对 y 积分得

$$p(x,y) = -a\mu f' - \frac{1}{2}\rho a^2 f^2 + g(x)$$

式中待定函数 $g(x)$ 可以利用 $y \to \infty$ 时，压强分布应恢复为势流对应的压强分布来确定。注意到，$y \to \infty$，$f(y) \to y$，$f'(y) \to 1$，则 $p(x,y) \to -a\mu - \frac{1}{2}\rho a^2 y^2 + g(x)$，与势流对应的压强分布作比较，有

$$-a\mu - \frac{1}{2}\rho a^2 y^2 + g(x) = p_0 - \frac{1}{2}\rho a^2(x^2 + y^2)$$

可得

$$g(x) = p_0 - \frac{1}{2}\rho a^2 x^2 + a\mu$$

故黏性起作用的压强分布为

$$p(x,y) = p_0 - \frac{1}{2}\rho a^2 x^2 + a\mu(1 - f') - \frac{1}{2}\rho a^2 f^2 \tag{4-81}$$

由以上结果可得

$$\frac{\partial p}{\partial x} = -\rho a^2 x$$

代入 x 方向的运动方程，可得

$$a^2xf'^2 - a^2xff'' = a^2x + a\nu xf'''$$

经整理，上式成为

$$\frac{\nu}{a}f''' + ff'' - f'^2 + 1 = 0 \tag{4-82}$$

函数 $f(y)$ 的边界条件转化为

$$\begin{aligned} &y=0, f(0)=f'(0)=0 \\ &y\to\infty, f(y)\to y, f'(y)\to 1 \end{aligned} \tag{4-83}$$

显然，如果消去参数来求解方程更为便利，解将适合任意的黏性系数和速度参数，即解与 U 无关。为此目的，作如下变量代换

$$\varphi(\eta)=\sqrt{\frac{a}{\nu}}f(y)$$

$$\eta=\sqrt{\frac{a}{\nu}}y$$

代入关于 φ 的常微分方程和边界条件，得

$$\varphi''' + \varphi\varphi'' - \varphi'^2 + 1 = 0 \tag{4-84}$$

相应的边界条件转化为

$$\begin{aligned} &\eta=0, \varphi=0, \varphi'=0 \\ &\eta\to\infty, \varphi'=1 \end{aligned} \tag{4-85}$$

该常微分方程仍然是非线性的，难以获得解析解，需要采用数值方法求解。鉴于常微分方程的数值解较偏微分方程的数值解精度要高，在这个意义下，该数值解一般认为是精确解。K. Hiemenz 首先求得其数值解，其后 L. Howarth 又对计算作了改进，下面的表 4－1 给出了 L. Howarth 求解的平面驻点流动计算结果，也可以图 4－14 所示的曲线形式表示这一结果。

定常平面滞止区域流动的速度分布和压强分布归纳为

$$\begin{aligned} &u(x,y)=ax\varphi' \\ &v(x,y)=-\sqrt{a\nu}\,\varphi \\ &p(x,y)=p_0-\frac{1}{2}\rho a^2x^2+a\mu(1-\varphi')-\frac{1}{2}a\mu\varphi^2 \end{aligned} \tag{4-86}$$

由于在无穷远处(或离板面 $x=L$，$y=L$ 以外的区域，L 足够大)流动为势流，该处平行板面的势流速度为 $U=ax$，因此，近板面处平行于板面的黏性流体流动速度分量 u_x 与势流速度 U 之比为

$$\frac{u_x}{U}=\frac{ax\varphi'(\eta)}{ax}=\varphi'(\eta) \tag{4-87}$$

表 4-1 霍华斯求解的平面驻点流动的数值结果

$\eta = y\sqrt{a/\nu}$	φ	$\varphi' = u/U$	φ''
0	0	0	1.2326
0.2	0.2330	0.2266	1.0345
0.4	0.0881	0.4145	0.8463
0.6	0.1867	0.5663	0.6752
0.8	0.3124	0.6859	0.5251
1.0	0.4592	0.7779	0.3980
1.2	0.6220	0.8467	0.2938
1.4	0.7967	0.8968	0.2110
1.6	0.9798	0.9323	0.1474
1.8	1.1689	0.9568	0.1000
2.0	1.3620	0.9732	0.0658
2.2	1.5578	0.9839	0.0420
2.4	1.7553	0.9905	0.0260
2.6	1.9538	0.9946	0.0156
2.8	2.1530	0.9970	0.0090
3.0	2.3526	0.9984	0.0051
3.2	2.5523	0.9992	0.0028
3.4	2.7522	0.9996	0.0014
3.6	2.9521	0.9998	0.0007
3.8	3.1521	0.9999	0.0004
4.0	3.3521	1.0000	0.0002
4.2	3.5521	1.0000	0.0001
4.4	3.7521	1.0000	0.0000
4.6	3.9521	1.0000	0.0000

由图 4-14 中看出，$\varphi'(\eta)=u/U$ 曲线从 $\eta=0$ 开始随 η 呈现线性增长；随着 η 的增加，逐渐偏离直线；当 $\eta \geqslant 2.8$ 时，$\varphi'(\eta)$ 渐近于 1。当 $\eta=2.4$ 时，$\varphi'(\eta)=0.99$，黏性流体的流动速度已经十分接近于势流流速，如果以该点距固体壁面的距离作为受黏性显著影响的边界层厚度 δ，则

$$\delta = 2.4\sqrt{\frac{\nu}{a}}$$

因为 $a=U/x$ 具有 t^{-1} 的量纲，所以与斯托克斯流动问题相类似，黏性影响的边界层厚度

与运动黏性系数和时间之积的平方根成正比，即 $\delta \propto \sqrt{\nu t}$ 。

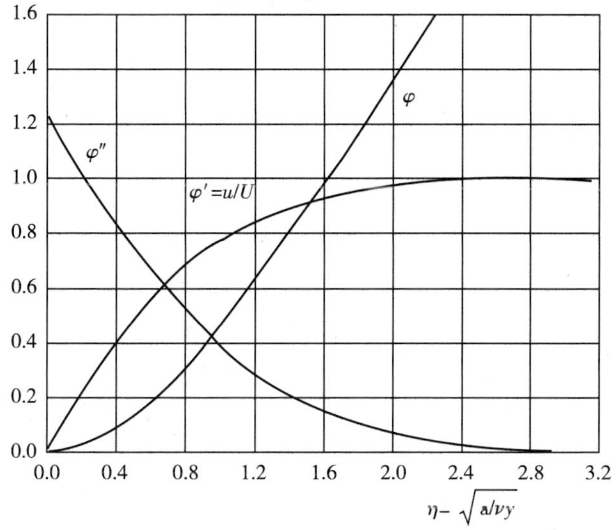

图 4－14　平面驻点流动的解

y 方向的压强梯度

$$\frac{\partial p}{\partial y} = -\rho a\sqrt{a\nu}\,(\varphi'' + \varphi\varphi') \tag{4-88}$$

最后求壁面切应力：

$$\tau_{\mathrm{w}} = \mu\left(\frac{\partial u}{\partial y} + \frac{\partial v}{\partial x}\right)_0 = \mu\left(x\sqrt{\frac{a^3}{\nu}}\varphi''\right)_0 = \rho\sqrt{\nu a^3}\,x\varphi''(0) = U\sqrt{\mu\rho a}\,\varphi''(0) \tag{4-89}$$

当地阻力系数 C_{f} 为

$$C_{\mathrm{f}} = \frac{\tau_{\mathrm{w}}}{\rho U^2/2} = \frac{2\sqrt{\nu a^3}\,x\varphi''(0)}{U^2} = \frac{2\varphi''(0)}{\sqrt{Re_x}} = \frac{2.465}{\sqrt{Re_x}} \tag{4-90}$$

式中：$Re_x = \dfrac{Ux}{\nu}$。

由表 4－1 可见，在边界层内，φ、φ'、φ'' 都只是 1 的数量级，因而沿着壁面法线的压强梯度，$\dfrac{\partial p}{\partial y} \sim \rho a\sqrt{a\nu}$，当 ν 很小时，压强梯度也很小。还要指出的是，无量纲流速分布 $\dfrac{u}{U}$ 和从公式计算的边界层厚度 δ 均与 x 无关，就是说它们沿着 x 轴并不发生变化。

上文讨论的滞止区域流动是二维流动，滞止点实际上是一条直线，也就是图中的 z 轴，沿着 z 方向流动没有变化。对于轴对称滞止区域流动，滞止点是一个真正的点，图中的 x 轴应视为圆柱坐标的径向坐标 r，y 则应视为对称轴。关于轴对称滞止区域流动，读者可参阅相关文献。

4.5 思考题

(1) 何谓N-S方程的精确解和近似解？二者有什么区别和联系？

(2) 分析研究N-S方程的精确解的意义有哪些？

(3)N-S方程存在精确解的情形有哪些？

(4) 为何只有层流流动的N-S方程在某些特定情形下存在精确解？而湍流流动的N-S方程则不存在精确解？

(5) 随着计算流体动力学的不断发展，为何现在分析研究N-S方程的精确解的进展很少？是否计算流体动力学可以取代流体力学常用的理论分析和实验研究方法？

(6) 已经建立的流体力学控制方程组是封闭的，从数学的角度是否可以求解出该方程组的一般通解？求解出该方程组的主要难点在哪里？

(7) 为何平行剪切流动和平面圆周流动情形下，N-S方程的非线性对流加速度项为零，可以把非线性方程化成为线性方程？

(8) 库埃特设计测量流体动力黏度的旋转黏度计的工作原理是什么？

(9) 平面库埃特-泊肃叶流动在一定情形下会产生逆流，逆流产生条件是什么？

第 5 章　小雷诺数流动

5.1　斯托克斯近似

求解 N－S 方程组的固有困难主要来自方程中存在的非线性项。前面提到的各种流体流动问题的精确解，一类是简单流动，此时 N－S 方程中的非线性加速度对流项不出现，从而可以对方程直接积分求解；另一类是比较特殊的流动，通过自变量变换把原来的偏微分方程转换为常微分方程，从而进行数值积分求解。而工程实际中遇到的流体流动问题往往比较复杂，要求我们必须求解原始的非线性的 N－S 方程组，比如黏性流体的绕流问题，由于数学上求解的复杂性和困难性，通常采用近似方法进行求解。

根据所研究黏性流体流动问题的力学特性，把 N－S 方程中的每一项进行量级比较，忽略方程中某些次要项，即忽略高阶小量项，从而得到 N－S 方程的近似方程，在某些情形下可以求出近似方程的精确解或渐近解，通过这种途径所得到的 N－S 方程的解一般称为近似解。常用的近似方法之一是参数摄动法，黏性流体流动问题主要摄动参数是雷诺数，用雷诺数作为摄动参数，可以近似求解小雷诺数流动问题以及大雷诺数流动问题。

对于小雷诺数流动问题，如微小的粒子在很缓慢的黏性流体中流动，其特征雷诺数一般非常小，极限情形下 $Re \to 0$，说明此时流体受到的黏性力要远远大于惯性力，即 N－S 方程中的对流项远远小于扩散项，因此可以忽略 N－S 方程中的全部或部分惯性力项，这样迁移加速度这一非线性项就可以被略去或者转换成线性项，从而使得使 N－S 方程大为简化，然后由简化的方程求出流动问题的精确解或近似解，这种流动称为小雷诺数流动，或低雷诺数流动，工程上常常称为蠕动流。这是一类速度极慢、尺度极小或黏度极大的流动。小雷诺数流动在工程实践中是有实际意义的，比如大气中烟尘的沉降，云雾中的水滴，胶体溶液中的胶体大分子，河流中泥沙的沉降，水洗选矿中的矿尘粉末，微生物的游动，轴承润滑以及血液中红细胞的运动等等。

从数学观点上看，N－S 方程中略去惯性项是可以的，因为方程并未降阶，所以简化后的方程能够满足简化前的边界条件。此外蠕动流的解也可以视为 $Re \to 0$ 的极限情况下，N－S 方程的解。例如，球在黏性流体中缓慢运动的斯托克斯解，可以用在小球在黏油中的运动；在润滑理论中的间隙流动（即滑动轴承内油膜的流动）也可以是蠕动流，即黏性力远大于惯性力。

流体流动的雷诺数定义为

$$Re=\frac{\rho UL}{\mu}=\frac{U^2/L}{\mu U/(\rho L^2)}$$

它是流体惯性力与黏性力之比的一种度量。小雷诺数流动的主要特点就是惯性力与黏性力相比居于次要地位。当 $Re\to 0$ 时，可以略去动量方程中左端的惯性力项，对于常黏性系数不可压缩定常小雷诺数流动，忽略体积力，得到简化后的运动方程组为

$$\nabla\cdot\boldsymbol{u}=0$$

$$\nabla p=\mu\nabla^2\boldsymbol{u} \tag{5-1}$$

式(5-1)一般称为斯托克斯方程。服从斯托克斯程的流体流动问题称为斯托克斯流，工程上也称为蠕动流。以上方程在直角坐标系中的表达式为

$$\frac{\partial u}{\partial x}+\frac{\partial v}{\partial y}+\frac{\partial w}{\partial z}=0$$

$$\frac{\partial p}{\partial x}=\mu\left(\frac{\partial^2 u}{\partial x^2}+\frac{\partial^2 u}{\partial y^2}+\frac{\partial^2 u}{\partial z^2}\right)$$

$$\frac{\partial p}{\partial y}=\mu\left(\frac{\partial^2 v}{\partial x^2}+\frac{\partial^2 v}{\partial y^2}+\frac{\partial^2 v}{\partial z^2}\right)$$

$$\frac{\partial p}{\partial z}=\mu\left(\frac{\partial^2 w}{\partial x^2}+\frac{\partial^2 w}{\partial y^2}+\frac{\partial^2 w}{\partial z^2}\right) \tag{5-2}$$

可见蠕动流的控制方程组是线性的，因而比较容易求解。相对应的边界条件仍然满足固壁无滑移条件，即

在物面上：$u|_{\mathrm{w}}=U$（固壁无滑移条件，U 为壁面速度）；

在无穷远：$|r|\to\infty$：$u\to U_\infty$，$p\to p_\infty$。

对方程组(5-1)中的第二式两侧取旋度，并注意到 $\nabla\times(\nabla p)=0$，因此可以消去压强 p，从而得到关于涡量 $\boldsymbol{\Omega}=\nabla\times\boldsymbol{u}$ 的方程，即

$$\nabla^2\boldsymbol{\Omega}=0 \tag{5-3}$$

可见斯托克斯流动中的涡量满足拉普拉斯方程。

(1) 直角坐标系中的二维平面流动

对于直角坐标系中的二维平面流动，由连续方程引入流函数 ψ，使

$$u=\frac{\partial\psi}{\partial y},\ v=-\frac{\partial\psi}{\partial x} \tag{5-4}$$

于是

$$\boldsymbol{\Omega}=0\boldsymbol{i}+0\boldsymbol{j}+2\omega_z\boldsymbol{k}=\left(\frac{\partial v}{\partial x}-\frac{\partial u}{\partial y}\right)\boldsymbol{k}=-\nabla^2\psi\boldsymbol{k} \tag{5-5}$$

将式(5-5)代入式(5-3)，得到

$$\nabla^2\nabla^2\psi=0 \tag{5-6}$$

式(5-6)表明平面斯托克斯流动的流函数满足双调和方程。

(2) 圆柱坐标系中的二维平面流动

对于轴对称圆柱坐标系中的情形，采用坐标系(r,θ,z)。由连续方程引入斯托克斯流函数ψ，使

$$u_z=\frac{1}{r}\frac{\partial\psi}{\partial r},u_r=-\frac{1}{r}\frac{\partial\psi}{\partial z} \tag{5-7}$$

$$\boldsymbol{\Omega}=\nabla\times\boldsymbol{u}=\left(-\frac{1}{r}E^2\psi\right)\boldsymbol{e}_\theta \tag{5-8}$$

式中：斯托克斯算子E^2为

$$E^2=\frac{\partial^2}{\partial r^2}-\frac{1}{r}\frac{\partial}{\partial r}+\frac{\partial^2}{\partial z^2} \tag{5-9}$$

圆柱坐标系中的斯托克斯流动的流函数满足

$$E^2E^2\psi=0 \tag{5-10}$$

由上式求解得出流函数ψ以后，代入式(5-7)即可算出速度场$\boldsymbol{u}$，代回运动方程即可求得流场中的压强p，即

$$\frac{\partial p}{\partial r}=-\frac{\mu}{r}\frac{\partial}{\partial z}(E^2\psi)$$

$$\frac{\partial p}{\partial z}=\frac{\mu}{r}\frac{\partial}{\partial r}(E^2\psi) \tag{5-11}$$

式(5-10)、(5-11)证明如下：

引用矢量恒等式

$$\nabla\times(\nabla\times\boldsymbol{\Omega})=\nabla(\nabla\cdot\boldsymbol{\Omega})-\nabla^2\boldsymbol{\Omega}=-\nabla^2\boldsymbol{\Omega} \tag{a}$$

由公式$\nabla^2\boldsymbol{\Omega}=0$，上式右侧等于零，于是

$$\nabla\times(\nabla\times\boldsymbol{\Omega})=0 \tag{b}$$

轴对称运动条件下球坐标中涡量计算表达式为

$$\boldsymbol{\Omega}=\frac{1}{r}\begin{vmatrix}\boldsymbol{e}_r & r\boldsymbol{e}_\theta & \boldsymbol{e}_z\\ \dfrac{\partial}{\partial r} & \dfrac{\partial}{\partial\theta} & \dfrac{\partial}{\partial z}\\ u_r & 0 & u_z\end{vmatrix}=\boldsymbol{e}_\theta\left(\frac{\partial u_r}{\partial z}-\frac{\partial u_z}{\partial r}\right)$$

以斯托克斯流函数ψ表示的速度分量u_r、u_z

$$u_z=\frac{1}{r}\frac{\partial\psi}{\partial r},u_r=-\frac{1}{r}\frac{\partial\psi}{\partial z}$$

将上两个公式代入涡量$\boldsymbol{\Omega}$的计算公式中可得

$$\boldsymbol{\Omega}=\boldsymbol{e}_\theta\left[\frac{\partial}{\partial z}\left(-\frac{1}{r}\frac{\partial\psi}{\partial z}\right)-\frac{\partial}{\partial r}\left(\frac{1}{r}\frac{\partial\psi}{\partial r}\right)\right]=-\frac{\boldsymbol{e}_\theta}{r}\left[\frac{\partial^2\psi}{\partial r^2}-\frac{1}{r}\frac{\partial\psi}{\partial r}+\frac{\partial^2\psi}{\partial z^2}\right]$$

定义斯托克斯算子：$E^2=\frac{\partial^2}{\partial r^2}-\frac{1}{r}\frac{\partial}{\partial r}+\frac{\partial^2}{\partial z^2}$，上式可写为

$$\boldsymbol{\Omega}=-\frac{\boldsymbol{e}_\theta}{r}E^2\psi$$

对上式取旋度，可得

$$\nabla\times\boldsymbol{\Omega}=\frac{1}{r}\begin{vmatrix}\boldsymbol{e}_r & r\boldsymbol{e}_\theta & \boldsymbol{e}_z\\ \frac{\partial}{\partial r} & \frac{\partial}{\partial\theta} & \frac{\partial}{\partial z}\\ 0 & -E^2\psi & 0\end{vmatrix}=\frac{\boldsymbol{e}_r}{r}\left[\frac{\partial}{\partial z}(E^2\psi)\right]-\frac{\boldsymbol{e}_z}{r}\left[\frac{\partial}{\partial r}(E^2\psi)\right]\tag{c}$$

再次求上式的旋度

$$\begin{aligned}\nabla\times(\nabla\times\boldsymbol{\Omega})&=\frac{1}{r}\begin{vmatrix}\boldsymbol{e}_r & r\boldsymbol{e}_\theta & \boldsymbol{e}_z\\ \frac{\partial}{\partial r} & \frac{\partial}{\partial\theta} & \frac{\partial}{\partial z}\\ \frac{1}{r}\frac{\partial}{\partial z}(E^2\psi) & 0 & -\frac{1}{r}\frac{\partial}{\partial r}(E^2\psi)\end{vmatrix}\\&=\frac{\boldsymbol{e}_\theta}{r}\left\{\frac{\partial}{\partial z}\left[\frac{1}{r}\frac{\partial}{\partial z}(E^2\psi)\right]+\frac{\partial}{\partial r}\left[\frac{1}{r}\frac{\partial}{\partial r}(E^2\psi)\right]\right\}\\&=\frac{\boldsymbol{e}_\theta}{r}\left(\frac{\partial^2}{\partial r^2}-\frac{1}{r}\frac{\partial}{\partial r}+\frac{\partial^2}{\partial z^2}\right)(E^2\psi)\\&=\frac{\boldsymbol{e}_\theta}{r}E^2E^2\psi\end{aligned}$$

将上式代入公式(b)，有

$$E^2E^2\psi=0$$

引用矢量恒等式

$$\nabla\times(\nabla\times\boldsymbol{u})=\nabla\times\boldsymbol{\Omega}=\nabla(\nabla\cdot\boldsymbol{u})-\nabla^2\boldsymbol{u}=-\nabla^2\boldsymbol{u}$$

代入斯托克斯方程$\nabla p=\mu\nabla^2\boldsymbol{u}$，得

$$\nabla\times\boldsymbol{\Omega}=-\frac{1}{\mu}\nabla p$$

考虑到式(c) 有

$$\frac{\partial p}{\partial r}=-\frac{\mu}{r}\frac{\partial}{\partial z}(E^2\psi)$$

$$\frac{\partial p}{\partial z}=\frac{\mu}{r}\frac{\partial}{\partial r}(E^2\psi)$$

(3) 球坐标系中的轴对称流动

球坐标系(r,θ,φ) 下的斯托克斯流动仍然满足式(5－10)，但对应于式(5－7)、式(5－9)和式(5－11) 的公式分别为

$$u_r=\frac{1}{r^2\sin\theta}\frac{\partial\psi}{\partial\theta},u_\theta=-\frac{1}{r\sin\theta}\frac{\partial\psi}{\partial r} \tag{5-12}$$

$$E^2=\frac{\partial^2}{\partial r^2}+\frac{\sin\theta}{r^2}\frac{\partial}{\partial\theta}\left(\frac{1}{\sin\theta}\frac{\partial}{\partial\theta}\right) \tag{5-13}$$

$$\frac{\partial p}{\partial r}=\frac{\mu}{r^2\sin\theta}\frac{\partial}{\partial\theta}(E^2\psi)$$

$$\frac{\partial p}{\partial\theta}=-\frac{\mu}{\sin\theta}\frac{\partial}{\partial r}(E^2\psi) \tag{5-14}$$

以上各式证明如下：

引用矢量恒等式

$$\nabla\times(\nabla\times\boldsymbol{\Omega})=\nabla(\nabla\cdot\boldsymbol{\Omega})-\nabla^2\boldsymbol{\Omega}=-\nabla^2\boldsymbol{\Omega} \tag{d}$$

由公式$\nabla^2\boldsymbol{\Omega}=0$，上式右侧等于零，于是

$$\nabla\times(\nabla\times\boldsymbol{\Omega})=0 \tag{e}$$

轴对称运动条件下球坐标中涡量计算表达式为

$$\boldsymbol{\Omega}=\frac{1}{r^2\sin\theta}\begin{vmatrix}\boldsymbol{e}_r & r\boldsymbol{e}_\theta & r\sin\theta\boldsymbol{e}_\varphi\\ \frac{\partial}{\partial r} & \frac{\partial}{\partial\theta} & \frac{\partial}{\partial\varphi}\\ u_r & ru_\theta & 0\end{vmatrix}=\frac{\boldsymbol{e}_\varphi}{r}\left[\frac{\partial}{\partial r}(ru_\theta)-\frac{\partial u_r}{\partial\theta}\right]$$

以斯托克斯流函数 ψ 表示的速度分量 u_r、u_θ

$$u_r=\frac{1}{r^2\sin\theta}\frac{\partial\psi}{\partial\theta},u_\theta=-\frac{1}{r\sin\theta}\frac{\partial\psi}{\partial r}$$

将上两个公式代入涡量 $\boldsymbol{\Omega}$ 的计算公式中可得

$$\boldsymbol{\Omega}=\frac{\boldsymbol{e}_\varphi}{r}\left[-\frac{\partial}{\partial r}\left(\frac{1}{\sin\theta}\frac{\partial\psi}{\partial r}\right)-\frac{\partial u_r}{\partial\theta}\left(\frac{1}{r^2\sin\theta}\frac{\partial\psi}{\partial\theta}\right)\right]=-\frac{\boldsymbol{e}_\varphi}{r\sin\theta}\left[\frac{\partial^2\psi}{\partial r^2}+\frac{\sin\theta}{r^2}\frac{\partial}{\partial\theta}\left(\frac{1}{\sin\theta}\frac{\partial\psi}{\partial\theta}\right)\right]$$

定义斯托克斯算子：$E^2=\frac{\partial^2}{\partial r^2}+\frac{\sin\theta}{r^2}\frac{\partial}{\partial\theta}\left(\frac{1}{\sin\theta}\frac{\partial}{\partial\theta}\right)$，上式可写为

$$\boldsymbol{\Omega}=-\frac{\boldsymbol{e}_\varphi}{r\sin\theta}E^2\psi$$

对上式取旋度，可得

$$\nabla\times\boldsymbol{\Omega}=\frac{1}{r^2\sin\theta}\begin{vmatrix} e_r & re_\theta & r\sin\theta e_\varphi \\ \dfrac{\partial}{\partial r} & \dfrac{\partial}{\partial\theta} & \dfrac{\partial}{\partial\varphi} \\ 0 & 0 & -E^2\psi \end{vmatrix}=\frac{\boldsymbol{e}_r}{r^2\sin\theta}\left[-\frac{\partial}{\partial\theta}(E^2\psi)\right]+\frac{\boldsymbol{e}_\varphi}{r\sin\theta}\left[\frac{\partial}{\partial r}(E^2\psi)\right] \tag{f}$$

再次求上式的旋度

$$\nabla\times(\nabla\times\boldsymbol{\Omega})=\frac{1}{r^2\sin\theta}\begin{vmatrix} \boldsymbol{e}_r & r\boldsymbol{e}_\theta & r\sin\theta\boldsymbol{e}_\varphi \\ \dfrac{\partial}{\partial r} & \dfrac{\partial}{\partial\theta} & \dfrac{\partial}{\partial\varphi} \\ -\dfrac{1}{r^2\sin\theta}\dfrac{\partial}{\partial\theta}(E^2\psi) & \dfrac{1}{\sin\theta}\dfrac{\partial}{\partial r}(E^2\psi) & 0 \end{vmatrix}$$

$$=\frac{\boldsymbol{e}_\varphi}{r}\left\{\frac{\partial}{\partial r}\left[\frac{1}{\sin\theta}\frac{\partial}{\partial r}(E^2\psi)\right]+\frac{\partial}{\partial\theta}\left[\frac{1}{r^2\sin\theta}\frac{\partial}{\partial\theta}(E^2\psi)\right]\right\}$$

$$=\frac{\boldsymbol{e}_\varphi}{r\sin\theta}\left\{\frac{\partial^2}{\partial r^2}(E^2\psi)+\frac{\sin\theta}{r^2}\left[\frac{1}{\sin\theta}\frac{\partial}{\partial\theta}(E^2\psi)\right]\right\}$$

$$=\frac{\boldsymbol{e}_\varphi}{r\sin\theta}E^2E^2\psi$$

将上式代入公式(e),有

$$E^2\ E^2\psi=0$$

引用矢量恒等式

$$\nabla\times(\nabla\times\boldsymbol{u})=\nabla\times\boldsymbol{\Omega}=\nabla(\nabla\cdot\boldsymbol{u})-\nabla^2\boldsymbol{u}=-\nabla^2\boldsymbol{u}$$

代入斯托克斯方程$\nabla p=\mu\,\nabla^2\boldsymbol{u}$,得

$$\nabla\times\boldsymbol{\Omega}=-\frac{1}{\mu}\nabla p$$

考虑到式(f) 有

$$\frac{\partial p}{\partial r}=\frac{\mu}{r^2\sin\theta}\frac{\partial}{\partial\theta}(E^2\psi)$$

$$\frac{\partial p}{\partial\theta}=-\frac{\mu}{\sin\theta}\frac{\partial}{\partial r}(E^2\psi)$$

斯托克斯流动的涡量 $\boldsymbol{\Omega}$ 满足拉普拉斯方程式(5-3),平面和轴对称斯托克斯流动的流函数ψ分别满足简单的四阶偏微分方程式(5-6) 和式(5-10)。在这些方程和相应的边界条件中都不出现表征流体物理性质的参数μ和ρ,也不出现对时间t的历史依赖关系。这表明,在 $Re\rightarrow 0$ 的极限情形下(即完全忽略流体惯性力时),流场中的运动学特性(速度、涡量、流线、涡线等)与流体的黏性系数和密度无关,也不依赖于流动的历史,只与该瞬时的边界条件有关。此外,由于式(5-1) 中只出现μ而不出现ρ,所以流场中的压强、应力和物体所受的合

力等动力学量只与流体的黏性系数 μ 有关，而与流体的密度 ρ 无关。这些都是斯托克斯流动的特点，只有在 $Re \to 0$ 时才严格成立。

斯托克斯方程的求解方法一般有两种途径，一是应用控制方程及相应的边界条件对于所感兴趣的几何边界求解其边值问题。另外一个途径就是从斯托克斯方程为线性方程这一点出发，如同势流求解一样，先分析建立一些控制方程的基本解，如均匀流、偶极子、斯托克斯极子等，再由这些基本解的线性叠加去求解某些复杂流动问题的解。作为第一种方法的应用，下一节以黏性流体绕球的缓慢运动为例来分析求解。

5.2　绕圆球的缓慢流动

以给定无穷远处均匀来流速度为 U 的常物性不可压缩黏性流体绕静止固定球的流动为例说明如何求解斯托克斯流动问题。圆球在原来静止无界流体中的缓慢平移与流体绕球的缓慢运动，两者在问题上是完全等价的。在圆球的缓慢平移运动中，如果将坐标系固定于球上，则问题就变成了流体绕球的缓慢运动。假设无穷远处均匀来流的流速为 U，圆球的半径为 a，直径为 $D=2a$，绕流的特征雷诺数 $Re=\dfrac{UD}{\upsilon}\ll 1$，如图 5-1 所示。分析求解该流动下的速度分布、压力分布以及圆球所受到的阻力。

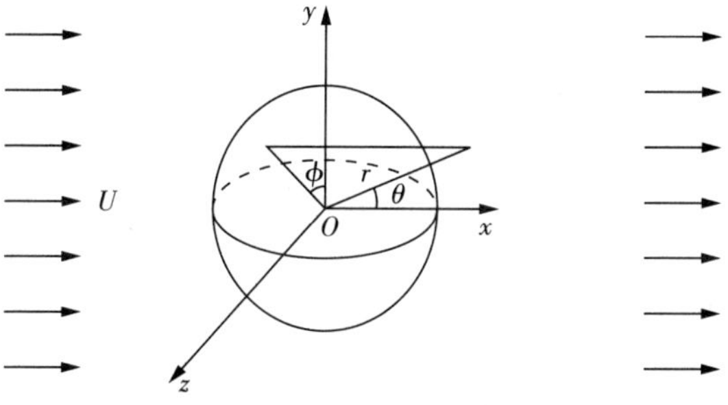

图 5-1　黏性流体绕球的缓慢流动

分析该流动的特点，采用球坐标系 (r,θ,φ) 来分析该流动问题比较合适，建立球坐标系时将原点取在圆球的球心，并使 $\theta=0$ 的轴线与来流方向重合，θ 的起算轴线 x 的方向取成和来流方向重合。考虑到该流动问题具有轴对称性，则有 $u_\varphi=0$，$\dfrac{\partial}{\partial t}=0$，$\dfrac{\partial}{\partial \varphi}=0$。于是，球坐标系下的流动控制方程组简化为

$$\frac{1}{r^2}\frac{\partial(r^2 u_r)}{\partial r}+\frac{1}{r\sin\theta}\frac{\partial(\sin\theta u_\theta)}{\partial\theta}=0$$

$$\frac{\partial p}{\partial r}=\mu\left[\frac{1}{r^2}\frac{\partial}{\partial r}\left(r^2\frac{\partial u_r}{\partial r}\right)+\frac{1}{r^2\sin\theta}\frac{\partial}{\partial\theta}\left(\sin\theta\frac{\partial u_r}{\partial\theta}\right)-\frac{2u_r}{r^2}-\frac{2}{r^2\sin\theta}\frac{\partial(\sin\theta u_\theta)}{\partial r}\right]$$

$$\frac{1}{r}\frac{\partial p}{\partial \theta}=\mu\left[\frac{1}{r^2}\frac{\partial}{\partial r}\left(r^2\frac{\partial u_\theta}{\partial r}\right)+\frac{1}{r^2\sin\theta}\frac{\partial}{\partial \theta}\left(\sin\theta\frac{\partial u_\theta}{\partial \theta}\right)+\frac{2}{r^2}\frac{\partial u_r}{\partial \theta}-\frac{2u_\theta}{r^2\sin^2\theta}\right] \tag{5-15}$$

这是一个由三个偏微分方程组成的线性偏微分方程组，存在 $u_r(r,\theta)$、$u_\theta(r,\theta)$、$p(r,\theta)$ 三个未知量，方程组封闭。

边界条件为：当 $r=a$ 时，$u_r=u_\theta=0$；

在无穷远处，即 $r\to\infty$，$u_r=U\cos\theta$，$u_\theta=-U\sin\theta$。

以下分别采用流函数法和分离变量法来求解该流动问题。

首先采用流函数法求解。引入球坐标系下的斯托克斯流函数 ψ，速度分量与流函数关系为

$$u_r=\frac{1}{r^2\sin\theta}\frac{\partial\psi}{\partial\theta},u_\theta=-\frac{1}{r\sin\theta}\frac{\partial\psi}{\partial r} \tag{5-16}$$

斯托克斯流函数满足

$$\left[\frac{\partial^2}{\partial r^2}+\frac{\sin\theta}{r^2\sin\theta}\frac{\partial}{\partial\theta}\left(\frac{1}{\sin\theta}\frac{\partial}{\partial\theta}\right)\right]^2\psi=0 \tag{5-17}$$

还应该满足如下边界条件，即在球面上有

$$u_r\big|_{r=a}=u_\theta\big|_{r=a}=0$$

在无穷远处，速度等于来流速度 U，即

$$u_r\big|_{r\to\infty}=U\cos\theta$$

$$u_\theta\big|_{r\to\infty}=-U\sin\theta$$

所以，当 $r\to\infty$，流函数的表达形式应该为

$$\psi=\frac{1}{2}Ur^2\sin^2\theta \tag{5-18}$$

边界条件常常可以提示方程的解所应具有的形式，根据上述边界条件可以推知，微分方程

$$\left[\frac{\partial^2}{\partial r^2}+\frac{\sin\theta}{r^2\sin\theta}\frac{\partial}{\partial\theta}\left(\frac{1}{\sin\theta}\frac{\partial}{\partial\theta}\right)\right]^2\psi=0$$

的解应该具有如下形式

$$\psi=f(r)\sin^2\theta$$

将其代入微分方程中，化简之后可得

$$\left(\frac{\mathrm{d}^2}{\mathrm{d}r^2}-\frac{2}{r^2}\right)\left(\frac{\mathrm{d}^2}{\mathrm{d}r^2}-\frac{2}{r^2}\right)f(r)=0 \tag{5-19}$$

该方程是关于 $f(r)$ 的线性齐次四阶常微分方程，取 $f(r)=Cr^n$，代入上式，可求得 $n=-1,1,2,4$，于是函数 $f(r)$ 具有如下形式

$$f(r)=\frac{A}{r}+Br+Cr^2+Dr^4 \tag{5-20}$$

为使条件式$\psi|_{r\to\infty}=\frac{1}{2}Ur^2\sin^2\theta$得到满足，$D$必须为零，$C$必须等于$\frac{1}{2}U$，从而得到流函数的表达式为

$$\psi(r,\theta)=\left(\frac{A}{r}+Br+\frac{1}{2}Ur^2\right)\sin^2\theta \tag{5-21}$$

由此可以得到速度分量的表达式分别为

$$u_r=\frac{1}{r^2\sin\theta}\frac{\partial\psi}{\partial\theta}=\left(U+\frac{2A}{r^3}+\frac{2B}{r}\right)\cos\theta$$

$$u_\theta=-\frac{1}{r\sin\theta}\frac{\partial\psi}{\partial r}=-\left(U-\frac{A}{r^3}+\frac{B}{r}\right)\sin\theta \tag{5-22}$$

带入边界条件$u_r|_{r=a}=u_\theta|_{r=a}=0$，可得积分常数分别为

$$A=\frac{1}{4}Ua^3,B=-\frac{3}{4}Ua$$

于是得到流函数的表达式

$$\psi(r,\theta)=\frac{1}{2}Ur^2\sin^2\theta\left[1-\frac{3}{2}\left(\frac{a}{r}\right)+\frac{1}{2}\left(\frac{a}{r}\right)^3\right] \tag{5-23}$$

则速度分布为

$$u_r=\frac{1}{r^2\sin\theta}\frac{\partial\psi}{\partial\theta}=U\cos\theta\left[\frac{1}{2}\left(\frac{a}{r}\right)^3-\frac{3}{2}\left(\frac{a}{r}\right)+1\right]$$

$$u_\theta=-\frac{1}{r\sin\theta}\frac{\partial\psi}{\partial r}=U\sin\theta\left[\frac{1}{4}\left(\frac{a}{r}\right)^3+\frac{3}{4}\left(\frac{a}{r}\right)-1\right] \tag{5-24}$$

已知速度分布即可由动量方程

$$\frac{\partial p}{\partial r}=\mu\left[\frac{1}{r^2}\frac{\partial}{\partial r}\left(r^2\frac{\partial u_r}{\partial r}\right)+\frac{1}{r^2\sin\theta}\frac{\partial}{\partial\theta}\left(\sin\theta\frac{\partial u_r}{\partial\theta}\right)-\frac{2u_r}{r^2}-\frac{2}{r^2\sin\theta}\frac{\partial(\sin\theta u_\theta)}{\partial r}\right]$$

或

$$\frac{1}{r}\frac{\partial p}{\partial\theta}=\mu\left[\frac{1}{r^2}\frac{\partial}{\partial r}\left(r^2\frac{\partial u_\theta}{\partial r}\right)+\frac{1}{r^2\sin\theta}\frac{\partial}{\partial\theta}\left(\sin\theta\frac{\partial u_\theta}{\partial\theta}\right)+\frac{2}{r^2}\frac{\partial u_r}{\partial\theta}-\frac{2u_\theta}{r^2\sin^2\theta}\right]$$

积分来确定压力分布，该积分为不定积分，不难得到

$$p=C-\frac{3}{2}\mu U\frac{a}{r^2}\cos\theta \tag{5-25}$$

式中，C为积分常数，利用边界条件$r\to\infty$，$p=p_\infty$，可得压力分布为

$$p=p_\infty-\frac{3}{2}\mu U\frac{a}{r^2}\cos\theta \tag{5-26}$$

由流函数的表达式可知，流函数对平面 $\theta=\frac{\pi}{2}$ 是对称的，所以球体首尾部的流线也是对称的，这是由于忽略了 N－S 方程中的惯性项，没有涡旋的对流，因而也就不存在尾流现象。流函数表达式可以分解成两部分，第一部分为

$$\psi_1=\frac{1}{2}Ur^2\sin^2\theta\left[1+\frac{1}{2}\left(\frac{a}{r}\right)^3\right] \tag{5-27}$$

代表绕球的无旋流动，对球表面上没有力的作用。第二部分是

$$\psi_2=-\frac{3}{4}U\,ar\sin^2\theta \tag{5-28}$$

代表绕球的有旋流动，其径向和横向速度分量分别为

$$u_r=\frac{1}{r^2\sin\theta}\frac{\partial\psi}{\partial\theta}=-\frac{3}{2}U\frac{a}{r}\cos\theta$$

$$u_\theta=-\frac{1}{r\sin\theta}\frac{\partial\psi}{\partial r}=-\frac{3}{4}U\frac{a}{r}\sin\theta\text{（在 }r=0\text{ 处有一奇点）}$$

这一部分反映了球对流体流动的阻力作用。

下面分析求解黏性流体绕圆球流动过程中圆球所受到的流动阻力，首先分析求解圆球表面上的各个应力分量。作用在圆球表面上的黏性应力的三个分量分别是

$$p_{rr}=-p+2\mu\frac{\partial u_r}{\partial r}$$

$$\tau_{r\theta}=\mu\left(\frac{1}{r}\frac{\partial u_r}{\partial\theta}+\frac{\partial u_\theta}{\partial r}-\frac{u_\theta}{r}\right)$$

$$\tau_{r\varphi}=\mu\left(\frac{\partial u_\varphi}{\partial r}+\frac{1}{r\sin\theta}\frac{\partial u_r}{\partial\varphi}-\frac{u_\varphi}{r}\right) \tag{5-29}$$

前文分析表明，由于该流动问题是轴对称流动，考虑到对称性，则有 $u_\varphi=0$，$\frac{\partial}{\partial\varphi}=0$，所以应力分量$\tau_{r\varphi}=0$。只需求解球体表面上 p_{rr} 和$\tau_{r\theta}$ 这两个应力分量的值即可，首先求出球体表面上$\frac{\partial u_r}{\partial r}$、$\frac{\partial u_r}{\partial\theta}$、$\frac{\partial u_\theta}{\partial r}$ 和 u_θ 的值。根据无滑移条件，在球表面上 $u_r=u_\theta=0$，于是在球面上$\frac{\partial u_r}{\partial\theta}=0$，$\frac{\partial u_\theta}{\partial\theta}=0$，由连续方程，可得在球面上$\frac{\partial u_r}{\partial r}=0$。于是有

$$p_{rr}=-p$$

$$\tau_{r\theta}=\mu\frac{\partial u_\theta}{\partial r}$$

$$\tau_{r\varphi}=0$$

由此得到，在球面上，

$$p_{rr}=\frac{3}{2}\mu\frac{U}{a}\cos\theta-p_{\infty}$$

$$\tau_{r\theta}=-\frac{3}{2}\mu\frac{U}{a}\sin\theta$$

$$\tau_{r\varphi}=0 \tag{5-30}$$

引入压力系数 C_p 表示球面上压力分布，即

$$C_p=\frac{p-p_{\infty}}{\frac{1}{2}\rho U^2}=-\frac{6}{Re}\cos\theta \tag{5-31}$$

该式表明，压力系数不仅与表面点的位置有关，而且与流动的雷诺数有关。圆球表面的压力分布相对于最大迎流截面是不对称的。因此，表面压力的合力并不等于零，这一合力是指向顺流方向。而理想流体作定常匀速绕球流动时，压力系数为

$$C_p=1-\frac{9}{4}\sin^2\theta$$

即 C_p 的分布是轴对称的，并且对称于最大迎流截面，因而圆球表面的压力合力为零，这就是著名的达朗贝尔佯谬。也就是说，在黏性流体中圆球的前方所受到的流体压强要高于圆球的后方，这样圆球前后的压差就会产生一个与 U 反方向的合力，这就是所谓的压差阻力。

由于切向应力存在而产生的合力称为摩擦阻力。摩擦阻力和压差阻力一起构成圆球所受到的黏性流体合力。在圆球表面上取带状微元面积

$$\mathrm{d}A=2\pi a\sin\theta\cdot a\mathrm{d}\theta=2\pi a^2\sin\theta\mathrm{d}\theta$$

则压力作用在圆球表面上的合力在水平方向上的分量为

$$P=\int_0^{\pi}(-p|_{r=a})\cos\theta\mathrm{d}A=\int_0^{\pi}\left(-p_{\infty}+\frac{3}{2}\mu\frac{U}{a}\cos\theta\right)\cos\theta\cdot 2\pi a^2\sin\theta d\theta=2\pi\mu aU \tag{5-32}$$

黏性应力作用在圆球表面上的合力在水平方向上的分量为

$$\begin{aligned}F&=-\int_0^{\pi}[(\tau_{rr}|_{r=a})\cos\theta+(\tau_{r\theta}|_{r=a})]\sin\theta\mathrm{d}A\\&=\int_0^{\pi}\left(\frac{3}{2}\mu\frac{U}{a}\sin^2\theta\right)\cdot 2\pi a^2\sin\theta d\theta=4\pi\mu aU\end{aligned} \tag{5-33}$$

以上二力的合力为

$$D=P+F=6\pi\mu aU \tag{5-34}$$

该式是斯托克斯于1851年首先通过理论推导而得出的，因此也称为斯托克斯阻力公式。从上式中可以看出压差阻力占总阻力的1/3，而摩擦阻力占总阻力的2/3。习惯上，把斯托克斯阻力公式写成

$$D = C_D A_0 \frac{\rho U^2}{2} \tag{5-35}$$

式中，C_D 称为阻力系数；$A_0 = \pi a^2 = \dfrac{\pi d_0^2}{4}$ 为球体最大圆截面积。则阻力系数可以表示为

$$C_D = \frac{D}{\pi a^2 \cdot \frac{1}{2}\rho U^2} = \frac{6\pi\mu a U}{\pi a^2 \cdot \frac{1}{2}\rho U^2} = 24 \times \frac{\mu}{(2a)\rho U} = \frac{24}{Re} \tag{5-36}$$

大量实验研究表明，尽管斯托克斯阻力公式是在 $Re \to 0$ 的前提下推导得出的，但直到 $Re \leqslant 1$ 时仍与试验结果吻合良好。

接下来采用分离变量法来分析求解斯托克斯流动问题。根据该流动问题的边界条件和流动的对称性，采用分离变量法来分析求解球体绕流的速度分布和压力分布式，可以假设该流动问题的速度分布和压力分布具有以下形式：

$$\begin{aligned} u_r &= f_1(r)\cos\theta \\ u_\theta &= -f_2(r)\cos\theta \\ p &= p_\infty + \mu f_3(r)\cos\theta \end{aligned} \tag{5-37}$$

将 $u_r(r,\theta)$、$u_\theta(r,\theta)$、$p(r,\theta)$ 的上述表达式代入连续方程和N-S方程中，可以得到

$$\begin{aligned} & f_1' + \frac{2(f_1 - f_2)}{r} = 0 \\ & f_3' = f_1'' + \frac{2}{r} f_1' - \frac{4(f_1 - f_2)}{r^2} \\ & f_3 = r f_2'' + 2 f_2' + \frac{2(f_1 - f_2)}{r} \end{aligned} \tag{5-38}$$

相应的边界条件则为

$$\begin{aligned} & r = a: f_1 = f_2 = 0 \\ & r \to \infty: f_1 = f_2 = U, f_3 = 0 \end{aligned} \tag{5-39}$$

上述方程组是线性常微分方程组，共有三个未知待求函数，其中包含待求函数各阶导数。由连续方程式可解得

$$f_2 = \frac{r}{2} f_1' + f_1$$

上式对 r 分别求一阶、二阶导数，得

$$f'_2=\frac{r}{2}f''_1+\frac{3}{2}f'_1$$

$$f''_2=\frac{r}{2}f'''_1+\frac{3}{2}f''_1$$

将以上三式分别代入 N－S 方程式，消去(f_1-f_2)、f'_2、f''_2，得

$$f'_3=f''_1+\frac{4}{r}f'_1$$

$$f_3=\frac{r^2}{2}f'''_1+3rf''_1+2f'_1$$

上式对 r 求一阶导数，得

$$f'_3=\frac{r^2}{2}f''''_1+4rf'''_1+5f''_1$$

由以上两式消去 f'_3，整理后得

$$r^3f''''_1+8r^2f'''_1+8rf''_1-8f'_1=0 \tag{5-40}$$

该方程是典型的 *Euler* 方程，根据常微分方程理论可知，该方程的解具有 r^n 形式，其中 n 是下列方程的解

$$n(n-1)(n-2)(n-3)+8n(n-1)(n-2)+8n(n-1)-8n=0$$

求得特征方程为

$$(n-2)n(n+1)(n+3)=0$$

其特征根为

$$n=-3,-1,0,2$$

于是有

$$f_1=\frac{A}{r^3}+\frac{B}{r}+C+Dr^2$$

$$f_2=-\frac{A}{2r^3}+\frac{B}{2r}+C+2Dr^2$$

$$f_3=\frac{B}{r^2}+10Dr$$

根据边界条件，可得积分常数

$$A=\frac{1}{2}a^3U,B=-\frac{3}{2}aU,C=U,D=0$$

于是

$$f_1=\frac{1}{2}U\frac{a^3}{r^3}-\frac{3}{2}U\frac{a}{r}+U$$

$$f_2=-\frac{1}{4}U\frac{a^3}{r^3}-\frac{3}{4}U\frac{a}{r}+U$$

$$f_3=-\frac{3}{2}U\frac{a}{r^2} \tag{5-41}$$

则速度和压强分布为

$$u_r=U\cos\theta\left[\frac{1}{2}\left(\frac{a}{r}\right)^3-\frac{3}{2}\left(\frac{a}{r}\right)+1\right]$$

$$u_\theta=U\sin\theta\left[\frac{1}{4}\left(\frac{a}{r}\right)^3+\frac{3}{4}\left(\frac{a}{r}\right)-1\right]$$

$$p=p_\infty-\frac{3}{2}\mu U\frac{a}{r^2}\cos\theta \tag{5-42}$$

可见，采用分离变量法所求解得到的速度分布和压力分布与采用斯托克斯流函数法所得结果完全一致。

5.3 奥辛近似

奥辛对斯托克斯方程做了某些修正，他保留了运动方程惯性项中最重要的一些项，舍弃其余项。当圆球尺度远较流动尺度为小时，由圆球引起的速度变化很小，可以假定

$$u=U+u',v=v',w=w'$$

式中 u'、v'、w' 与均匀来流速度 U 相比为微量。动量方程中的惯性项可以简化为

$$u\frac{\partial u}{\partial x}+v\frac{\partial u}{\partial y}+w\frac{\partial u}{\partial z}=(U+u')\frac{\partial u'}{\partial x}+v'\frac{\partial u'}{\partial y}+w'\frac{\partial u'}{\partial z}\approx U\frac{\partial u'}{\partial x}=U\frac{\partial u}{\partial x}$$

$$u\frac{\partial v}{\partial x}+v\frac{\partial v}{\partial y}+w\frac{\partial v}{\partial z}=(U+u')\frac{\partial v'}{\partial x}+v'\frac{\partial v'}{\partial y}+w'\frac{\partial v'}{\partial z}\approx U\frac{\partial v'}{\partial x}=U\frac{\partial v}{\partial x}$$

$$u\frac{\partial w}{\partial x}+v\frac{\partial w}{\partial y}+w\frac{\partial w}{\partial z}=(U+u')\frac{\partial w'}{\partial x}+v'\frac{\partial w'}{\partial y}+w'\frac{\partial w'}{\partial z}\approx U\frac{\partial w'}{\partial x}=U\frac{\partial w}{\partial x} \tag{5-43}$$

忽略质量力，定常运动时的 N－S 方程可以写成

$$U\frac{\partial u}{\partial x}=-\frac{1}{\rho}\frac{\partial p}{\partial x}+\nu\nabla^2 u$$

$$U\frac{\partial v}{\partial x}=-\frac{1}{\rho}\frac{\partial p}{\partial y}+\nu\nabla^2 v$$

$$U\frac{\partial w}{\partial x}=-\frac{1}{\rho}\frac{\partial p}{\partial z}+\nu\nabla^2 w \tag{5-44}$$

连续方程仍为

$$\frac{\partial u}{\partial x}+\frac{\partial v}{\partial y}+\frac{\partial w}{\partial z}=0$$

边界条件为

$$r=a:u=0,v=0,w=0$$

$$r\to\infty:u=U,v=0,w=0 \tag{5-45}$$

求解上述方程组可得

$$u_r=U\cos\theta+\frac{C_1\cos\theta\exp[-k_1r(1-\cos\theta)]}{k_1r^3}$$

$$-\frac{C_0\exp[-k_1r(1-\cos\theta)]}{2k_1r^2}[1+k_1r(1+\cos\theta)]+\frac{2A_1\cos\theta}{r^3}-\frac{A_0}{r^2}$$

$$u_\theta=-U\sin\theta+\frac{C_1\sin\theta\exp[-k_1r(1-\cos\theta)]}{2k_1r^3}$$

$$-\frac{C_0\sin\theta\exp[-k_1rC_1-\cos\theta]}{2r}+\frac{2A_1\sin\theta}{r^3}$$

$$p=-p_\infty+\frac{3}{2}\mu aU\left(1+\frac{3ak_1}{4}\right)\frac{\cos\theta}{r^2}+\frac{5}{2}\frac{a^3U^2}{r^3}(3\cos^2\theta-1) \tag{5-46}$$

式中

$$A_0=-\frac{3}{4}\frac{Ua}{k_1}\left(1+\frac{3ak_1}{4}\right),A_1=-\frac{1}{2}a^3U$$

$$C_0=\frac{3Ua}{2}\left(1+\frac{3ak_1}{4}\right),C_1=\frac{3}{2}k_1a^3U,k_1=\frac{U}{2\nu}$$

$$F_D-\int_A(\tau_{rr}\cos\theta\quad\tau_{r\theta}\sin\theta)\mathrm{d}A=6\pi\mu aU\left(1+\frac{3}{16}\frac{2Ua}{\nu}\right)=6\pi\mu aU\left(1+\frac{3}{16}Re\right) \tag{5-47}$$

阻力系数为

$$C_D=\frac{24}{Re}\left(1+\frac{3}{16}Re\right),Re=\frac{2Ua}{\nu} \tag{5-48}$$

这就是圆球绕流问题的奥辛近似求解。与斯托克斯近似解相比，奥辛近似解由于考虑了部分惯性力项，从物理概念上要比斯托克斯近似解更为严密。从两个近似解的流线形状看，圆球前部（上游）的流动两者相似，在球后部奥辛解的流速大于斯托克斯解。

奥辛近似解虽然作了一定程度的改进，但对总阻力 F_D 的计算结果（或阻力系数 C_D 的计算结果）与实验结果相比，它并不比斯托克斯解好多少。原因在于奥辛解只改善了离球较远处的惯性力取舍，而总阻力或阻力系数主要取决于靠近球面的流动区域状况。

由实验数据拟合的阻力系数经验公式为

$$C_D=\frac{24}{Re}+\frac{6}{1+\sqrt{Re}}+0.4 \quad 0\leqslant Re\leqslant 2\times 10^5 \tag{5-49}$$

该式的误差最大为10%，该公式可以用于实际中的圆球绕流阻力计算。图中当 $Re\approx 2\times 10^5$，边界层转捩为湍流，湍流边界层能够更好地抵抗较高的逆压梯度，因此分离点向下游移动，这使得圆球后部的尾迹区域减小，阻力显著下降。

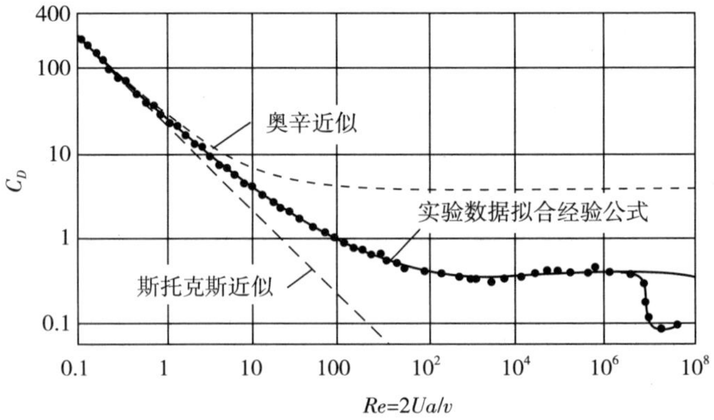

图 5-2　阻力系数 C_D 随 Re 数变化的曲线

5.4　思考题

(1) 什么是小雷诺数流动？

(2) 小雷诺数流动在实际工程中具有哪些应用？

(3) 何谓斯托克斯近似？何谓斯托克斯方程？

(4) 斯托克斯方程的求解方法有哪些？

(5) 斯托克斯方程的基本流动有哪些？

(6) 何谓斯托克斯算子？斯托克斯算子在直角坐标系下的表达式是什么？轴对称流动时斯托克斯算子在圆柱坐标系和球坐标系下的表达式又该如何表达？

(7) 斯托克斯近似的局限性有哪些？

(8) 何谓奥辛近似？奥辛近似与斯托克斯近似的联系和区别是什么？

第 6 章　普朗特边界层理论

我们所见到的流体流动状态大多为湍流，由于所接触的流体以水和空气为主，而水和空气的黏性系数均较小，和流体接触的固壁或者容器的特征尺度、特征流速不是很小的话，那么流体流动的雷诺数就会很大。如空调系统送风管道内的空气流动，空调水系统水管内冷水的流动，高速行驶的汽车外部气流的绕流运动等等，都是雷诺数很大的湍流流动。以管内湍流为例，管内断面大部分区域的流速分布较为均匀，速度梯度很小，为主体区，在这一区域内以惯性力为主，黏性力小到可以忽略；只有在靠近壁面的薄层内速度梯度很大，这一区域的黏性力和惯性力的大小相当，黏性力的作用不可忽略，这一薄层即为边界层，也称为湍流的黏性底层。边界层内产生的旋涡沿法向扩散，但遇到来流速度较大的主流通过对流作用将其带到流动的下游，使旋涡只局限于边界层内及其附近的主流区，主流区可视为无旋流动。这样可以把这种大雷诺数的流动分成两部分进行处理，即主流区视为理想流体的运动，采用势流理论求解，而边界层内的流动黏性不可忽略，但由于边界层很薄可以对运动方程进行简化处理，经过这样的两步简化处理，原来很难得到解析解的流体力学方程能得以应用，又不至于完全忽略黏性而得到和实际不符的结果。

6.1　边界层的概念

设一极薄平板(板厚 → 0)，顺流放置于均匀平行流动中，与未受扰动的来流流速 $\boldsymbol{U}$ 平行。按理想流体的无黏性流动考虑，极薄平板对均匀流动无影响，流体沿平板两侧流过，整个流场仍为流速为 $\boldsymbol{U}$ 的均匀平行流动。但实际流体是有黏性的，黏性流体流经平板时，紧靠板面的流体质点粘附在板上，平板表面流速为零。由于黏性作用，流体质点之间将存在内摩擦阻力，使平板两侧的流体逐渐减慢，形成壁面附近很大的流速梯度，此流动区域即为边界层，如图 6-1 所示。

通常定义当地流速 $\boldsymbol{u}_x(x,y)$ 等于 $0.99\boldsymbol{U}(x)$ 时的 y 值为边界层的厚度 δ，这样定义的边界层厚度也称为边界层的名义厚度。$\boldsymbol{U}(x)$ 为当地壁面处的势流速度。对于平板绕流而言，沿平板方向各点势流流速 $\boldsymbol{U}(x)=\boldsymbol{U}$。将沿平板边界层外缘点连接起来形成一条边界层的外缘线，如图 6-1 中虚线所示。

边界层的厚度 δ 随平板前缘的距离增加而增加，说明边界层厚度沿流程逐渐发展，即 $\delta=\delta(x)$。需要注意的是边界层外缘边线不是流线。流线上每一点的速度矢量和切线方向重合，而边界层边线是流速与来流相差 1% 的点的连线，两者性质不同，互不相关。实际上流线多与边界层边线相交，穿过它进入边界层。

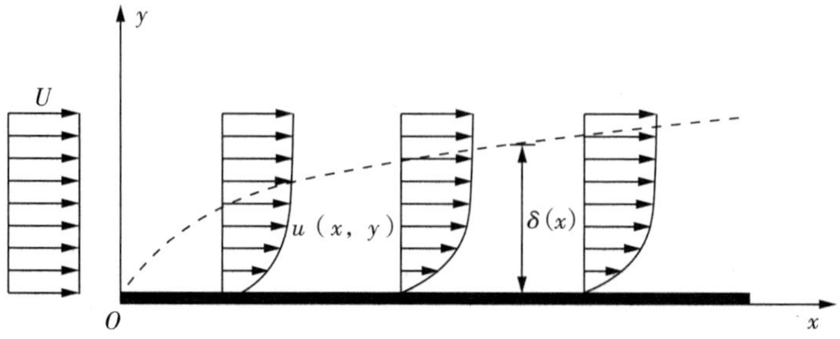

图 6-1　平板绕流

在边界层内，$y \leqslant \delta$，流速梯度$\frac{\partial \boldsymbol{u}_x}{\partial y}$较大，黏性力 $\boldsymbol{\tau}=\mu\frac{\partial \boldsymbol{u}_x}{\partial y}$不可忽略，黏性力与惯性力相当。惯性项 $\rho \boldsymbol{u}_x \frac{\partial \boldsymbol{u}_x}{\partial x}$ 具有 $\rho \boldsymbol{U}^2/L$ 的量级，黏性项 $\mu\frac{\partial \boldsymbol{u}_x}{\partial y}$ 具有 $\mu\frac{\boldsymbol{U}}{\delta^2}$ 的量级。因此，在边界层内，有 $\mu\frac{\boldsymbol{U}}{\delta^2}\sim\rho \boldsymbol{U}^2/L$ 从而有

$$\delta\sim\sqrt{\frac{\upsilon L}{\boldsymbol{U}}}=\frac{L}{\sqrt{Re}} \tag{6-1}$$

式中，$Re=\frac{\boldsymbol{U}L}{\upsilon}$ 称为流动雷诺数，L 为平板长度。

可见边界层厚度与雷诺数有关，雷诺数越大，边界层越薄。

为了确定距平板前端 x 点的边界层厚度，需要用 x 代替上式中的平板长 L，即

$$\delta\sim\sqrt{\frac{\upsilon x}{\boldsymbol{U}}}=\frac{x}{\sqrt{Re}} \tag{6-2}$$

式中，$Re_x=\frac{\boldsymbol{U}x}{\upsilon}$ 称为边界层流动的雷诺数，x 为沿流动方向自绕流物体前缘算起的距离。

由此可见边界层厚度是沿流程增加的，但是边界层名义厚度的定义并不严格。因为边界层内的流动趋于外部流动是渐近的而不是截然不同的，因此对二者的划分也是不确定的，具有一定的任意性。

6.2　普朗特边界层方程

6.2.1　方程推导

大雷诺数情形下的边界层流动有下面两个主要性质，即 ① 边界层的厚度 δ 较物体的特征长度 L 小得多，δ/L 是一小量；② 边界层内黏性力和惯性力同数量级。

设均匀流场中有一无限大平板，取直角坐标系，x 轴与平板重合，y 轴垂直于平板，在这个坐标系内写出黏性不可压缩流体的基本方程组为

$$\begin{cases}\dfrac{\partial \boldsymbol{u}}{\partial x}+\dfrac{\partial \boldsymbol{v}}{\partial y}=0\\\dfrac{\partial \boldsymbol{u}}{\partial t}+\boldsymbol{u}\dfrac{\partial \boldsymbol{u}}{\partial x}+\boldsymbol{v}\dfrac{\partial \boldsymbol{u}}{\partial y}=-\dfrac{1}{\rho}\dfrac{\partial p}{\partial x}+\upsilon\left(\dfrac{\partial^2 \boldsymbol{u}}{\partial x^2}+\dfrac{\partial^2 \boldsymbol{u}}{\partial y^2}\right)\\\dfrac{\partial \boldsymbol{v}}{\partial t}+\boldsymbol{u}\dfrac{\partial \boldsymbol{v}}{\partial x}+\boldsymbol{v}\dfrac{\partial \boldsymbol{v}}{\partial y}=-\dfrac{1}{\rho}\dfrac{\partial p}{\partial y}+\upsilon\left(\dfrac{\partial^2 \boldsymbol{v}}{\partial x^2}+\dfrac{\partial^2 \boldsymbol{v}}{\partial y^2}\right)\end{cases}\tag{6-3}$$

引入无量纲数 $\boldsymbol{u}'=\dfrac{\boldsymbol{u}}{\boldsymbol{U}}, v'=\dfrac{\boldsymbol{v}}{\boldsymbol{U}}, p'=\dfrac{p}{\rho \boldsymbol{U}^2}, x'=\dfrac{x}{L}, y'=\dfrac{y}{L}, t'=\dfrac{t\boldsymbol{U}}{L}$。

其中 $\boldsymbol{U}$ 是来流速度，L 是特征长度。将这些无量纲数表示的物理量代入式(6-3)，无量纲化后为

$$\begin{cases}\dfrac{\partial u'}{\partial x'}+\dfrac{\partial v'}{\partial y'}=0\\\dfrac{\partial u'}{\partial t'}+u'\dfrac{\partial u'}{\partial x'}+v'\dfrac{\partial u'}{\partial y'}=-\dfrac{\partial p'}{\partial x'}+\dfrac{1}{Re}\left(\dfrac{\partial^2 u'}{\partial x'^2}+\dfrac{\partial^2 u'}{\partial y'^2}\right)\\\dfrac{\partial v'}{\partial t'}+u'\dfrac{\partial v'}{\partial x'}+v'\dfrac{\partial v'}{\partial y'}=-\dfrac{\partial p'}{\partial y'}+\dfrac{1}{Re}\left(\dfrac{\partial^2 v'}{\partial x'^2}+\dfrac{\partial^2 v'}{\partial y'^2}\right)\end{cases}\tag{6-4}$$

采用 δ/L 作为量阶标准，在边界层内分析无量纲方程组的每一项的量级。

(1)u' 及其各阶导数的量阶

在边界层内 $\boldsymbol{u}$ 与 $\boldsymbol{U}$ 同量阶，因此，u' 与 1 同量阶，以 $u'\sim 1$ 表示。当 y' 由 0 变为 δ' 时，u' 由 0 变为与 1 同量阶的量，因此有 $\dfrac{\partial u'}{\partial y'}\sim\dfrac{1}{\delta'}$，同理 $\dfrac{\partial^2 u'}{\partial y'^2}\sim\dfrac{1}{\delta'^2}$。当 x' 由平板端点移动到与 1 同量阶的量时，u' 也变化为与 1 同量阶的量，因此 $\dfrac{\partial u'}{\partial x'}\sim 1$，同理有 $\dfrac{\partial^2 u'}{\partial x'^2}\sim 1$。

(2)v' 及其各阶导数的量阶

由连续性方程得出 $\dfrac{\partial v'}{\partial y'}=-\dfrac{\partial u'}{\partial x'}\sim 1$，于是有 $v'=\displaystyle\int_0^{y'}\dfrac{\partial v'}{\partial y'}\mathrm{d}y\sim\delta'$，也即 v' 和 δ' 同量阶。因此，有 $\dfrac{\partial v'}{\partial x'}\sim\delta'$，$\dfrac{\partial^2 v'}{\partial x'^2}\sim\delta'$，$\dfrac{\partial v'}{\partial y'}\sim 1$，$\dfrac{\partial^2 v'}{\partial y'^2}\sim\dfrac{1}{\delta'}$。由此可知，在边界层内 v' 比 u' 低一个量阶，它是一个 δ' 量阶的小量；对速度分量 u'、v' 而言，偏导数 $\dfrac{\partial}{\partial y'}$ 比偏导数 $\dfrac{\partial}{\partial x'}$ 高一量阶。

(3) $\dfrac{\partial u'}{\partial t'}$ 和 $\dfrac{\partial v'}{\partial t'}$ 的量阶

量阶为 $\dfrac{\partial u'}{\partial t'}\sim 1$，$\dfrac{\partial v'}{\partial t'}\sim\delta'$。

(4) $\dfrac{\partial p'}{\partial x'}$ 和 $\dfrac{\partial p'}{\partial y'}$ 的量阶

方程组中惯性力和黏性力是主动力，并且是同量阶的。压力梯度是被动力，其量阶由方

程中其他类型力中的最大量阶决定，因此有$\frac{\partial p'}{\partial x'} \sim 1$，$\frac{\partial p'}{\partial y'} \sim \delta'$。将量阶的分析结果写在无量纲方程组上，为

$$
\left\{
\begin{array}{l}
\dfrac{\partial u'}{\partial x'} + \dfrac{\partial v'}{\partial y'} = 0 \\
\qquad 1 \qquad 1 \\
\dfrac{\partial u'}{\partial t'} + u' \dfrac{\partial u'}{\partial x'} + v' \dfrac{\partial u'}{\partial y'} = -\dfrac{\partial p'}{\partial x'} + \dfrac{1}{Re}\left(\dfrac{\partial^2 u'}{\partial x'^2} + \dfrac{\partial^2 u'}{\partial y'^2}\right) \\
1 \quad 1 \quad 1 \quad \delta' \quad \dfrac{1}{\delta'} \qquad 1 \qquad\quad 1 \qquad \dfrac{1}{\delta'^2} \\
\dfrac{\partial v'}{\partial t'} + u' \dfrac{\partial v'}{\partial x'} + v' \dfrac{\partial v'}{\partial y'} = -\dfrac{\partial p'}{\partial y'} + \dfrac{1}{Re}\left(\dfrac{\partial^2 v'}{\partial x'^2} + \dfrac{\partial^2 v'}{\partial y'^2}\right) \\
\delta' \quad 1 \quad \delta' \quad \delta' \quad 1 \qquad \delta' \qquad\quad \delta' \qquad \dfrac{1}{\delta'}
\end{array}
\right. \tag{6-5}
$$

由黏性力和惯性力同量阶的假定，有$\frac{1}{Re\delta'^2} \sim 1$，因此，得出$\delta' \sim \frac{1}{\sqrt{Re}}$。从而表明边界层厚度与$\frac{1}{\sqrt{Re}}$同量阶，在大雷诺数情况下，边界层厚度$\delta$很小。根据方程组中各项的量阶，忽略其中的高阶小量，从而简化运动方程。

$\frac{\partial^2 u'}{\partial x'^2}$和$\frac{\partial^2 v'}{\partial x'^2}$的量阶较$\frac{\partial^2 u'}{\partial y'^2}$和$\frac{\partial^2 v'}{\partial y'^2}$低两个量阶，故可略去；由于$\frac{\partial p'}{\partial x'} \sim 1$，$\frac{\partial p'}{\partial y'} \sim \delta'$，因此，$\frac{\partial p'}{\partial y'}$比$\frac{\partial p'}{\partial x'}$低一个量阶，与$\frac{\partial p'}{\partial x'}$相比，可近似为

$$
\frac{\partial p'}{\partial y'} = 0 \tag{6-6}
$$

若将式(6-6)代回到y方向的动量方程，可知y方向动量方程的量阶$\sim \delta'$，大雷诺数时很小，较次要，可忽略不计。

因此，边界层内压力沿物面法线方向不发生变化，它等于边界层外部边界上的压力。根据理想流体理论，边界层外部边界上的压力分布是确定的，于是边界层内的压力函数p'变成了(x,t)的已知函数。如果我们认为p'是已知函数，取外流的值，就可以不用写出式(6-6)。

由此，得到下列简化方程

$$
\left\{
\begin{array}{l}
\dfrac{\partial u'}{\partial x'} + \dfrac{\partial v'}{\partial y'} = 0 \\
\dfrac{\partial u'}{\partial t'} + u' \dfrac{\partial u'}{\partial x'} + v' \dfrac{\partial u'}{\partial y'} = -\dfrac{\partial p'}{\partial x'} + \dfrac{1}{Re} \dfrac{\partial^2 u'}{\partial y'^2}
\end{array}
\right. \tag{6-7}
$$

再将其置换为有量纲形式为

$$\begin{cases} \dfrac{\partial \boldsymbol{u}}{\partial x}+\dfrac{\partial \boldsymbol{v}}{\partial y}=0 \\ \dfrac{\partial \boldsymbol{u}}{\partial t}+\boldsymbol{u}\dfrac{\partial \boldsymbol{u}}{\partial x}+\boldsymbol{v}\dfrac{\partial \boldsymbol{u}}{\partial y}=-\dfrac{1}{\rho}\dfrac{\partial p}{\partial x}+\upsilon\dfrac{\partial^2 \boldsymbol{u}}{\partial y^2} \end{cases} \tag{6-8}$$

即普朗特边界层方程。

6.2.2　边界条件和初始条件

普朗特边界层方程的边界条件为 ① 在固壁处 $y=0$，满足无滑移边界条件，即 $\boldsymbol{u}=\boldsymbol{v}=0$；② 在边界层外部边界 $y=\delta$ 上，$\boldsymbol{u}=\boldsymbol{U}(x)$，$\boldsymbol{U}(x)$ 是边界层外部边界上外流的速度分布。由于边界层趋近于来流的性质，也可以写为 $y\to\infty$，$\boldsymbol{u}=\boldsymbol{U}(x)$。

初始条件为 $t=t_0$ 时，给出速度函数 $\boldsymbol{u}$ 及 $\boldsymbol{v}$。

普朗特认为边界层边线上的压力分布等于边界层内的压力分布，就是理想流体绕原物体流动中物面上的压力分布，而理想流体运动方程在物面表示为下式

$$\frac{\partial \boldsymbol{U}}{\partial t}+\boldsymbol{U}\frac{\partial \boldsymbol{U}}{\partial x}=-\frac{1}{\rho}\frac{\partial p}{\partial x} \tag{6-9}$$

于是普朗特边界层方程也可写为

$$\begin{cases} \dfrac{\partial \boldsymbol{u}}{\partial x}+\dfrac{\partial \boldsymbol{v}}{\partial y}=0 \\ \dfrac{\partial \boldsymbol{u}}{\partial t}+\boldsymbol{u}\dfrac{\partial \boldsymbol{u}}{\partial x}+\boldsymbol{v}\dfrac{\partial \boldsymbol{u}}{\partial y}=\dfrac{\partial \boldsymbol{U}}{\partial t}+\boldsymbol{U}\dfrac{\partial \boldsymbol{U}}{\partial x}+\upsilon\dfrac{\partial^2 \boldsymbol{u}}{\partial y^2} \end{cases} \tag{6-10}$$

边界条件及初始条件为：在固壁处 $y=0$ 时，$\boldsymbol{u}=\boldsymbol{v}=0$；在 $y=\delta$ 或 $y\to\infty$ 时，$\boldsymbol{u}=\boldsymbol{U}(x)$；在 $t=t_0$ 时，给出速度函数 $\boldsymbol{u}$ 及 $\boldsymbol{v}$。

6.3　边界层方程的相似解

如果把边界层内任一断面的流速分布 $\boldsymbol{u}(x,y)$ 用相应的尺度无量纲化后，其无量纲的流速分布具有相同的形式，就称边界层的解是相似的。如果以当地势流流速 $\boldsymbol{U}(x)$ 为速度 $\boldsymbol{u}(x,y)$ 的尺度因子，边界层厚度 $\delta(x)$ 为坐标 y 的尺度因子，则在无量纲坐标 $y/\delta(x)$ 上表示的无量纲速度分布 $\boldsymbol{u}/\boldsymbol{U}(x)$ 对于不同的 x 将完全相同，可以表示为

$$\frac{\boldsymbol{u}\left[x_1,\dfrac{y}{\delta(x_1)}\right]}{\boldsymbol{U}(x_1)}=\frac{\boldsymbol{u}\left[x_2,\dfrac{y}{\delta(x_2)}\right]}{\boldsymbol{U}(x_2)} \tag{6-11}$$

可知，相似性解只依赖于无量纲数 $y/\delta(x)$。如果以 $y/\delta(x)$ 为自变量，原来的偏微分方程将转化为常微分方程，使数学问题得到简化容易求解。但是相似性解只有单一的加速型或减速型的速度分布时才存在，当外流的分布具有幂次形式 $\boldsymbol{U}=cx^m$ 或指数形式 $\boldsymbol{U}=ce^{mx}$ 时，

边界层方程的解一定相似。而半无限长平板的层流边界层相当于幂次形式中的 $m=0$，其解首先由德国科学家布拉休斯进行了研究。无限空间中均匀气流以速度 $\boldsymbol{U}$ 沿板面方向定常流过一个半无穷长且厚度近似为零的平板。在物面上产生了一层薄边界层，取直角坐标系的原点与平板前缘重合，x 轴沿来流方向，y 轴垂直平板见图 6-2。

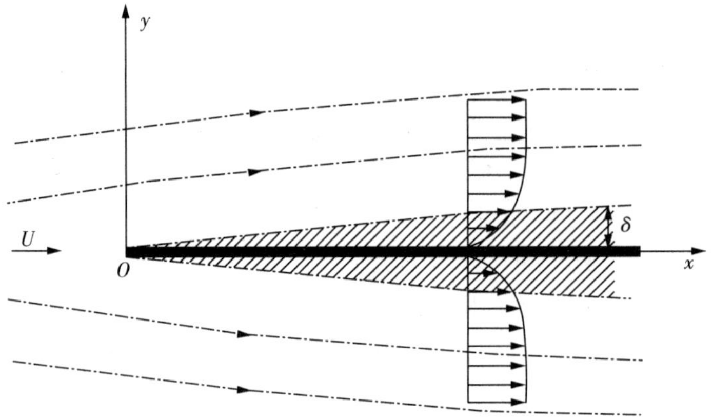

图 6-2　绕流平板的边界层

平板没有厚度，当理想流体沿平板方向流过平板时，平板对流动没有扰动。因此，外流的速度场是均匀的且等于来流速度 $\boldsymbol{U}$，根据伯努利定理，压力也均匀，有 $p=$ 常数，$\mathrm{d}p/\mathrm{d}x=0$。假设绕流为等速常压，普朗特边界层方程为下列形式

$$\begin{cases} \dfrac{\partial \boldsymbol{u}}{\partial x}+\dfrac{\partial \boldsymbol{v}}{\partial y}=0 \\ \boldsymbol{u}\dfrac{\partial \boldsymbol{u}}{\partial x}+\boldsymbol{v}\dfrac{\partial \boldsymbol{u}}{\partial y}=\upsilon\dfrac{\partial^2 \boldsymbol{u}}{\partial y^2} \end{cases} \tag{6-12}$$

引入流函数 $\boldsymbol{u}=\dfrac{\partial \psi}{\partial y}, \boldsymbol{v}=-\dfrac{\partial \psi}{\partial x}$，流函数满足连续性方程，动量方程变为

$$\frac{\partial \psi}{\partial y}\frac{\partial^2 \psi}{\partial x \partial y}-\frac{\partial \psi}{\partial x}\frac{\partial^2 \psi}{\partial y^2}=\upsilon\frac{\partial^3 \psi}{\partial y^3} \tag{6-13}$$

通过引入流函数，可以用一个流函数替代两个速度分量函数 $\boldsymbol{u}$ 及 $\boldsymbol{v}$，使两个偏微分方程缩减为一个。

将此方程无量纲化，令 $x=Lx'$，$y=\dfrac{L}{\sqrt{Re}}y'$，$\boldsymbol{u}=\boldsymbol{U}u'$，$v=\dfrac{\boldsymbol{U}}{\sqrt{Re}}v'$，$\psi=\sqrt{\upsilon \boldsymbol{U}L}\,\psi'$，则得到

$$\frac{\partial \psi'}{\partial y'}\frac{\partial^2 \psi'}{\partial x' \partial y'}-\frac{\partial \psi'}{\partial x'}\frac{\partial^2 \psi'}{\partial y'^2}=\frac{\partial^3 \psi'}{\partial y'^3} \tag{6-14}$$

无量纲流函数只依赖于无量纲坐标 x'，y'，$\psi'=\psi'(x', y')$，将其转换到有量纲形式中，为

$$\psi=\sqrt{\upsilon \boldsymbol{U}L}\,\psi'\left(\frac{x}{L}, y\sqrt{\frac{\boldsymbol{U}}{\upsilon L}}\right) \tag{6-15}$$

由于半无限长平板没有特征长度，最后的解中不应出现 L，自变量以下列组合出现

$$\eta=\frac{\sqrt{y'}}{\sqrt{x'}}=\frac{y\sqrt{\frac{\boldsymbol{U}}{\upsilon L}}}{\sqrt{\frac{x}{L}}}=y\sqrt{\frac{\boldsymbol{U}}{\upsilon x}} \tag{6-16}$$

而依赖于 η 的函数则以乘积形式表示为

$$\frac{\psi'}{\sqrt{x'}}=\frac{\psi}{\sqrt{\upsilon \boldsymbol{U} L}}=\frac{1}{\sqrt{\frac{x}{L}}}=\frac{\psi}{\sqrt{\upsilon \boldsymbol{U} x}} \tag{6-17}$$

因此，无量纲流函数为

$$\psi'=\sqrt{x'}f\left(\frac{y'}{\sqrt{x'}}\right) \tag{6-18}$$

$$\psi=\sqrt{\upsilon \boldsymbol{U} x}\,f\left(y\sqrt{\frac{\boldsymbol{U}}{\upsilon x}}\right) \tag{6-19}$$

也可写为

$$\psi=\sqrt{\upsilon \boldsymbol{U} x}\,f(\eta) \tag{6-20}$$

其中 $\eta=y\sqrt{\frac{\boldsymbol{U}}{\upsilon x}}$。流函数 ψ 对 y 求导，有

$$\boldsymbol{u}=\frac{\partial\psi}{\partial y}=\sqrt{\upsilon \boldsymbol{U} x}\sqrt{\frac{\boldsymbol{U}}{\upsilon x}}f'=\boldsymbol{U}f'(\eta) \tag{6-21}$$

即 $\frac{\boldsymbol{u}}{\boldsymbol{U}}=f'(\eta)$ 或 $\frac{\boldsymbol{u}}{\boldsymbol{U}}=F\left[\frac{y}{\delta(x)}\right]$。

计算 ψ 的各级导数有

$$\frac{\partial\psi}{\partial y}=\boldsymbol{U}f'(\eta) \tag{6-22}$$

$$\frac{\partial^2\psi}{\partial y^2}=\boldsymbol{U}\sqrt{\frac{\boldsymbol{U}}{\upsilon x}}f''(\eta) \tag{6-23}$$

$$\frac{\partial^3\psi}{\partial y^3}=\frac{\boldsymbol{U}^2}{\upsilon x}f'''(\eta) \tag{6-24}$$

$$\frac{\partial\psi}{\partial x}=\frac{1}{2}\sqrt{\frac{\upsilon \boldsymbol{U}}{x}}[f(\eta)-\eta f'(\eta)] \tag{6-25}$$

$$\frac{\partial^2\psi}{\partial x\partial y}=-\frac{1}{2}\frac{\boldsymbol{U}}{x}\eta f''(\eta) \tag{6-26}$$

从而有

$$2f''' + ff'' = 0 \tag{6-27}$$

边界条件为 $\eta=0$ 时，$f=f'=0$；$\eta=\infty$ 时，$f'=1$。

$f(\eta)$ 所满足的方程(6-27)是一个非线性的三阶常微分方程，虽然形式简单，但却无法找出封闭形式的分析解，布拉休斯采用了级数衔接法近似地求出了解。

布位休斯将解在 $\eta=0$ 附近写为级数形式，并找出在 $\eta=\infty$ 附近的渐近展开式，然后将两个解衔接起来。将 $f(\eta)$ 在 $\eta=0$ 附近写为泰勒级数

$$f(\eta) = \sum_{n=0}^{\infty} \frac{f^{(n)}(0)}{n!}\eta^n \tag{6-28}$$

从而有

$$f^{(3k)}(0) = 0 \tag{6-29}$$

$$f^{(3k+1)}(0) = 0 \tag{6-30}$$

$$f^{(3k+2)}(0) = \left(-\frac{1}{2}\right)^k C_k \alpha^{k+2} \tag{6-31}$$

式中，$\alpha = f''(0)$，$C_k = \sum\limits_{r=0}^{k-1} \binom{3k-1}{3r} C_{k-r-1} C_r$。

将式(6-29)～式(6-31)代入式(6-28)，为

$$f(\eta) = \sum_{k=0}^{\infty} \left(-\frac{1}{2}\right)^k \frac{C_k \alpha^{k+1}}{(3k+2)!}\eta^{3k+2} \tag{6-32}$$

式中系数 $C_k(k \geqslant 1)$ 可由 $C_0=1$ 根据式(6-31)逐次求得，如 $C_0=1, C_1=1, C_2=11, \cdots$。

式(6-32)中的系数 $\alpha=f''(0)$ 暂时还未确定，它可由 $\eta=\infty$ 时，$f'=1$ 的条件给出。实际计算时级数式(6-32)在 $\eta<2$ 时收敛得快，比较适用，但 $\eta>2$ 时收敛慢，计算不准确。因此，写出 $f(\eta)$ 在 η 值较大时的渐近展开式为

$$f = \eta - \beta + \gamma \int_{\infty}^{\eta} \mathrm{d}\eta \int_{\infty}^{\eta} e^{\frac{-(\mu-\beta)^2}{4}} \tag{6-33}$$

为了得到在整个区域内成立的 $f(\eta)$，须将级数(6-32)和渐近展开式(6-33)联系起来，三个常数 α,β,γ 确定的两种衔接方法如下：

(1) 选出两个解都合用的某点 $\eta=\eta_1$，在此点上令两者的 f, f', f'' 相等，从而得到 α,β,γ，根据这种方法，布拉休斯计算得到 $\alpha=0.332, \beta=1.73, \gamma=0.231$；

(2) 选出两个解都适用的三点，在这三点上令两者的 f 相等，由此确定 α,β,γ。

6.4　边界层动量积分方程

边界层方程虽然比 N－S 方程简单，但仍然是非线性的，在平板、楔形物、源流等少数流动中才能得到相似性的准确解，而工程中遇到的情况大多是任意翼形的绕流问题，此时直接积分普朗特边界层方程相当困难。因此，卡门首先提出了动量积分方法，基本思想为用一个只依赖于 x 的单参数函数代替真实速度分布 $\boldsymbol{u}(x,y)$。为了确定上述参数和坐标 x 的关系，卡门利用动量积分，既可以用动量定理求出，也可以通过沿边界层厚度方向积分普朗特边界层方程得到。也就是不要求每个流体质点均满足边界层方程，而只要求平均地，总体地满足沿边界层厚度的动量积分关系。解出常微分方程后得到参数和 x 的关系，于是速度分布也就完全知道，据此可计算各种感兴趣的物理量。

6.4.1　卡门动量积分方程

(1) 位移厚度(排挤厚度)

理想流体流过曲面物体(或平板)时流线 Ⅱ 如图 6－3 所示。如果考虑黏性流体绕曲面(或平板)的流动，则在物面处有一薄边界层。在边界层内由于壁面黏性作用，流速减小，为了保证通过流管的流量相等，流线必须向外偏移。此外，由于边界层存在，流线向外偏移排挤了外流，从而对外流发生作用，于是边界层外理想流体的绕流形状已和没有边界层时有所不同，流线亦将向外偏移。只有在无穷远处，因边界层对外流的影响逐渐消失，流线仍处在原来的位置，没有变化。黏性流体情形的流线形状如图中 Ⅲ 所示。

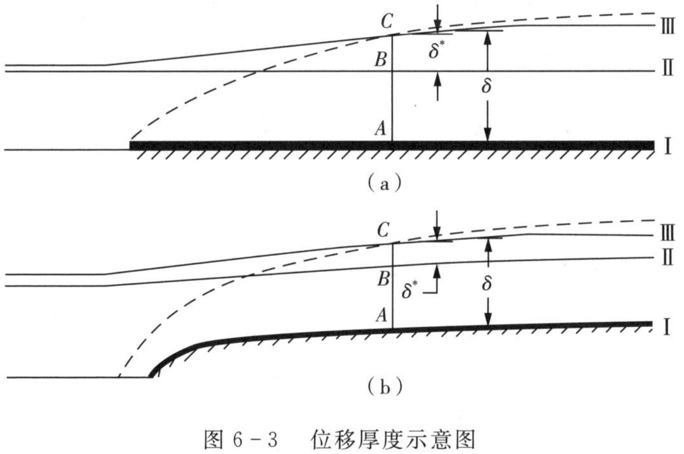

图 6－3　位移厚度示意图

现在计算边界层边界上流线偏移了多少，显然，理想流体通过流管 Ⅰ ～ Ⅱ 的流量和黏性流体通过流管 Ⅰ ～ Ⅲ 的流量是相等的。在流线 Ⅲ 和边界层边界线相交的截面上，理想流体通过 AB 的流量为

$$\boldsymbol{U}(\delta-\delta^{*})\tag{6-34}$$

其中 δ 为边界层厚度，δ^* 为理想流线被排挤出去的距离。因 AB 非常短，理想流动的速度 $\boldsymbol{U}$ 可认为是常数，取壁面上的值。此外，黏性流体通过 AC 的流量为

$$\int_0^\delta \boldsymbol{u}\mathrm{d}y \tag{6-35}$$

令式(6-34)和式(6-35)相等得

$$\boldsymbol{U}(\delta-\delta^*)=\int_0^\delta \boldsymbol{u}\mathrm{d}y \tag{6-36}$$

$$有\ \boldsymbol{U}\delta^*=\int_0^\delta (\boldsymbol{U}-\boldsymbol{u})\mathrm{d}y \tag{6-37}$$

$$\delta^*=\int_0^\delta \left(1-\frac{\boldsymbol{u}}{\boldsymbol{U}}\right)\mathrm{d}y \tag{6-38}$$

若黏性流体渐近趋于理想流体，则 $\delta\rightarrow\infty$，于是边界层外部流线的偏移为

$$\delta^*=\int_0^\infty \left(1-\frac{\boldsymbol{u}}{\boldsymbol{U}}\right)\mathrm{d}y \tag{6-39}$$

从而得

$$\delta^*=\int_0^{\delta,\infty} \left(1-\frac{\boldsymbol{u}}{\boldsymbol{U}}\right)\mathrm{d}y \tag{6-40}$$

表示理想流体的流线在边界层外部边界上由于黏性作用向外偏移的距离，称为位移厚度或排挤厚度。

(2) 动量损失厚度

在流线 Ⅲ 和边界层外部边界相交的界面上，理想流体通过流管 Ⅰ、Ⅱ 的动量为

$$\rho\boldsymbol{U}^2(\delta-\delta^*) \tag{6-41}$$

而在同一截面黏性流体通过流管 Ⅰ、Ⅱ 的动量为

$$\int_0^\delta \rho\boldsymbol{u}^2\mathrm{d}y \tag{6-42}$$

于是在流量相同的流管中，由于黏性作用，动量的损失为

$$\rho\boldsymbol{U}^2(\delta-\delta^*)-\int_0^\delta \rho\boldsymbol{u}^2\mathrm{d}y \tag{6-43}$$

由式(6-36)、式(6-43)改写为

$$\rho\boldsymbol{U}^2(\delta-\delta^*)-\int_0^\delta \rho\boldsymbol{u}^2\mathrm{d}y=\int_0^\delta \rho\boldsymbol{u}(\boldsymbol{U}-\boldsymbol{u})\mathrm{d}y \tag{6-44}$$

这样的动量损失如果以理想流体的动量 $\rho\boldsymbol{U}^2$ 向前流去，所需要的厚度为

$$\frac{1}{\rho\boldsymbol{U}^2}\int_0^\delta \rho\boldsymbol{u}(\boldsymbol{U}-\boldsymbol{u})\mathrm{d}y=\int_0^\delta \frac{\boldsymbol{u}}{\boldsymbol{U}}\left(1-\frac{\boldsymbol{u}}{\boldsymbol{U}}\right)\mathrm{d}y \tag{6-45}$$

这就是动量损失厚度 δ^{**}，若 $\delta \to \infty$，则有

$$\delta^{**}=\int_0^{\delta} \frac{\boldsymbol{u}}{\boldsymbol{U}}\left(1-\frac{\boldsymbol{u}}{\boldsymbol{U}}\right) \mathrm{d}y \tag{6-46}$$

这里 δ^{**}，δ^{*} 和 δ 同数量级，且 δ^{**}，δ^{*} 小于 δ，分别为 δ 的 1/3 和 1/8。

(3) 卡门动量积分方程

二维定常流动的普朗特边界层方程为

$$\begin{cases} \dfrac{\partial \boldsymbol{u}}{\partial x}+\dfrac{\partial \boldsymbol{v}}{\partial y}=0 \\ \boldsymbol{u} \dfrac{\partial \boldsymbol{u}}{\partial x}+\boldsymbol{v} \dfrac{\partial \boldsymbol{u}}{\partial y}=\boldsymbol{U} \dfrac{\mathrm{d} \boldsymbol{U}}{\mathrm{d} x}+\upsilon \dfrac{\partial^2 \boldsymbol{u}}{\partial y^2} \end{cases} \tag{6-47}$$

将连续性方程乘以 $\boldsymbol{u}$ 并和动量方程相加得

$$\frac{\partial \boldsymbol{u}^2}{\partial x}+\frac{\partial \boldsymbol{u v}}{\partial y}=\boldsymbol{U} \frac{\mathrm{d} \boldsymbol{U}}{\mathrm{d} x}+\upsilon \frac{\partial^2 \boldsymbol{u}}{\partial y^2} \tag{6-48}$$

将连续性方程改为

$$\frac{\partial \boldsymbol{U u}}{\partial x}+\frac{\partial \boldsymbol{U v}}{\partial y}=\boldsymbol{u} \frac{\mathrm{d} \boldsymbol{U}}{\mathrm{d} x} \tag{6-49}$$

两式相减得

$$\frac{\partial}{\partial x}[\boldsymbol{u}(\boldsymbol{U}-\boldsymbol{u})]+\frac{\partial}{\partial y}[\boldsymbol{v}(\boldsymbol{U}-\boldsymbol{u})]+(\boldsymbol{U}-\boldsymbol{u}) \frac{\mathrm{d} \boldsymbol{U}}{\mathrm{d} x}=-\upsilon \frac{\partial^2 \boldsymbol{u}}{\partial y^2} \tag{6-50}$$

将上式对 y 积分，得

$$\int_0^{\delta,\infty} \frac{\partial}{\partial x}[\boldsymbol{u}(\boldsymbol{U}-\boldsymbol{u})] \mathrm{d} y+[\boldsymbol{v}(\boldsymbol{U}-\boldsymbol{u})\Big|_0^{\delta,\infty}+\frac{\mathrm{d} \boldsymbol{U}}{\mathrm{d} x} \int_0^{\delta,\infty}(\boldsymbol{U}-\boldsymbol{u}) \mathrm{d} y=-\upsilon \frac{\partial \boldsymbol{u}}{\partial y}\Big|_0^{\delta,\infty} \tag{6-51}$$

由 $y=\delta,\infty$ 时，$\boldsymbol{u}=\boldsymbol{U}$，$\dfrac{\partial \boldsymbol{u}}{\partial y}=0$；$y=0$，$\boldsymbol{u}=\boldsymbol{v}=0$，得出

$$[\boldsymbol{v}(\boldsymbol{U}-\boldsymbol{u})]\Big|_0^{\delta,\infty}=0,-\upsilon \frac{\partial \boldsymbol{u}}{\partial y}\Big|_0^{\delta,\infty}=\upsilon\left(\frac{\partial \boldsymbol{u}}{\partial y}\right) y=0 \qquad 6-52)$$

又因

$$\int_0^{\infty} \frac{\partial}{\partial x}[\boldsymbol{u}(\boldsymbol{U}-\boldsymbol{u})] \mathrm{d} y=\frac{\mathrm{d}}{\mathrm{d} x} \int_0^{\infty} \boldsymbol{u}(\boldsymbol{U}-\boldsymbol{u}) \mathrm{d} y \tag{6-53}$$

$$\begin{aligned} \int_0^{\delta} \frac{\partial}{\partial x}[\boldsymbol{u}(\boldsymbol{U}-\boldsymbol{u})] \mathrm{d} y &=\frac{\mathrm{d}}{\mathrm{d} x} \int_0^{\delta} \boldsymbol{u}(\boldsymbol{U}-\boldsymbol{u}) \mathrm{d} y-[\boldsymbol{u}(\boldsymbol{U}-\boldsymbol{u})]_{y=\delta} \frac{\mathrm{d} \delta}{\mathrm{d} x} \\ &=\frac{\mathrm{d}}{\mathrm{d} x} \int_0^{\delta} \boldsymbol{u}(\boldsymbol{U}-\boldsymbol{u}) \mathrm{d} y \end{aligned} \tag{6-54}$$

式(6-51) 改写为

$$\frac{\mathrm{d}}{\mathrm{d}x}\int_0^{\delta,\infty}\boldsymbol{u}(\boldsymbol{U}-\boldsymbol{u})\mathrm{d}y+\frac{\mathrm{d}\boldsymbol{U}}{\mathrm{d}x}\int_0^{\delta,\infty}(\boldsymbol{U}-\boldsymbol{u})\mathrm{d}y=\upsilon\left(\frac{\partial\boldsymbol{u}}{\partial y}\right)_{y=0} \tag{6-55}$$

根据位移厚度和动量损失厚度的定义，令

$$\boldsymbol{\tau}_{\mathrm{w}}=\upsilon\left(\frac{\partial\boldsymbol{u}}{\partial y}\right)y=0 \tag{6-56}$$

式(6－55)简写为

$$\frac{\mathrm{d}}{\mathrm{d}x}(\boldsymbol{U}^2\delta^{**})+\boldsymbol{U}\frac{\mathrm{d}\boldsymbol{U}}{\mathrm{d}x}\delta^{*}=\frac{\boldsymbol{\tau}_{\mathrm{w}}}{\rho} \tag{6-57}$$

展开后得

$$\frac{\mathrm{d}\delta^{**}}{\mathrm{d}x}+\frac{1}{\boldsymbol{U}}\frac{\mathrm{d}\boldsymbol{U}}{\mathrm{d}x}(2\delta^{**}+\delta^{*})=\frac{\tau_{\mathrm{w}}}{\rho\boldsymbol{U}^2} \tag{6-58}$$

若令 $H=\dfrac{\delta^{*}}{\delta^{**}}$，式(6－58)也可写为

$$\frac{\mathrm{d}\delta^{**}}{\mathrm{d}x}+\frac{\delta^{**}}{\boldsymbol{U}}\frac{\mathrm{d}\boldsymbol{U}}{\mathrm{d}x}(2+H)=\frac{\tau_{\mathrm{w}}}{\rho\boldsymbol{U}^2} \tag{6-59}$$

即卡门动量积分方程。

6.4.2 平板边界层近似解

平板边界层具有相似性解，因此 $\boldsymbol{u}/\boldsymbol{U}$ 只依赖于 $\eta=y/\delta$，即 $\boldsymbol{u}/\boldsymbol{U}=f(\eta)$。为了和真实剖面吻合，需选取 $f(\eta)$ 的逼近函数，考虑条件 $y=0$ 时，$\boldsymbol{u}=0,\dfrac{\partial^2\boldsymbol{u}}{\partial y^2}=0,\dfrac{\partial^3\boldsymbol{u}}{\partial y^3}=0,\cdots$；$y=\delta$ 时，$\boldsymbol{u}=\boldsymbol{U}$，$\dfrac{\partial\boldsymbol{u}}{\partial y}=0,\dfrac{\partial^2\boldsymbol{u}}{\partial y^2}=0,\cdots$。通常取多项式 $\sum_0^n a_n\eta^n$ 逼近 $f(\eta)$，其中的 n 个系数 a_n 的确定方法为选取条件中最重要的 n 个边界条件，令多项式函数满足它们，得到 n 个代数方程，把它们解出来即得 a_n，下面以一次到四次多项式和三角函数为例写出逼近函数。

(1) 线性多项式 $f(\eta)=a\eta+b$

由 $f(0)=0,f(1)=1$，得出 $a=1,b=0$，于是有 $f(\eta)=\eta$。

(2) 二次多项式 $f(\eta)=a\eta^2+b\eta+c$

由 $f(0)=0,f(1)=1,f'(1)=0$，得出 $a=-1,b=2,c=0$，于是有 $f(\eta)=2\eta-\eta^2$。

(3) 三次多项式 $f(\eta)=a\eta^3+b\eta^2+c\eta+d$

由 $f(0)=0,f(1)=1,f''(0)=0,f'(1)=0$，得出 $a=-1/2,b=0,c=3/2,d=0$，于是有 $f(\eta)=3/2\eta-1/2\eta^3$。

(4) 四次多项式 $f(\eta)=a\eta^4+b\eta^3+c\eta^2+\mathrm{d}\eta+e$

由 $f(0)=0,f(1)=1,f''(0)=0,f'(1)=0,f''(1)=0$，得出 $a=1,b=-2,c=0,d=2,e=0$ 于是有 $f(\eta)=2\eta-2\eta^3+\eta^4$。

(5) $f(\eta)=\sin\frac{\pi}{2}\eta$

其满足三次多项式的条件。

η 中还包含边界层厚度 δ，是 x 的函数，因此还需确定参数 δ 和 x 的关系。

$\delta(x)$ 的确定由卡门动量方程，有

$$\frac{\mathrm{d}\delta^{**}}{\mathrm{d}x}=\frac{\boldsymbol{\tau}_w}{\rho\boldsymbol{U}^2} \tag{6-60}$$

其中

$$\delta^{**}=\int_0^\delta\frac{\boldsymbol{u}}{\boldsymbol{U}}\left(1-\frac{\boldsymbol{u}}{\boldsymbol{U}}\right)\mathrm{d}y,\boldsymbol{\tau}_w=\mu\left(\frac{\partial\boldsymbol{u}}{\partial y}\right)y=0 \tag{6-61}$$

速度分布写为

$$\frac{\boldsymbol{u}}{\boldsymbol{U}}=f(\eta) \tag{6-62}$$

其中 $f(\eta)$ 是选定的 η 的已知函数，它的形式可以是 $\eta, 2\eta-\eta^2, 3/2\eta-1/2\eta^3, 2\eta-2\eta^3+\eta^4$；$\sin\frac{\pi}{2}\eta$ 中任何一个，将速度分布式(6-62)代入式(6-61)和位移厚度式(6-40)得

$$\delta^*=\delta\int_0^1(1-f)\mathrm{d}\eta=\gamma\delta \tag{6-63}$$

$$\delta^{**}=\delta\int_0^1 f(1-f)\mathrm{d}y=\alpha\delta \tag{6-64}$$

$$\frac{\boldsymbol{\tau}_\mathrm{w}}{\rho}=\frac{\upsilon\boldsymbol{U}}{\delta}\left[\frac{\partial(\boldsymbol{u}/\boldsymbol{U})}{\partial(y/\delta)}\right]y=0=\frac{\upsilon\boldsymbol{U}}{\delta}f'(0)=\frac{\upsilon\boldsymbol{U}}{\delta}\beta \tag{6-65}$$

令

$$\gamma=\int_0^1(1-f)\mathrm{d}\eta,\alpha=\int_0^1(1-f)\mathrm{d}\eta,\beta=f'(0) \tag{6-66}$$

若 f 的具体形式确定后，即可由式(6-66)求出相应的系数。将式(6-64)和式(6-65)代入式(6-60)得出

$$\alpha\frac{\mathrm{d}\delta}{\mathrm{d}x}=\frac{\upsilon}{\delta\boldsymbol{U}}\beta \tag{6-67}$$

于是 $\delta(x)$ 的常微分方程为

$$\delta\frac{\mathrm{d}\delta}{\mathrm{d}x}=\frac{\beta}{\alpha}\frac{\upsilon}{\boldsymbol{U}} \tag{6-68}$$

解为

$$\delta(x)=\sqrt{\frac{2\beta}{\alpha}}\sqrt{\frac{\upsilon x}{\boldsymbol{U}}} \tag{6-69}$$

$\delta(x)$ 的形式和准确解完全一样，只是系数不同。

6.5 思考题

(1) 引入边界层概念后，绕物体流动的流场划分为怎样的两个流动区域，对求解黏性流体高雷诺数绕流问题有什么意义？

(2) 影响边界层厚度的因素有哪些？

(3) 为什么高雷诺数的绕物体流动，黏性的影响只局限于物体表面一薄层范围内，而外部流动可以作为理想流体来处理？

(4) 边界层内流线为什么会出现偏移？

(5) 简述边界层排挤厚度和动量损失厚度的物理意义。

(6) 卡门边界层动量积分方程适用的条件是什么，求解需要补充什么条件？

(7) 边界层的边界线是不是流线？为什么？

(8) 边界层理论在流体力学相关的工程应用中有何意义？

第 7 章　湍流基础理论

7.1　湍流现象及其数学表述

7.1.1　湍流的基本特征

实验观察结果揭示，当流体系统的 Reynolds 数低于某临界值时，流动状态呈现出平滑有序的特征，各相邻流体层间遵循规律有序地移动，此现象定义为层流(laminar flow)。相反，若 Reynolds 数超过该临界值时，流动特性则经历一系列复杂的变化，最终导致流动特征的本质变化，流动呈现一种无序的混乱状态。即便外部边界条件维持恒定，流动依然表现出不稳定特性，其中速度等流体运动参数呈现出随机性变化，此种流动模式被称作湍流(turbulent flow)。

图 7-1 展示的是湍流状态下一个特定点随时间变化的速度特性，从中明显观察到速度值呈现出强烈的波动性，这是湍流特有的现象。这种脉动不仅体现在速度上，也直接关联到其他流体特性，比如压力，其波动幅度的增加对工程设计领域构成了重要挑战。在结构工程中，风载是决定建筑物稳定性和安全性的关键因素之一。当风引起的流体速度呈现脉动性质时，建筑物表面所承受的压力也随之脉动，导致瞬时风载增大。这种不稳定的载荷可能超过静态设计载荷，引发建筑物结构的有害振动，影响其长期安全性和居住者的舒适度。因此，工程师在设计时必须考虑这些动态效应，确保结构能够抵御由湍流引起的额外负载。

对于水力机械如水轮机的设计，流体速度和压力的脉动同样至关重要。特别地，当压力脉动达到其负向峰值时，局部压力降低可能低于流体的饱和蒸气压力，从而引发空化现象。空化是指液体内部形成蒸汽泡，随后在高压区域迅速消失的过程。它不仅会损害水轮机叶片等部件，还会产生噪声、降低效率并可能引起设备结构的疲劳损伤。因此，在水轮机设计中，有效预测和缓解由于脉动压力导致的空化风险是极其重要的。

从物理结构上看，湍流的特征在于其内部蕴含的旋转流动结构——涡流(或称涡，专业术语为“turbulent eddies”)，这些涡流叠加形成多尺度、随机分布的复杂动态系统。从宏观审视，湍流可视为一系列不同大小涡旋的集合，它们的尺度跨度极大，从接近流场整体尺寸的大涡旋，到仅为流场千分之一的小涡旋，均涵盖在内。大涡旋主要由流体的惯性和外部边界条件塑造，对低频脉动现象起主导作用；而小涡旋则更多地受到流体黏性力的制约，是高频脉动的根源。这一系统中，大涡旋不断碎裂产生更小涡旋，小涡旋继而分裂成更微小的结

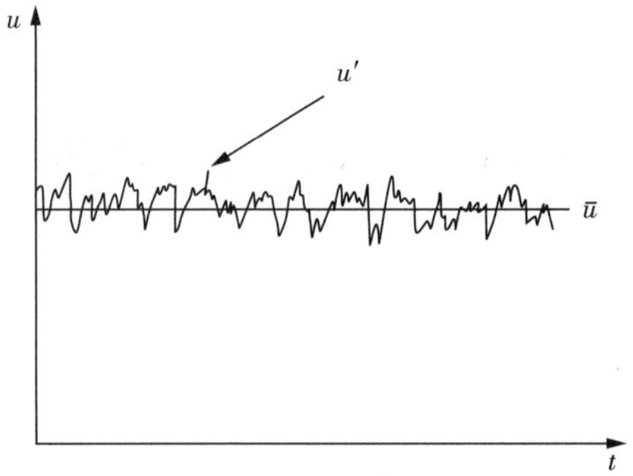

图 7-1　湍流某特定点的实测速度

构，形成了能量从大到小逐级传递的动态链条，直至在微观层面因黏性耗散为热能而终结。与此同时，边界效应、初始扰动和速度梯度的相互作用不断催生新的涡旋生成，维持了湍流的持续演变。因此，流场中涡旋的尺度多样性与随机性共同造就了湍流的核心特征 —— 物理量（如速度、压力）的显著脉动，如图 7-1 所直观展示的那样。简而言之，湍流的这种多层次涡旋结构及其能量传递和耗散机制，构成了其复杂动态和不可预测性的物理基础。

7.1.2　湍流的基本方程组

一般情况下，对于湍流瞬时运动的描述，非稳态的连续方程和 Navier - Stokes 方程仍然是适用的，尽管实际应用中通常会基于这些方程发展出更适合处理湍流特性的模型。在不可压缩流体的条件下，采用笛卡尔坐标系（x，y，z），速度矢量 $\boldsymbol{u}$ 在 x、y 和 z 方向的分量分别为 u、v 和 w。在考虑瞬时运动时，这些方程可以写作：

$$\mathrm{div}\boldsymbol{u}=0 \tag{7-1}$$

$$\frac{\partial u}{\partial t}+\mathrm{div}(u\boldsymbol{u})=-\frac{1}{\rho}\frac{\partial p}{\partial x}+v\mathrm{div}(\mathrm{grad}u) \tag{7-2a}$$

$$\frac{\partial v}{\partial t}+\mathrm{div}(v\boldsymbol{u})=-\frac{1}{\rho}\frac{\partial p}{\partial y}+v\mathrm{div}(\mathrm{grad}v) \tag{7-2b}$$

$$\frac{\partial w}{\partial t}+\mathrm{div}(w\boldsymbol{u})=-\frac{1}{\rho}\frac{\partial p}{\partial z}+v\mathrm{div}(\mathrm{grad}w) \tag{7-2c}$$

为了研究湍流中脉动效应对流场的影响，广泛采纳的时间平均方法是将湍流运动分解为两部分：一部分是时间平均流（代表流动的基本趋势），另一部分是瞬时脉动流（包含流动的随机波动）。这样，通过明确区分平均法流动与脉动分量，提升了处理复杂流动现象的效率与深度。Reynolds 平均法得以应用，任意变量 ϕ 的时间平均值定义为：

$$\bar{\varphi}=\frac{1}{\Delta t}\int_{t}^{t+\Delta t}\varphi(t)\,\mathrm{d}t \tag{7-3}$$

这里，上标"—"代表对时间的平均值。如果用上标"′"代表脉动值，物理量的瞬时值 φ、时均值 $\bar{\varphi}$ 及脉动值 φ' 之间有如下关系：

$$\varphi=\bar{\varphi}+\varphi' \tag{7-4}$$

现在，用平均值和脉动值之和代替流动变量，即

$$u=\bar{u}+u';u=\bar{u}+u';v=\bar{v}+v';w=\bar{w}+w';p=\bar{p}+p' \tag{7-5}$$

将式(7-5)代入瞬时状态下的连续方程 7.1 和动量方程 7.2，并对时间取平均，得到湍流时均流动的控制方程如下：

$$\mathrm{div}\bar{u}=0 \tag{7-6}$$

$$\frac{\partial\bar{u}}{\partial t}+\mathrm{div}(\bar{u}\bar{u})=-\frac{1}{\rho}\frac{\partial\bar{p}}{\partial x}+v\mathrm{div}(\mathrm{grad}\bar{u})+\left[\frac{\partial\,\overline{u'^2}}{\partial x}-\frac{\partial\,\overline{u'v'}}{\partial y}-\frac{\partial\,\overline{u'w'}}{\partial z}\right] \tag{7-7a}$$

$$\frac{\partial\bar{v}}{\partial t}+\mathrm{div}(\bar{v}\bar{u})=-\frac{1}{\rho}\frac{\partial\bar{p}}{\partial y}+v\mathrm{div}(\mathrm{grad}\bar{v})+\left[-\frac{\partial\,\overline{u'v'}}{\partial x}-\frac{\partial\,\overline{v'^2}}{\partial y}-\frac{\partial\,\overline{v'w'}}{\partial z}\right] \tag{7-7b}$$

$$\frac{\partial\bar{w}}{\partial t}+\mathrm{div}(\bar{w}\bar{u})=-\frac{1}{\rho}\frac{\partial\bar{p}}{\partial z}+v\mathrm{div}(\mathrm{grad}\bar{w})+\left[-\frac{\partial\,\overline{u'w'}}{\partial x}-\frac{\partial\,\overline{v'w'}}{\partial y}-\frac{\partial\,\overline{w'^2}}{\partial z}\right] \tag{7-7c}$$

对于其他变量 φ 的输运方程作类似处理，可得：

$$\frac{\partial\bar{\varphi}}{\partial t}+\mathrm{div}(\bar{\varphi}\bar{u})=\mathrm{div}(\Gamma\mathrm{grad}\bar{\varphi})+\left[-\frac{\partial\,\overline{u'\varphi'}}{\partial x}-\frac{\partial\,\overline{v'\varphi'}}{\partial y}-\frac{\partial\,\overline{w'\varphi'}}{\partial z}\right]+S \tag{7-8}$$

目前，在讨论某些特定条件下的流动，比如在低马赫数流动中，密度的变化相对较小，可以近似认为流体密度是常数。但在实际流动中，特别是高马赫数流动或有显著温度梯度的流动中，必须考虑密度随时间和空间的变化。Bradshaw 等指出，在考虑平均密度变化而不考虑密度脉动的情况下，可压缩湍流平均流动的控制方程如下：它是可以基于纳维-斯托克斯方程(N-S 方程)进行推导的。(注意，为方便起见，除脉动的时均值外，下式中去掉了表示时均值的上划线符号"—"，如 $\bar{\varphi}$ 用 φ 来表示)

连续方程：

$$\frac{\partial\rho}{\partial t}+\mathrm{div}(\rho u)=0 \tag{7-9}$$

动量方程(Navier-Stokes 方程)：

$$\frac{\partial(\rho u)}{\partial t}+\mathrm{div}(\rho uu)=\mathrm{div}(\mu\mathrm{grad}u)-\frac{\partial p}{\partial x}+\left[-\frac{\partial(\rho\,\overline{u'^2})}{\partial x}-\frac{\partial(\rho\,\overline{u'v'})}{\partial y}-\frac{\partial(\rho\,\overline{u'w'})}{\partial z}\right]$$

$$+Su\,\frac{\partial(\rho v)}{\partial t}+\mathrm{div}(\rho uv)=\mathrm{div}(\mu\mathrm{grad}v)-\frac{\partial p}{\partial y}$$

$$+\left[-\frac{\partial(\rho\,\overline{u'v'})}{\partial x}-\frac{\partial(\rho\,\overline{v'^2})}{\partial y}-\frac{\partial(\rho\,\overline{v'w'})}{\partial z}\right] \tag{7-10}$$

$$+S_v \frac{\partial(\rho w)}{\partial t}+\operatorname{div}(\rho w u)=\operatorname{div}(\mu \operatorname{grad} w)-\frac{\partial p}{\partial z}$$

$$+\left[-\frac{\partial(\rho \overline{u'w'})}{\partial x}-\frac{\partial(\rho \overline{v'w'})}{\partial y}-\frac{\partial(\rho \overline{w'2})}{\partial z}\right]+S_w$$

其他变量的输运方程：

$$\frac{\partial(\rho\varphi)}{\partial t}+\operatorname{div}(\rho u\varphi)=\operatorname{div}(\Gamma \operatorname{grad}\varphi)+\left[-\frac{\partial(\rho \overline{u'\varphi'})}{\partial x}-\frac{\partial(\rho \overline{v'\varphi'})}{\partial y}-\frac{\partial(\rho \overline{w'\varphi'})}{\partial z}\right]+S \tag{7-11}$$

方程7.9是时均形式的连续方程，方程7.10是时均形式的Navier - Stokes方程。由于在式(7 - 3)中采用的是Reynolds平均法，因此，方程(7 - 10)被称为Reynolds时均Navier - Stokes方程(Reynolds - Averaged Navier - Stokes，简称RANS)，通常直接称为Reynolds方程，方程(7 - 11)是标量φ的时均输运方程。

为了便于后续的分析，现引入张量中的指标符号重写方程7.9，7.10和7.11如下：

$$\frac{\partial \rho}{\partial t}+\frac{\partial}{\partial x_i}(\rho u_i)=0 \tag{7-12}$$

$$\frac{\partial}{\partial t}(\rho u_i)+\frac{\partial}{\partial x_i}(\rho u_i u_j)=-\frac{\partial p}{\partial x_i}+\frac{\partial}{\partial x_i}\left[\mu \frac{\partial u_i}{\partial x_i}-\rho \overline{u_i' u_j'}\right]+S_i \tag{7-13}$$

$$\frac{\partial(\rho\varphi)}{\partial t}+\frac{\partial(\rho u_j \varphi)}{\partial x_j}=\frac{\partial}{\partial x_j}\left[\Gamma \frac{\partial \varphi}{\partial x_j}-\rho \overline{u_j' \varphi'}\right]+S \tag{7-14}$$

上述描述概括了在采用张量记号下时均化处理的流体动力学方程，特别强调了时均连续性方程、Reynolds方程以及标量φ的时均输运方程的表达形式，并指出了在三维空间(指标i,j取值范围是1,2,3)，根据张量运算的规则，当某个表达式中的一个指标重复出现两次，则表示要把该项在指标的取值范围内遍历求和，包括重复指标的求和约定。这些方程[对应于文献中的式(7 - 9) ～ 式(7 - 14)]通过张量符号的运用，展现了物理量之间的关系。

可以看到，在时均化的流体方程中，出现了额外的项，即在方程里多出与$-\rho \overline{u_i' u_j'}$有关的项，我们定义该项为Reynolds应力，即

$$\boldsymbol{\tau}_{ij}=-\rho \overline{u_i' u_j'} \tag{7-15}$$

这里，$\boldsymbol{\tau}_{ij}$对应了6个独立的Reynolds应力项，包括三个正应力(或法向应力)和三个切应力(或剪应力)。

然而，这一引入使得方程组变得不封闭：原方程[式(7 - 12) ～ 式(7 - 14)]共有5个方程(Reynolds方程实际是3个)，现在新增了6个Reynolds应力，加上原本的5个时均未知量(u_x、u_y、u_z、p和φ)，总共10个未知量，而方程数量不足以确定这些未知量，导致方程组不封闭。因此，必须引入额外的湍流模型或方程来补充描述这些Reynolds应力，从而实现方程组[式(7 - 12) ～ 式(7 - 14)]的封闭，这部分内容将在后续章节中深入探讨。

7.2　湍流的数值模拟方法

湍流，作为一种高度非线性的自然现象，其模拟挑战困难重重，但现代数值技术已能有效应对，提供了与实际情况比较吻合的结果。本文旨在概览各类湍流数值模拟手段，特别是区分直接与非直接模拟策略。

7.2.1　湍流的数值模拟方法分类

总的来说，目前湍流数值模拟领域的核心在于运用数学和计算技术来理解和预测这种复杂流动现象，尽管其内在的高度非线性特质增加了模拟的难度。模拟方法主要分为两大类：直接数值模拟（DNS）和非直接数值模拟，后者又可分为大涡模拟（LES）、统计平均法和雷诺平均法（RANS）。图 7－2 是湍流数值模拟方法的分类图。

直接数值模拟（DNS）是最为基础且准确的方法，它直接求解描述流体运动的瞬时纳维-斯托克斯方程（湍流控制方程）[式（7－1 和式（7－2）]，捕捉湍流中所有尺度的瞬时流动细节，无须对流动特性进行简化或假设。然而，DNS 的计算需求极高，通常限于基础研究和小

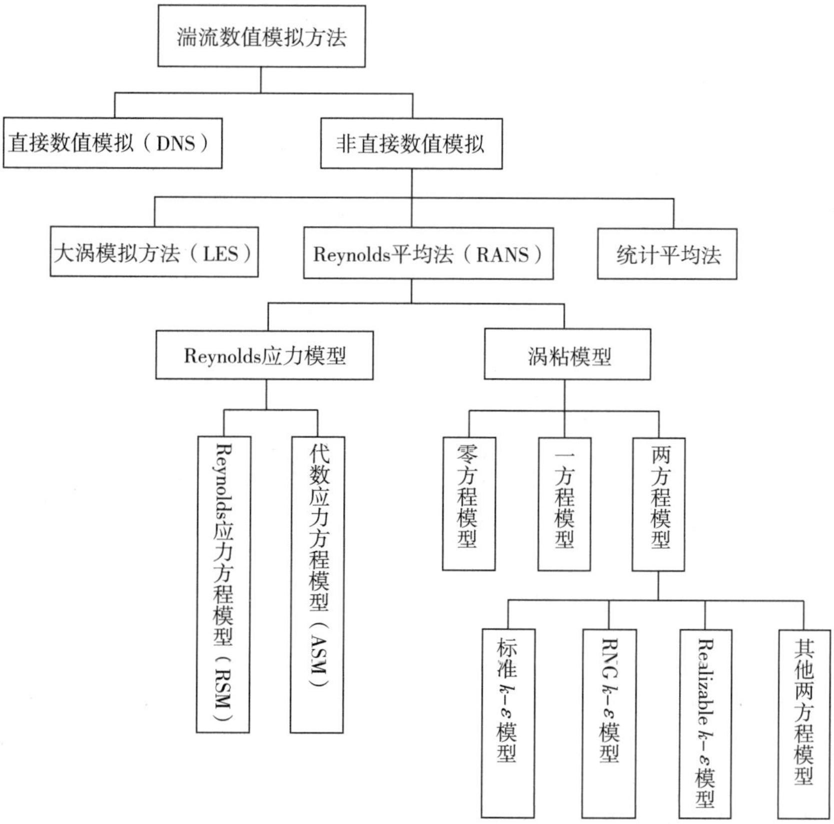

图 7－2　湍流数值模拟方法的分类图

规模流动案例。而非直接数值模拟方法则采取了更实际的路径，通过近似和简化处理湍流特性，来减少计算负担。例如，采用 7.1 节给出的时均性质的 Reynolds 方程就是其中一种典型做法。依赖所采用的近似和简化方法不同，非直接数值模拟方法分为大涡模拟、统计平均法和 Reynolds 平均法。

此外，尽管统计平均法基于湍流的相关函数和谱分析，探究湍流结构的统计特征，但因其工程应用有限，在本书中不予深入探讨。

7.2.2 直接模拟(DNS)

直接数值模拟（Direct Numerical Simulation，DNS）技术，通过直接求解瞬时 Navier - Stokes 方程[如方程(7 - 2)所示]，对湍流进行全面而无简化的模拟，理论上确保了极高的计算精度，不受近似误差影响。然而，这一方法的实施面临严峻挑战：实验数据显示，在仅为 0.1m×0.1m 的流动区域中，高雷诺数湍流可包含从 10～100μm 尺度的涡流结构。为精确捕捉所有涡旋尺度，计算的网格需要达到惊人的10^{10}～10^{12}节点。同时，考虑到湍流脉动的高频特性，约 10kHz，要求时间步长精细至 10μs 以下，以精确分辨其空间细微结构和快速时间变化。此等精细度对计算速度和内存空间的要求非常高，当前技术水平难以满足实际工程规模计算的需求。

幸运的是，计算机科学与并行计算技术的迅猛进步正逐步缩小这一差距，预示着未来不久，DNS 技术有望突破现有局限，应用于实际工程领域。

7.2.3 大涡模拟(LES)

为了有效模拟湍流的流动，在模拟中要求兼顾大尺度涡的包络范围与小尺度涡的精细分辨率，使得计算域的尺寸足够大以包含最大涡的结构，同时网格分辨率要足够细腻以捕捉最小涡的动态。然而，就目前的计算能力限制意味着可实现的最小网格尺寸远大于自然界中的最小涡尺度，迫使我们放弃全尺度直接模拟的设想。为此，大涡模拟（Large Eddy Simulation，LES）应运而生，采取了一种折中策略：直接通过瞬时 Navier - Stokes 方程（如 7.2 所示）直接模拟湍流中的大尺度涡，而对小尺度涡的效应则采用模型化方法加以估算，以此来反映它们对大尺度流动的影响。

总体而言，LES 在保持较高模拟精度与计算可行性的同时，尽管 LES 方法对计算机内存及 CPU 速度要求较高，但较之直接数值模拟（DNS），LES 大幅降低了对计算资源的需求，现今，凭借工作站乃至高性能个人电脑的计算能力，执行 LES 已成为可能，且商用软件如 FLUENT 也整合了 LES 模块，便于用户应用。作为计算流体力学（CFD）领域的一个研究与应用热点。

7.2.4 雷诺时均法(RANS)

多数观点认为，尽管瞬时 Navier - Stokes 方程理论上能够描述湍流现象，但 Navier - Stokes 方程的非线性特质使得在精确解析有关三维时间的全部细节时变得极其艰难，即使能真正得到这些细节，对于解决工程实际问题也没有太大的意义。鉴于此，工程关注点聚焦于湍流导致的平均流场效应，促使研究者转向求解时均化的 Navier - Stokes 方程，即 Reynolds 平均法(RANS)。RANS 方法通过求解时均方程(7 - 13)而非原始瞬时方程，不仅有效减轻了 DNS 所需的庞大计算负荷，而且还显著提升了工程应用的实用性，因而 Reynolds 平均法成为最广泛应用的湍流模拟技术。

RANS 方法的核心，在于引入时均概念，将原本瞬态的脉动量通过建立的模型融入时均方程中，进而闭合方程组。由于时均方程中出现了未知的 Reynolds 应力项(如 $-\rho\overline{u'_i u'_j}$)，必须引入湍流模型来表达这些应力，建立脉动与时均值间的联系。由于没有特定的物理定律指导，当前的湍流模型主要基于丰富的实验数据构建。

基于对 Reynolds 应力的不同处理和假设，目前常用的湍流模型有两大类：Reynolds 应力模型与涡粘模型。下面将分别详细介绍这两类湍流模型。

(1)Reynolds 应力模型

Reynolds 应力模型方法旨在通过直接建立并求解关于 Reynolds 应力的方程来克服非线性难题。这一过程涉及将原有的时均化 Navier - Stokes 方程(7 - 12)至(7 - 14)与新建立的 Reynolds 应力方程相结合，共同形成一个闭合的求解系统。若将 Reynolds 应力方程由微分形式简化为代数形式来求解的模型，称为代数应力方程模型。这样，Reynolds 应力模型体系内含两种核心方法：一是基于微分形式、深度揭示湍流机制的 Reynolds 应力方程模型；二是倾向于实用便捷、采用代数形式表述的代数应力方程模型。

(2)涡黏性模型

在涡黏性模型(Eddy Viscosity Models)中，处理湍流问题时不再直接分析复杂的 Reynolds 应力项，而引入湍动黏度(turbulent viscosity)，或称涡粘系数(eddy viscosity)，将湍流应力表示为湍动黏度的函数。整个计算的关键在于准确评估这种湍动黏度。

湍动黏度概念的提出来源于 Boussinesq 提出的涡动应力假设，它建立了 Reynolds 应力与平均速度梯度之间的关系，表达式为：

$$-\rho\overline{u'_i u'_j}=\mu_t\left(\frac{\partial u_i}{\partial x_j}+\frac{\partial u_j}{\partial x_i}\right)-\frac{2}{3}\left(\rho k+\mu_t\frac{\partial u_i}{\partial x_i}\right)\delta_{ij} \tag{7-16}$$

其中，μ_t 为湍动黏度，u_i 为时均速度，δ_{ij} 是克罗内克德尔(Kronecker delta)符号(当 $i=j$ 时，$\delta_{ij}=1$；当 $i\neq j$ 时，$\delta_{ij}=0$)，k 为湍动能(Turbulent Kinetic Energy)，定义为：

$$k=\frac{\overline{u'_i u'_j}}{2}=\frac{1}{2}(\overline{u'^2}+\overline{v'^2}+\overline{u'^2}) \tag{7-17}$$

湍动黏度 μ_t 是随空间坐标和流动状态变化的函数，而不是物性参数。因分子黏性而引入的流体动力黏度用 μ 表示，μ 是物性参数，这里的下标 t 表示湍流流动的意思。

在采用了 Boussinesq 假设之后，确定湍动黏度 μ_t 成了计算湍流流动的关键所在。涡粘模型的核心在于建立起湍动黏度 μ_t 与湍流时均参数之间的关联，依据用来确定 μ_t 的微分方程数量的多少，涡粘模型被分类为三种主要类型：

① 零方程模型；

② 一方程模型；

③ 两方程模型。

其中，两方程模型在工程中最为广泛应用，标准 $k-\varepsilon$ 模型最基本的两方程模型，它通过两个方程分别引用关于湍动能 k 和耗散率 ε 的方程，从而间接确定湍动黏度。此分类还包括了 RNG $k-\varepsilon$ 模型和 Realizable $k-\varepsilon$ 模型等各种改进的模型。对此，第 7.4.1 节将分别介绍这些涡粘模型。结合模型介绍，我们将阐述如何将这些湍流模型方程与式(7－12)、(7－13)和(7－14)联立，形成一个封闭的求解体系，以有效模拟复杂的工程湍流流动。这一过程不仅涉及方程组的数学耦合，还包括了解各模型如何补充 Reynolds 应力项。

7.3 零方程模型及一方程模型

先前内容中，我们探讨了 Reynolds 平均法处理湍流模拟中 Reynolds 应力项的不同策略。本节将介绍两类最为简单的模型：零方程模型和一方程模型。

7.3.1 零方程模型

零方程模型代表了处理 Reynolds 应力问题的最简化方式。它不引入新的微分方程，而是利用代数关系直接将湍动黏度与平均流场的特性相联系。通过这种方式，模型利用时均连续方程和 Reynolds 方程[分别对应于方程(7－12) 和(7－13)]，并把方程组中的 Reynolds 应力用平均速度场的局部速度梯度来表示。

零方程模型方案的典型实例中最著名的是 Prandtl 提出的混合长度模型(mixing length model)，Prandtl 假定湍动黏度 μ_t 正比于时均速度 u_i 的梯度和混合长度 l_m 的乘积，例如，在二维问题中，有：

$$\mu_t = l_m^2 \left| \frac{\partial u}{\partial y} \right| \tag{7-18}$$

湍流切应力表示为：

$$-\rho \overline{u'v'} = \rho l_m^2 \left| \frac{\partial u}{\partial y} \right| \frac{\partial u}{\partial y} \tag{7-19}$$

其中，混合长度 l_m 由经验公式或实验确定。

混合长度理论的优点是直观简单，尤其擅长处理如射流、边界层发展、混合区域及剪切层流动等具有薄层结构的简单湍流现象。但只有在简单流动中才比较容易给定混合长度 l_m，对复杂流动则很难确定 l_m，而且不能用于模拟带有分离及逆流的流动，因此，尽管零方程模型基于混合长度理论提供了基本的湍流描述，但由于这些局限性，在解决实际工程问题时很少使用。

7.3.2 一方程模型

在零方程模型中，零方程模型通过混合长度 l_m 直接关联湍动黏度 μ_i 与平均速度梯度，是一种局部平衡的概念，这种处理方式虽然简单，但因忽略了湍流中的对流和扩散效应，且混合长度在复杂流动中的确定存在困难，故其应用受限。为了克服这些局限性，一方程模型被提出，其中在湍流的时均连续方程(7－12) 和 Reynolds 方程(7－13) 的基础上额外引入了湍动能 k 的输运方程，这是一个更为复杂的模型，这里 μ_i 表示为 k 的函数，从而使方程组封闭。湍动能 k 的输运方程如下：

$$\frac{\partial(\rho k)}{\partial t}+\frac{\partial(\rho k u_i)}{\partial x_i}=\frac{\partial}{\partial x_j}\left[\left(\mu+\frac{\mu_t}{\sigma_k}\right)\frac{\partial k}{\partial x_j}\right]+\mu_i\left(\frac{\partial u_i}{\partial x_j}+\frac{\partial u_j}{\partial x_i}\right)\frac{\partial u_i}{\partial x_j}-\rho C_D\frac{k^{\frac{3}{2}}}{l} \quad (7-20)$$

从左至右，方程中各项依次为瞬态项、对流项、扩散项、产生项、耗散项。由 Kolmogorov－Prandtl 表达式，有：

$$\mu_i=\rho C_\mu\sqrt{k}\,l \quad (7-21)$$

其中 σ_k，C_μ，C_D 为经验常数，σ_k，C_μ，C_D 的推荐值分别为 1、0.09 及一个在 0.08 到 0.38 之间变化的经验值，具体取决于不同的研究和应用背景。但这个问题在后面要介绍的两方程模型中不存在。l 为湍流脉动的长度比尺，依据经验公式或实验而定。

式(7－20) 与(7－21) 构成一方程模型。尽管一方程模型相比零方程模型更全面地考虑了湍流的输运机制，但它依然面临如何准确确定湍流长度比尺 l 的问题，因此很难得到推广应用。

7.4　两方程模型

7.4.1　$k-\varepsilon$ 两方程模型

标准的 $k-\varepsilon$ 模型作为一种典型的两方程湍流模型，是建立在一方程模型基础上的，并通过加入一个关于湍流耗散率 ε 的方程后形成的，该模型是目前使用最广泛的湍流模型。本节介绍标准 $k-\varepsilon$ 模型的基本理论框架及核心控制方程组，紧接着下一节，我们将深入探讨其优化变体，即改进的 $k-\varepsilon$ 模型。

(1) 标准 $k-\varepsilon$ 模型

标准 $k-\varepsilon$ 模型是由 Launder 和 Spalding 于 1972 年提出的，通过在描述湍动能 k 的方程的基础上，再新增一个关于湍动能耗散率 ε 的方程，便形成了 $k-\varepsilon$ 两方程模型，称为标准 $k-\varepsilon$ 模型(standard $k-\varepsilon$ model)。其中，表示湍流耗散率 (turbulent dissipation rate) 的 ε 被定义为：

$$\varepsilon=\frac{\mu}{\rho}\overline{\left(\frac{\partial u_i'}{\partial x_k}\right)\left(\frac{\partial u_i'}{\partial x_k}\right)} \quad (7-22)$$

湍流黏度 μ_t 可表示为 k 和 ε 的函数，即：

$$\mu_t=\rho C_\mu\frac{k^2}{\varepsilon} \quad (7-23)$$

其中，C_μ 为经验常数，稍后给出。

在标准 $k-\varepsilon$ 模型中，k 和 ε 是两个基本未知量，与之相对应的输运方程：

$$\frac{\partial(\rho k)}{\partial t}+\frac{\partial(\rho k u_i)}{\partial x_i}=\frac{\partial}{\partial x_j}\left[\left(\mu+\frac{\mu_t}{\sigma_k}\right)\frac{\partial k}{\partial x_j}\right]+G_k+G_b-\rho\varepsilon-Y_M+S_k \tag{7-24}$$

$$\frac{\partial(\rho\varepsilon)}{\partial t}+\frac{\partial(\rho\varepsilon u_i)}{\partial x_i}=\frac{\partial}{\partial x_j}\left[\left(\mu+\frac{\mu_t}{\sigma_\varepsilon}\right)\frac{\partial\varepsilon}{\partial x_j}\right]+C_{1\varepsilon}\frac{\varepsilon}{k}(G_k+C_{3\varepsilon}G_b)-C_{2\varepsilon}\rho\frac{\varepsilon^2}{k}+S_\varepsilon \tag{7-25}$$

这里，G_k 是由于平均速度梯度引起的湍动能 k 的产生项，G_b 是由于浮力引起的湍动能 k 的产生项，Y_M 代表可压缩湍流中脉动扩张的贡献，$C_{1\varepsilon}$、$C_{2\varepsilon}$ 和 $C_{3\varepsilon}$ 为经验常数，σ_k 和 σ_ε 分别是与湍动能 k 和耗散率 ε 对应的 Prandtl 数，S_k 和 S_ε 是用户定义的源项。下面将给出这些项和系数的计算公式。

在式(7-22)与(7-23)所表达的标准 $k-\varepsilon$ 模型，各项的计算公式如下：

首先，G_k 是由于平均速度梯度引起的湍动能 k 的产生项，由下式计算：

$$G_k=\mu_t\left(\frac{\partial u_i}{\partial x_j}+\frac{\partial u_j}{\partial x_i}\right)\frac{\partial u_i}{\partial x_j} \tag{7-26}$$

G_b 是由于浮力引起的湍动能 k 的产生项，对于不可压缩流体，$G_b=0$。对于可压缩流体，有：

$$G_b=\beta g_i\frac{\mu_t}{Pr_l}\frac{\partial T}{\partial x_j} \tag{7-27}$$

其中，Pr_l 是湍动 Prandtl 数，在该模型中可取 $Pr=0.85$，g_i 是重力加速度在第 i 方向的分量，β 是热膨胀系数，可由可压缩流体的状态方程求出，其定义为：

$$\beta=-\frac{1}{\rho}\frac{\partial\rho}{\partial T} \tag{7-28}$$

Y_M 代表可压缩湍流中脉动扩张的贡献，对于不可压缩流体，$Y_M=0$. 对于可压缩流体，有：

$$Y_M=2\rho\varepsilon M_t^2 \tag{7-29}$$

其中，M_t 是湍动 Mach 数，$M_t=\sqrt{k/a^2}$；a 是风速，$a=\sqrt{\gamma RT}$。

在标准 k-ε 模型中，根据 Launder 等的推荐值及后来的实验验证，模型常数 $C_{1\varepsilon}$、$C_{2\varepsilon}$、C_μ、σ_k、σ_ε 的取值为：

$$C_{1\varepsilon}=1.44\quad C_{2\varepsilon}=1.92\quad C_\mu=0.99\quad \sigma_k=1.0\quad \sigma_\varepsilon=1.3 \tag{7-30}$$

对于可压缩流体的流动计算中与浮力相关的系数 $C_{3\varepsilon}$，当主流方向与重力方向平行时，有 $C_{3\varepsilon}=1$，当主流方向与重力方向垂直时，有 $C_{3\varepsilon}=0$。

根据以上分析，当流动为不可压缩，且不考虑用户自定义的源项，$G_b=0$，$Y_M=0$，$S_k=0$，$S_\varepsilon=0$，这时，标准 $k-\varepsilon$ 模型变为：

$$\frac{\partial(\rho k)}{\partial t}+\frac{\partial(\rho k u_i)}{\partial x_i}=\frac{\partial}{\partial x_i}\left[\left(\mu+\frac{\mu_t}{\sigma_k}\right)\frac{\partial k}{\partial x_j}\right]+G_k-\rho\varepsilon \tag{7-31}$$

$$\frac{\partial(\rho\varepsilon)}{\partial t}+\frac{\partial(\rho\varepsilon u_i)}{\partial x_i}=\frac{\partial}{\partial x_j}\left[\left(\mu+\frac{\mu_t}{\sigma_\varepsilon}\right)\frac{\partial\varepsilon}{\partial x_j}\right]+\frac{C_{1\varepsilon}\varepsilon}{k}G_k-C_{2\varepsilon}\rho\frac{\varepsilon^2}{k} \tag{7-32}$$

这种简化后的形式，出现在多篇文献中，这可使我们更便于分析不同湍流模型的特点，后续要介绍的改进的 $k-\varepsilon$ 模型也将采用这种简化形式。

方程(4－31)及(4－32)中的 G_k，按式(4－26)计算，其展开式为：

$$G_k=\mu_t\left\{2\left[\left(\frac{\partial u}{\partial x}\right)^2+\left(\frac{\partial v}{\partial y}\right)^2+\left(\frac{\partial w}{\partial z}\right)^2\right]+\left(\frac{\partial u}{\partial y}+\frac{\partial v}{\partial x}\right)^2+\left(\frac{\partial u}{\partial z}+\frac{\partial w}{\partial x}\right)^2+\left(\frac{\partial v}{\partial z}+\frac{\partial w}{\partial y}\right)^2\right\} \tag{7-33}$$

在采用标准 $k-\varepsilon$ 湍流模型求解流体流动和热传递问题时，所涉及的控制方程包括连续性方程、动量方程、能量方程、k 方程、ε 方程与式(7－23)。当我们考虑质量传递或化学反应时，这些方程跟踪流体中各组分浓度的变化，适用于多组分流体或存在化学反应的场景。如果只关注流场而不考虑热交换，能量方程可以从方程集中排除，因为此时热效应不参与计算。然而，如果流体涉及组分间的传质或化学反应，就需要额外的组分方程来追踪不同物质的浓度变化。这些方程都可表示成如下通用形式：

$$\frac{\partial(\rho\phi)}{\partial t}+\frac{\partial(\rho u\phi)}{\partial x}+\frac{\partial(\rho v\phi)}{\partial y}+\frac{\partial(\rho w\phi)}{\partial z}=\frac{\partial}{\partial x}\left(\frac{\partial\phi}{\partial x}\right)+\frac{\partial}{\partial y}\left(\frac{\partial\phi}{\partial y}\right)+\frac{\partial}{\partial z}\left(\frac{\partial\phi}{\partial z}\right)+S \tag{7-34}$$

使用散度符号，上式记为：

$$\frac{\partial(\rho\phi)}{\partial t}+\operatorname{div}(\rho u\phi)=\operatorname{div}(\operatorname{grad}\phi)+S \tag{7-35}$$

为了读者更好地理解和实施数值模拟，表 7－1 提供了在三维直角坐标系下，标准 $k-\varepsilon$ 模型控制方程的具体表达式。

表 7－1　与式(7－35)对应的 $k-\varepsilon$ 模型的控制方程

方程	ϕ	扩散系数 Γ	源项 S
连续	1	0	0
x－动量	u	$\mu_{eff}=\mu+\mu_t$	$-\frac{\partial P}{\partial x}+\frac{\partial}{\partial x}\left(\mu_{eff}\frac{\partial u}{\partial x}\right)+\frac{\partial}{\partial y}\left(\mu_{eff}\frac{\partial v}{\partial x}\right)+\frac{\partial}{\partial z}\left(\mu_{eff}\frac{\partial w}{\partial x}\right)+S_u$
y－动量	v	$\mu_{eff}=\mu+\mu_t$	$-\frac{\partial P}{\partial y}+\frac{\partial}{\partial x}\left(\mu_{eff}\frac{\partial u}{\partial y}\right)+\frac{\partial}{\partial y}\left(\mu_{eff}\frac{\partial v}{\partial y}\right)+\frac{\partial}{\partial z}\left(\mu_{eff}\frac{\partial w}{\partial y}\right)+Sv$
z－动量	w	$\mu_{eff}=\mu+\mu_t$	$-\frac{\partial P}{\partial z}+\frac{\partial}{\partial x}\left(\mu_{eff}\frac{\partial u}{\partial z}\right)+\frac{\partial}{\partial y}\left(\mu_{eff}\frac{\partial v}{\partial z}\right)+\frac{\partial}{\partial z}\left(\mu_{eff}\frac{\partial w}{\partial z}\right)+Sw$
湍动能	k	$\mu+\frac{\mu_t}{\sigma_k}$	$G_k+\rho\varepsilon$
耗散率	ε	$\mu+\frac{\mu_t}{\sigma\varepsilon}$	$\frac{\varepsilon}{k}(C_{1\varepsilon}G_k-C_{2\varepsilon}\rho\varepsilon)$
能量	T	$\frac{\mu}{Pr}+\frac{\mu_t}{\sigma_r}$	S 按实际问题而定

(2)RNG $k-\varepsilon$ 模型

RNG $k-\varepsilon$ 模型是由 Yakhot 及 Orzag 提出的,该模型的 RNG 是英文"re-normalization group"的缩写,有些中文文献将其译为重正化群,本书直接使用 RNG 原名。

RNG $k-\varepsilon$ 模型通过整合大尺度流动与小尺度效应,特别是通过修订的黏性项来系统性地吸收小尺度运动的影响,从而有效简化控制方程组。所得到的 k 方程和 ε 方程,保持了与标准 $k-\varepsilon$ 模型方程形式上的高度相似:

$$\frac{\partial(\rho k)}{\partial t}+\frac{\partial(\rho k u_i)}{\partial x_i}=\frac{\partial}{\partial x_j}\left[\alpha_k\mu_{eff}\frac{\partial k}{\partial x_j}\right]+G_k+\rho\varepsilon \tag{7-36}$$

$$\frac{\partial(\rho\varepsilon)}{\partial t}+\frac{\partial(\rho\varepsilon u_i)}{\partial x_i}=\frac{\partial}{\partial x_j}\left[\alpha_\varepsilon\mu_{eff}\frac{\partial\varepsilon}{\partial x_j}\right]+\frac{C_{1\varepsilon}^*}{k}G_k-C_{2\varepsilon}\rho\frac{\varepsilon^2}{k} \tag{7-37}$$

其中,

$$\mu_{eff}=\mu+\mu_t$$

$$\mu_t=\rho C_\mu\frac{k^2}{\varepsilon}$$

$$C_\mu=0.0845,\alpha_k=\alpha_\varepsilon=1.39$$

$$C_{1\varepsilon}^*=C_{1\varepsilon}-\frac{\eta(1-\eta/\eta_0)}{1+\beta\eta^3}$$

$$C_{1\varepsilon}=1.42,C_{2\varepsilon}=1.68$$

$$\eta=(2E_{ij}\cdot E_{ij})^{1/2}\frac{k}{\varepsilon}$$

$$E_{ij}=\frac{1}{2}\left(\frac{\partial u_i}{\partial x_j}+\frac{\partial u_j}{\partial x_i}\right)$$

$$\eta_0=4.377,\beta=0.012 \tag{7-38}$$

与标准 $k-\varepsilon$ 模型比较发现,RNG $k-\varepsilon$ 模型的主要变化是:

① 通过修正流体流动中的湍动黏度,考虑了平均流动中的旋转及旋流流动情况;

② 在方程中添加了一项,以反映主流区域的平均应变率,这意味着 RNG 模型中的生成项不仅与流动状态有关,还依赖于空间位置。

从而,RNG $k-\varepsilon$ 模型可以更好地处理高应变率及流线弯曲程度较大的流动。值得注意的是,尽管 RNG $k-\varepsilon$ 模型在模拟充分发展的高雷诺数湍流方面表现出色,但针对近壁区域或低雷诺数流动,需借助第 7.4.2 节将阐述的壁面函数法或专为低 R_e 数设计的 $k-\varepsilon$ 模型来模拟。

此外,需要说明一点,在 FLUENT 软件手册中对 RNG $k-\varepsilon$ 模型的处理有细微差异,将上述提及的时均应变率 E_{ij} 项整合进 ε 方程的 $C_{2\varepsilon}$ 系数中,并引入了一个额外系数 C_μ,而不像本书归入 $C_{1\varepsilon}$ 系数。尽管表述形式上与本书介绍有所不同,二者在数学本质上是等价的。

(3) Realizable $k-\varepsilon$ 模型

Realizable $k-\varepsilon$ 模型正是为了克服标准 $k-\varepsilon$ 模型在特定条件下的局限性，文献指出问题，即在高时均应变率流动中可能出现负的正应力预测，这与实际湍流物理不符。为解决这一问题并确保正应力预测的物理合理性，Realizable $k-\varepsilon$ 模型对模型的结构进行了改进，特别是调整了湍流黏度计算中的系数 C_μ，使其不再视为常数，而是与局部流动的应变率联系起来。从而提出了 Realizable $k-\varepsilon$ 模型，这里，Realizable 有"可实现"的意思。在 Realizable $k-\varepsilon$ 模型中关于 k（湍动能）和 ε（湍能耗散率）的输运方程如下：

$$\frac{\partial(\rho k)}{\partial t}+\frac{\partial(\rho k u_i)}{\partial x_i}=\frac{\partial}{\partial x_j}\left[\left(\mu+\frac{\mu_t}{\sigma_k}\right)\frac{\partial k}{\partial x_j}\right]+G_k-\rho\varepsilon \tag{7-39}$$

$$\frac{\partial(\rho\varepsilon)}{\partial t}+\frac{\partial(\rho\varepsilon u_i)}{\partial x_i}=\frac{\partial}{\partial x_j}\left[\left(\mu+\frac{\mu_t}{\sigma_\varepsilon}\right)\frac{\partial\varepsilon}{\partial x_j}\right]+\rho C_1 E\varepsilon-\rho C_2\frac{\varepsilon^2}{k+\sqrt{v\varepsilon}} \tag{7-40}$$

其中，

$$\sigma_k=1.0,\sigma_\varepsilon=1.2,C_2=1.9$$

$$C_1=\max\left(0.43,\frac{\eta}{\eta+5}\right)$$

$$\eta=(2E_{ij}\cdot E_{ij})^{1/2}\frac{k}{\varepsilon}$$

$$E_{ij}=\frac{1}{2}\left(\frac{\partial u_i}{\partial x_j}+\frac{\partial u_j}{\partial x_i}\right) \tag{7-41}$$

式(7-40)中，μ_t 与 C_μ 按下式进行计算：

$$\mu_t=\rho C_\mu\frac{k^2}{\varepsilon} \tag{7-42}$$

$$C_\mu=\frac{1}{A_0+A_s U^* k/\varepsilon} \tag{7-43}$$

其中，

$$A_0=4.0$$

$$A_s=\sqrt{6}\cos\varphi$$

$$\varphi=\frac{1}{3}\cos^{-1}(\sqrt{6}W)$$

$$W=\frac{E_{ij}E_{jk}E_{kj}}{(E_{ij}E_{ij})^{1/2}}$$

$$E_{ij}=\frac{1}{2}\left(\frac{\partial u_i}{\partial x_j}+\frac{\partial u_j}{\partial x_i}\right)$$

$$U^*=\sqrt{E_{ij}E_{ij}+\overline{\Omega_{ij}}\,\overline{\Omega_{ij}}}$$

$$\overline{\Omega_{ij}}=\Omega_{ij}-2\varepsilon_{ijk}\omega_k$$

$$\Omega_{ij}=\overline{\Omega}_{ij}-\varepsilon_{ijk}\omega_k \tag{7-44}$$

这里的$\overline{\Omega_{ij}}$是从角速度为ω_k的参考系中观察到的时均转动速度张量，显然对于无旋转的流场，上式中U^*计算式根号中的第二项为零，这一项不仅是用来表示旋转的影响的，也是本模型的特点之一。

相较于标准$k-\varepsilon$模型，Realizable $k-\varepsilon$模型的主要变化之处在于：

(1) 湍流黏度的计算公式发生了变化，引入了与流体旋转（涡旋）和流线曲率相关的修正项。

(2)（耗散率）方程的结构发生了很大变化，方程中的产生项[方程(7-40)右侧第二项]不再含有方程中的产生项，这种改变更好地反映了能量谱的动态特性。

(3) 在方程中，通过精心设计使得倒数第二项即使在k值非常小或趋近于零的情况下，分母也不会趋于零，从而避免了数值计算中的奇异性问题。这是它与标准及RNG模型显著不同的地方。

由于这些针对性的改进，Realizable $k-\varepsilon$模型已经证实了其在广泛流体动力学问题上的有效性，可用于各种不同的类型的流动模拟，包括旋转均匀剪切流、自由剪切流（如射流和混合流）、管道流、边界层流动以及存在分离现象的流动等。

7.4.2 处理近壁面流动时的问题及方法

在探讨湍流模型适用范围时，我们明确了标准$k-\varepsilon$模型、RNG $k-\varepsilon$模型以及Realizable $k-\varepsilon$模型均设计用于描述高雷诺数（Re数）下充分发展的湍流现象，这意味着在低Re数或近壁区域，这些传统模型的适用性受限。近壁流场中，由于雷诺数较低，分子黏性效应显著，导致湍流特性与自由流区截然不同，传统的$k-\varepsilon$模型无法准确捕捉这一复杂动态。为克服此局限，研究者提出了两种策略：壁面函数法与低Re数$k-\varepsilon$模型。

前者通过引入半经验的壁面函数来间接关联壁面处的流动特征与主流区的湍流参数，绕过了直接模拟黏性底层及过渡层的需要，该方法基于已建立的统计关系，将壁面剪应力等关键变量与自由流场的湍流变量相关联，从而有效预测近壁流动特性。这种方法避免了对黏性影响显著区域的直接数值解析，简化了计算过程。另一方面，低Re数$k-\varepsilon$模型则是直接在黏性底层和过渡层中应用，要求网格高度细化，尤其是在壁面附近，以高分辨率捕捉湍流结构从层流向湍流的转变过程。该模型通过调整模型方程及引入额外的项来增强对低Re数条件下黏性效应的描述能力，使得模型能够在整个边界层范围内，包括壁面附近，提供更为精确的解决方案。

这两种方法都可与标准$k-\varepsilon$模型和RNG $k-\varepsilon$模型等配合，实现从壁面到自由流区的全面且精确的湍流模拟。

(1) 壁面函数法

壁面函数法(wall functions)是一组与高Re数$k-\varepsilon$模型配合使用的半经验的公式，用于直接关联壁面上的物理量与湍流核心区内的未知变量求解，无需单独解析壁面区域流动。

壁面函数法的基本思想是：通过在湍流核心区运用 $k-\varepsilon$ 模型同时采纳壁面函数通过半经验公式直接关联壁面附近物理量与湍流核心区解变量，不需要直接求解壁面层流动，就可直接得到与壁面相邻控制体积的节点变量值。

网格划分时，重点在于确保靠近壁面的网格能够准确捕捉到壁面附近的流动特性，同时又不必在壁面直接相邻的区域设置过于密集的网格，只需要把第一个内节点布置在对数律成立的充分湍流发展区（图 7-3）。壁面函数公式就好像一个桥梁，它通过数学表达式将壁面上已知的条件（如无滑移条件）与紧邻壁面的第一个内部流场节点的未知变量（如速度分量）关联起来。

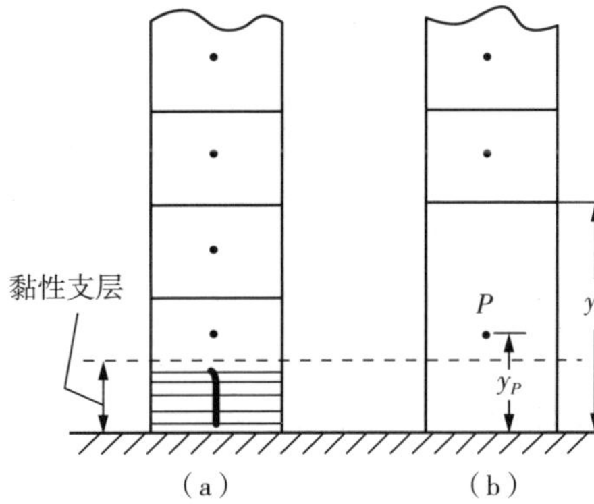

图 7-3　避免附近区域的处理方法

（为清晰起见界面线改用实线画出）

壁面函数法为各输运方程提供了从壁面到内部节点值的直接转换公式，下面分别介绍这些公式：

① 动量方程中变量 u 的计算式

壁面函数方法根据临近壁面的控制体积节点位置，若其 $y^+ > 11.63$，表明流动处于对数律层，就采用 $u^+ = \frac{1}{\kappa}\ln y^+ + B = \frac{1}{\kappa}\ln(Ey^+)$ 式计算该点的速度 u_P，即

$$u^* = \frac{1}{\kappa}\ln(Ey^+) \tag{7-45}$$

在文献中，推荐 y^+ 按下式计算：

$$y^+ = \frac{\Delta y_P (C_\mu^{1/4} k_P^{1/2})}{\mu} \tag{7-46}$$

而此时的壁面切应力 τ_w 满足如下关系：

$$\tau_w = \rho C_\mu^{1/4} k_P^{1/2} u_P / u^+ \tag{7-47}$$

式中，u_P 是节点 P 的时均速度，k_P 是节点 P 的湍动能，Δy_P 是节点 P 到壁面的距离，μ 是流体的动力黏度。

若 $y^+ < 11.63$ 时，则表明处于黏性底层，速度 u_p 通过层流应力应变关系 $u^+ = y^+$ 确定。

② 能量方程中温度 T 的计算式

能量方程以温度 T 为求解目标，为了建立计算网格节点的温度与壁面上物理量之间的关系，引入新的校正温度参数 T^+：

$$T^+ = \frac{(T_w - T_P)\rho c_P (C_\mu^{1/4} k_P^{1/2})}{q_w} \tag{7-48}$$

式中，T_P 是与壁面相邻的控制体积的节点 P 的温度，T_w 是壁面上的温度，ρ 是流体的密度，c_P 是流体的比热容，q_w 是壁面上的热流密度。

壁面函数法利用下式将计算网格节点 P 上的温度 T 与壁面上的物理量相联系：

$$T^+ = Pry^+ + \frac{1}{2}\rho Pr \frac{(C_\mu^{1/4} k_p^{1/2})}{q_w} u_r^2 \ (y^+ < y_r^+)$$

$$T^+ = Pr_l \left[\frac{1}{\kappa}\ln(Ey^+) + P\right] + \frac{1}{2}\rho \frac{C_\mu^{1/4} k_p^{1/2}}{q_w} [Pr_l u_p^2 + (pr - Pr_l) u_c^2] \ (y^+ > y_r^+)$$

$$(7-49)$$

在文献中，直接推荐下式计算：

$$T^+ = Pr_1 \left[\frac{1}{\kappa}\ln(Ey^+) + P\right] \tag{7-50}$$

式中，参数 P 由下式计算：

$$P = 9.24\left[\left(\frac{Pr}{Pr_1}\right)^{3/4} - 1\right](1 + 0.28e^{-0.007Pr/Pr_l}) \tag{7-51}$$

Pr 是分子 Prandtl 数（$\mu c_p/k_f$），k_f 是流体的热传导系数，Pr_1 是湍流 Prandtl 数，在壁面通常取值为 0.8 至 0.9，依据不同文献推荐。u_c 是在特定 $y^+ = y_r^+$ 高度处的平均流速，这里的 y^+ 值标志着黏性底层与对数律层的转变点，该点随考虑的 Pr 数变化而定。

③ 湍动能方程与耗散率方程中 k 和 ε 的计算式

在 $k-\varepsilon$ 模型及后续的 RSM（Reynolds Stress Model）模型中，k 方程的求解遍及整个计算域，包括直接与壁面接触的控制体积。具体到壁面边界上，在壁面上湍动能 k 的边界条件是：

$$\frac{\partial k}{\partial n} = 0 \tag{7-52}$$

其中 n 是垂直于壁面的局部坐标。

在与壁面相邻的控制体积内，根据局部平衡假设（local equilibrium assumption），湍动能产生项 G_k 和耗散率 ε 被设定为是相等的。从而，G_k 按下式计算：

$$G_k \approx \tau_w \frac{\partial u}{\partial y} = \tau_w \frac{\tau_w}{\kappa\rho C_\mu^{1/4} k_p^{1/2} \Delta y_P} \tag{7-53}$$

ε 按下式计算：

$$\varepsilon = \frac{C_\mu^{3/4} k_p^{3/2}}{\kappa \Delta y_P} \tag{7-54}$$

请注意，在与壁面相邻的控制体积中，并不直接求解 ε 方程，而是根据公式（7-38）来直接确定 P 节点的 ε，这种方式可以理解为采用了一种基于壁面条件的简化处理方法。就是在靠近壁面的地方，我们不是通过解算来获得压力，而是利用特定的边界条件公式直接给出，这样做能够更准确地反映壁面效应，同时减少计算复杂度。

从上述分析可知，壁面函数已全面考虑了各求解变量（例如平均流速、温度、k 和 ε）所需的壁面边界条件，确保了壁面处的边界条件得到有效处理。

（2）上述壁面函数法是 FLUENT 软件作为默认策略处理壁面流动问题的方法，它适用于各种壁面流动。相对于后面要介绍的低 *Re* 数 $k-\varepsilon$ 模型，壁而函数法计算效率高，工程实用性强。低 *Re* 数 $k-\varepsilon$ 模型虽然能提供更精确的黏性底层和过渡层内速度分布，但其要求在壁面附近使用极其细密的网格，从而显著增加了计算资源消耗和时间成本。当然，壁面函数法不能像低 *Re* 数 $k-\varepsilon$ 模型那样得到黏性底层和过渡层内的“真实”速度分布壁面函数法的局限性在于它基于壁面附近的半经验公式，无法直接解析黏性底层的精细流动结构，特别是在流动分离明显或壁面受高压影响的特殊条件下表现不佳。

针对壁面函数法的局限，FLUENT 引入了非平衡和增强型壁面函数法作为补充，以应对特殊流动条件。

（3）低 *Re* 数 $k-\varepsilon$ 模型

上面介绍的壁面函数法是基于简化假设的，其主要依据平行层流边界层的实际测量数据，但这种方法并未深入探究壁面附近的详细流动特性，特别是忽略了黏性底层中分子黏性的重要作用。为了使基于 $k-\varepsilon$ 模型从高 *Re* 数区域无缝过渡到壁面（*Re* 数趋于零），众多研究者提出了对高 *Re* 数 $k-\varepsilon$ 模型进行修正的策略，旨在拓展模型适用范围，使修正后的策略能够自动适应不同 *Re* 数条件。

Jones 和 Launder 指出，低 *Re* 数流动特性主要表现在黏性底层中，由分子黏性主导，因此提出，必须对高 *Re* 数 $k-\varepsilon$ 模型做出三项关键调整，才能使其广泛适用于不同 *Re* 数流体动力学问题的计算：

① 强化分子黏性效果，控制方程中的扩散项需要综合考虑湍流扩散与分子扩散，确保分子黏性影响得以体现。

② 考虑流态多样性，通过在模型系数计算中引入湍流雷诺数Re_t，这里$Re_t=\rho k^2/(\eta\varepsilon)$。从而使系数动态适应不同流动条件。

③ 针对壁面附近区域，应修正 k 方程来反映湍动能耗散的各向异性特征，壁面附近区域不同于自由流中的各向同性耗散。

基于以上考虑，Jones 和 Launder 构建的低 *Re* 数 $k-\varepsilon$ 模型的输运方程如下：

$$\frac{\partial(\rho k)}{\partial t}+\frac{\partial(\rho k u_i)}{\partial x_i}=\frac{\partial}{\partial x_j}\left[\left(\mu+\frac{\mu_l}{\sigma_k}\right)\frac{\partial k}{\partial x_j}\right]+G_k-\rho\varepsilon-\left|2\mu\left(\frac{\partial k^{1/2}}{\partial n}\right)^2\right| \tag{7-55}$$

$$\frac{\partial(\rho\varepsilon)}{\partial t}+\frac{\partial(\rho\varepsilon u_i)}{\partial x_i}=\frac{\partial}{\partial x_j}\left[\left(\mu+\frac{\mu_l}{\sigma_\varepsilon}\right)\frac{\partial\varepsilon}{\partial x_j}\right]+\frac{C_{1\varepsilon}\varepsilon}{k}G_k|f_1|-C_{2\varepsilon}\rho\frac{\varepsilon^2}{k}|f_2|+\left|2\frac{\mu\mu_l}{\rho}\left(\frac{\partial^2 u}{\partial n^2}\right)^2\right| \tag{7-56}$$

式中：

$$\mu_l=C_\mu|f_\mu|\rho\frac{k^2}{\varepsilon} \tag{7-57}$$

n 代表壁面法向坐标，u 为与壁面平行的流速。在实际计算时，方向 n 可近似取为 x、y 和 z 中最满足条件的一个，速度 u 也做类似处理。系数 $C_{1\varepsilon}$、$C_{2\varepsilon}$、C_μ、σ_k、σ_ε 及产生项 G_k 同 7.4 节

标准 k-ε 模型的方程(7-33)和(7-34)。以上三式中符号“ ”所围的部分就是低 Re 数模型区别于高 Re 数模型的部分，系数 f_1、f_2 和 f_μ 的引入，实际上是对标准 k-ε 模型中的系数 $C_{1\varepsilon}$、$C_{2\varepsilon}$ 和 C_μ 进行了修正。各系数的计算式如下：

$$f_1 \approx 1.0$$

$$f_2 = 1.0 - 0.3\exp(-Re_1^2)$$

$$f_\mu = \exp(-2.5/(1 + Re_1/50))$$

$$Re_1 = \rho k^2/(\eta\varepsilon) \tag{7-58}$$

显然，当 Re_1 很大时，f_1、f_2 和 f_μ 均趋于 1。

在上述方程中，除了对标准 k-ε 模型中有关系数进行修正外，Jones 和 Launder 的模型中在 k 和 ε 的方程中还各自引入了一个附加项。这些修正项反映了在不同雷诺数(Re)条件下，湍流特性变化的复杂性，特别是在黏性底层区域内。一方面，k 方程中引入的附加项 $-2\eta\left(\frac{\partial k^{1/2}}{\partial y}\right)^2$ 是针对黏性底层中湍动能耗散特性的修正。通常，在高 Re_1 数区域，湍流能量的耗散可以近似认为是各向同性的，意味着能量以相似的速率在所有方向上被耗散。然而，在靠近壁面的黏性底层中，由于黏性力的影响增强，耗散过程变得更加复杂且表现出各向异性，即能量耗散在不同方向上的速率不同。这个修正项就是为了更好地描述这种非均匀耗散现象。另一方面，ε 方程中的附加项 $2\frac{\mu\mu_1}{\rho}\left(\frac{\partial^2 u}{\partial n^2}\right)^2$ 则是为了提高模型预测结果与实验数据的一致性，尤其是对于 k(湍动能) 的计算。

在低 Re 数 k-ε 模型仿真中，尽管充分发展的湍流核心区及黏性底层均应用统一的计算公式，但因黏性底层速度梯度显著增大，要求在黏性底层附近使用更为精细的网格划分策略。

文献在建议中强调了在低 Re 数流动中，特别是当局部湍流的 Re_1 数小于 150 时，就应该使用低 Re 数 k-ε 模型，而不能使用高 Re 数 k-ε 模型进行计算，这是因为高 Re 数 k-ε 模型假设在大尺度流动中成立的简化条件不再适用于黏性影响显著的低 Re 数流动区域。

7.5 多方程模型

多方程模型是一种包含两个或两个以上方程的数学模型，用于描述和解决复杂的物理、化学、经济或其他科学领域的现象。这些方程协同工作，通过彼此间的变量互相联系，共同构成一个系统的全面描述。例如，在流体力学中，雷诺平均 Navier-Stokes 方程(RANS) 及其伴随的湍流模型(如 k-ε、k-ω 等) 就构成了多方程模型，它们一起描述了流体的平均流动和湍流特性。

与此相对，零方程、一方程、两方程模型是简化版本的湍流模型，主要针对湍流现象，它们的区别在于所考虑的湍流参数的数量和对湍流特性的描述深度：

零方程模型：是最简单的湍流模型，不直接求解任何湍流参数的方程。它通常通过经验公式或半经验关系来估计湍流参数，比如湍流黏度。例如，混合长度模型，这类模型适用于非常简单或特定类型的流动，但对复杂流动的描述能力有限。

一方程模型：这类模型通常求解一个额外的方程来描述湍流能量或其相关参数，比如仅求解湍动能 k 方程的模型。尽管比零方程模型提供了更多信息，一方程模型依然需要通过经验关系来关闭模型，比如直接关联耗散率 ε 与 k 的关系，因此在复杂流动情况下可能不够准确。

两方程模型：是最常用的湍流模型之一，它同时求解两个方程，通常是湍动能 k 和耗散率 ε 的方程。两方程模型能够提供更详尽的湍流动力学描述，因为它们考虑了湍流动能的生成、耗散和扩散过程，因此适用于更广泛的流动情况，包括存在强烈剪切和分离的流动。

总的来说，从零方程到多方程模型，随着方程数量的增加，模型能够考虑的物理过程和湍流特性也更加丰富，模型的复杂性和精度也随之提升，但同时计算成本也会增加。选择哪种模型取决于流动的复杂度、所需的计算资源以及对结果精度的需求。

7.6　雷诺(Reynolds)应力输运模型

雷诺应力是指湍流脉动引起的附加应力，它包括法向应力和剪应力。这些应力是由流体粒子的随机脉动造成的，它们对平均流场产生影响。雷诺（Reynolds）应力输运模型(Reynolds Stress Model，RSM)是一种高级湍流模型，用于计算流体动力学(CFD)模拟中的湍流效应。RSM 直接求解雷诺应力方程组，这是一种比标准 k-ε 或 k-ω 模型更为复杂的湍流模型，因为它考虑了湍流各向异性，并且可以更好地预测某些流动现象，如二次流和旋转流。

7.6.1　Reynolds 应力输运方程模型(RSM)

Reynolds 应力模型(RSM)是一种高级湍流模型，它基于 Reynolds 应力输运方程。这些方程实质上是关于脉动速度项 $\overline{u_i'u_j'}$ 的输运方程。根据时均化原理，$\overline{u_i'u_j'}=\overline{u_iu_j}-\overline{u_i}\,\overline{u_j}$，如果能分别得到 $\overline{u_iu_j}$ 和 $\overline{u_i}\,\overline{u_j}$ 的输运方程，就可以得到关于 $\overline{u_i'u_j'}$ 的输运方程。具体来说，这个过程可以分为两个步骤：

第一步，建立关于 $\overline{u_iu_j}$ 的输运方程。首先从瞬时的 Navier - Stokes 方程出发，该方程描述了流体运动的基本规律。将瞬时 Navier - Stokes 方程分别乘以 u_i 和 u_j，得到新的方程。将乘以 u_i 和乘以 u_j 的方程相加，得到一个新的方程。然后对上述得到的新方程进行时均化处理。时均化是指将瞬时量转换为平均量的过程，通过这种方法可以将瞬时的 Navier - Stokes 方程转化为雷诺平均 Navier - Stokes 方程(RANS)。通过上述步骤，我们可以得到关于 $\overline{u_iu_j}$ 的输运方程。注意，这里的和均指瞬时速度，非时均速度。

第二步，建立关于 $\overline{u_i}\,\overline{u_j}$ 的输运方程。将 Reynolds 时均方程分别乘以速度分量 $\overline{u_i}$ 和 $\overline{u_j}$。将这两个方程相加，得到 $\overline{u_i}\,\overline{u_j}$ 的输运方程。

接下来,结合两步得到的输运方程,我们将第一步得到的$\overline{u_i u_j}$ 输运方程与第二步得到的$\overline{u_i}\,\overline{u_j}$ 输运方程进行比较和相减,从而得到$\overline{u'_i u'_j}$ 的输运方程,也就是 Reynolds 应力输运方程。经过量纲分析和整理之后,Reynolds 应力方程可以被写成一个标准形式:

$$\frac{\partial(\rho\overline{u'_i u'_j})}{\partial t}+\underbrace{\frac{\partial(\rho u_k\overline{u'_i u'_j})}{\partial x_k}}_{C_{ij}}=\underbrace{-\frac{\partial}{\partial x_k}[\rho\overline{u'_i u'_j u'_k}+\overline{p' u'_i}\delta_{kj}+\overline{p' u'_j}\delta_{ik}]}_{DT,ij}$$

$$+\underbrace{\frac{\partial}{\partial x_k}\left[\mu\frac{\partial}{\partial x_k}(\overline{u'_i u'_j})\right]}_{DL,ij}\underbrace{-\rho\left(\overline{u'_i u'_k}\frac{\partial u_j}{\partial x_k}+\overline{u'_j u'_k}\frac{\partial u_i}{\partial x_k}\right)}_{Pij}\underbrace{-\rho\beta(g_i\overline{u'_j\theta}+g_j\overline{u'_i\theta})}_{Gij}$$

$$+\underbrace{\overline{P'\left(\frac{\partial u'_i}{\partial x_j}+\frac{\partial u'_j}{\partial x_i}\right)}}_{\Phi_{ij}}\underbrace{-2\mu\overline{\left(\frac{\partial u'_i}{\partial x_k}+\frac{\partial u'_j}{\partial x_k}\right)}}_{\varepsilon_{ij}}\underbrace{-2\rho\,\Omega_k(\overline{u'_j u'_m}e_{ikm}+\overline{u'_i u'_m}e_{jkm})}_{Fij} \tag{7-59}$$

方程(7-59)中第一项为瞬态项,其他各项依次为:

C_{ij}—— 对流项;

$D_{T,ij}$—— 湍流扩散项;

$D_{L,ij}$—— 分子黏性扩散项;

P_{ij}—— 剪应力产生项;

G_{ij}—— 浮力产生项;

Φ_{ij}—— 压力应变项;

ε_{ij}—— 黏性耗散项;

F_{ij}—— 系统旋转产生项。

上述内容描述了 Reynolds 应力输运方程中的各个项,并提到了需要对其中的一些项进行建模以获得封闭的方程组。接下来对方程中涉及的特殊符号进行简要介绍。Reynolds 应力方程中的各项可以分为两类:一类可以直接计算,不需要额外的建模;另一类则需要构建合理的表达式来进行封闭。可以直接计算的项:对流项(C_{ij})、分子黏性扩散项($D_{L,ij}$)、剪应力产生项(P_{ij})、系统旋转产生项(F_{ij})。需要建模的项:湍流扩散项($D_{T,ij}$)、浮力产生项(G_{ij})、压力应变项(Φ_{ij})、黏性耗散项(ε_{ij})。对于需要建模的项,必须构建合理的表达式,类似于构建 k 方程和 ε 方程的过程。

在具体介绍公式前,先对上式中使用的特殊张量符号进行介绍:e_{ijk} 叫作转换符号(Alternating Symbol),或称排列符号。当e_{ijk} 三个指标不同,并且按照正序排列时,$e_{ijk}=1$;当e_{ijk} 三个指标不同,并且按照逆序排列时,$e_{ijk}=1$;当e_{ijk} 三个指标中有重复时,$e_{ijk}=0$。δ_{ij} 叫作"Kronecker Delta",当 i 和 j 两个指标相同时,$\delta_{ij}=1$;当 i 和 j 两个指标不同时$\delta_{ij}=0$。

这些符号在张量运算中非常常见,它们帮助我们在构建和解析张量方程时更加简洁和清晰。接下来将给出具体的计算公式来封闭 Reynolds 应力方程中的各项。

(1) 湍动扩散项 $D_{T,ij}$ 的计算

$D_{T,ij}$ 可通过 Daly 和 Harlow 所给出的广义梯度扩散模型来计算:

$$D_{T,ij}=C_s\frac{\partial}{\partial x_k}\left(\rho\frac{k\overline{u'_k u'_l}}{\varepsilon}\frac{\partial\overline{u'_i u'_j}}{\partial x_l}\right) \tag{7-60}$$

该式有可能会导致数值上的不稳定，因此，推荐用下式：

$$D_{T,ij}=\frac{\partial}{\partial x_k}\left(\frac{\mu_t}{\sigma_k}\frac{\partial\overline{u'_i u'_j}}{\partial x_k}\right) \tag{7-61}$$

式中，μ_t 是湍动黏度，按标准 $k-\varepsilon$ 模型中的式(7-23)计算。系数 $\sigma_k=0.82$，注意该值在 Realizable $k-\varepsilon$ 模型中为 0.1。

(2) 浮力产生项 G_{ij} 的计算

因浮力所导致的产生项由下式计算：

$$G_{ij}=\beta\frac{\mu_t}{Pr_t}\left(g_i\frac{\partial T}{\partial x_j}+g_j\frac{\partial T}{\partial x_i}\right) \tag{7-62}$$

其中，T 是温度，Pr_t 是能量的湍动 Prandtl 数，在该模型中可取 $Pr_t=0.85$，g_i 是重力加速度在第 i 方向的分量，β 是热膨胀系数，由式(7-28)计算，对理想气体，有：

$$G_{ij}=-\frac{\mu_t}{\rho Pr_t}\left(g_i\frac{\partial\rho}{\partial x_j}+g_j\frac{\partial\rho}{\partial x_i}\right) \tag{7-63}$$

如果流体是不可压的，则 $G_{ij}=0$。

(3) 压力应变项 $\boldsymbol{\Phi}_{ij}$ 的计算

压力应变项 $\boldsymbol{\Phi}_{ij}$ 在雷诺应力模型(Reynolds Stress Model，RSM)中起着关键作用，这是 RSM 与传统的 $k-\varepsilon$ 模型的主要区别之一。根据张量的缩并原理和连续方程，可以得知 $\boldsymbol{\Phi}_{kk}=0$。这意味着压力应变项只存在于湍流各分量之间。当 $i\neq j$ 时，它表示减少剪切应力，使湍流趋于各向同性；当 $i=j$ 时，它表示湍动能在不同应力分量之间重新分配，但对总能量没有影响。因此，这一项并不产生新的脉动能量，而是起到再分配的作用，有时也被称作再分配项。

模拟压力应变项对于准确预测湍流非常重要，目前有多种不同的方法可用于计算这项。以下一种较为普遍的形式：

$$\boldsymbol{\Phi}_{ij}=\boldsymbol{\Phi}_{ij,1}+\boldsymbol{\Phi}_{ij,2}+\boldsymbol{\Phi}_{ij,w} \tag{7-64}$$

其中，$\boldsymbol{\Phi}_{ij,1}$ 是慢的压力应变项，$\boldsymbol{\Phi}_{ij,2}$ 是快的压力应变项，而 $\boldsymbol{\Phi}_{ij,w}$ 是壁面反射项。

慢的压力应变项 $\boldsymbol{\Phi}_{ij,1}$ 可以按照以下公式计算：

$$\boldsymbol{\Phi}_{ij,1}=-C_1\rho\frac{\varepsilon}{k}\left(\overline{u'_i u'_j}-\frac{2}{3}k\delta_{ij}\right) \tag{7-65}$$

这里 $C_1=1.8$。

快的压力应变项 $\boldsymbol{\Phi}_{ij,2}$ 按照以下公式计算：

$$\boldsymbol{\Phi}_{ij,2}=-C_2\left(P_{ij}-\frac{2}{3}\rho\delta_{ij}\right) \tag{7-66}$$

其中 $C_2=0.60$，而 P_{ij} 的定义见式(7-59)，且 $P=P_{kk}/2$。

壁面反射项$\Phi_{ij,w}$负责对近壁面处的正应力进行再分配，使其在垂直于壁面的方向减弱，在平行于壁面的方向增强。具体来说，$\Phi_{ij,w}$的计算公式如下：

$$\Phi_{ij,w}=C_1'\rho\frac{\varepsilon}{k}\left(\overline{u_k'u_m'}n_kn_m\delta_{ij}-\frac{3}{2}\overline{u_i'u_k'}n_jn_k-\frac{3}{2}\overline{u_j'u_k'}n_in_k\right)\frac{k^{3/2}}{C_l\varepsilon d}$$

$$+C_2'\left(\Phi_{km,2}n_kn_m\delta_{ij}-\frac{3}{2}\Phi_{ik,2}n_k-\frac{3}{2}\Phi_{jk,2}n_in_k\right)\frac{k^{3/2}}{C_l\varepsilon d} \tag{7-67}$$

这里$C_1'=0.5$，$C_2'=0.3$，n_k是壁面单位法向矢量的x_k分量，d是研究位置到固体壁面的距离，而$C_l=C_\mu^{3/4}/\kappa$，其中$C_\mu=0.09$，κ是Karman常数，$\kappa=0.4187$。

(4) 黏性耗散项ε_{ij}的计算

耗散项代表了分子黏性对雷诺应力产生的能量耗散。在建立耗散项的计算公式时，通常假设大尺度涡流负责动能的输运，而小尺度涡流则主要承担黏性耗散的作用。基于这个假设，小尺度涡流可以被视为各向同性的，即满足局部各向同性的条件。根据这样的假设，耗散项可以表示为：

$$\varepsilon_{ij}=\frac{2}{3}\rho\varepsilon\delta_{ij} \tag{7-68}$$

将式(7-61)、(7-63)、(7-64)～(7-68)代入方程(7-59)中，可以得到封闭的雷诺应力输运方程：

$$\frac{\partial(\rho\overline{u_i'u_j'})}{\partial t}+\frac{\partial(\rho u_k\overline{u_i'u_j'})}{\partial x_k}=\frac{\partial}{\partial x_k}\left(\frac{\mu_t}{\sigma_k}\frac{\partial\overline{u_i'u_j'}}{\partial x_k}+\mu\frac{\partial\overline{u_i'u_j'}}{\partial x_k}\right)$$

$$-\rho\left(\overline{u_i'u_k'}\frac{\partial u_j}{\partial x_k}+\overline{u_j'u_k'}\frac{\partial u_i}{\partial x_k}\right)-\frac{\mu_t}{\rho Pr_t}\left(g_i\frac{\partial\rho}{\partial x_j}+g_j\frac{\partial\rho}{\partial x_i}\right)$$

$$-C_1'\rho\frac{\varepsilon}{k}\left(\overline{u_k'u_m'}n_kn_m\delta_{ij}-\frac{3}{2}\overline{u_i'u_k'}n_jn_k-\frac{3}{2}\overline{u_j'u_k'}n_in_k\right)\frac{k^{3/2}}{C_l\varepsilon d}$$

$$+C_2'\left(\Phi_{km,2}n_kn_m\delta_{ij}-\frac{3}{2}\Phi_{ik,2}n_k-\frac{3}{2}\Phi_{jk},2n_in_k\right)\frac{k^{3/2}}{C_l\varepsilon d}$$

$$-\frac{2}{3}\rho\varepsilon\delta_{ij}-2\rho\Omega_k(\overline{u_j'u_m'}e_{ikm}+\overline{u_i'u_m'}e_{jkm}) \tag{7-69}$$

这个方程是许多计算流体动力学(CFD)软件中所使用的广义雷诺应力输运方程，它考虑了多种因素对湍流流动的影响，包括浮力、系统旋转以及固体壁面的反射等。

这里，上式中引用P_{ij}和$\Phi_{ij,2}$的项并没有完全打开。在一些文献中，可能会忽略某些特定的影响，例如浮力作用(即$G_{ij}=0$)、系统旋转的影响(即$F_{ij}=0$)，以及在压力应变项中不考虑壁面反射(即$\Phi_{ij,w}=0$)。在这种情况下，雷诺应力输运方程可以简化为：

$$\frac{\partial(\rho\overline{u_i'u_j'})}{\partial t}+\frac{\partial(\rho u_k\overline{u_i'u_j'})}{\partial x_k}=\frac{\partial}{\partial x_k}\left(\frac{\mu_t}{\sigma_k}\frac{\partial\overline{u_i'u_j'}}{\partial x_k}+\mu\frac{\partial\overline{u_i'u_j'}}{\partial x_k}\right)$$

$$-\rho\left(\overline{u_i'u_k'}\frac{\partial u_j}{\partial x_k}+\overline{u_j'u_k'}\frac{\partial u_i}{\partial x_k}\right)-C_1'\rho\frac{\varepsilon}{k}\left(\overline{u_i'u_j'}-\frac{2}{3}k\delta_{ij}\right)-C_2\left(P_{ij}-\frac{2}{3}\rho\delta_{ij}\right)-\frac{2}{3}\rho\varepsilon\delta_{ij}$$

(7 - 70)

如果将雷诺应力模型（RSM）应用于没有系统转动的不可压缩流动，则可以使用这种较为简化的雷诺应力输运方程。

这里得到的 Reynolds 应力输运方程中，包含湍动能 k 和耗散率 ε，对此，在 7.4.1 中提供了详细的介绍。

7.6.2　对 RSM 适用性的讨论

RSM（Reynolds Stress Model）是一种更加复杂的湍流模型，它能够捕捉到湍流的各向异性特征，这使得它在处理某些特定流动情况时比标准的两方程模型（如 $k-\varepsilon$ 模型）表现更好。然而，在靠近固体壁面的区域，由于分子黏性的效应，湍流脉动被抑制，雷诺数变得非常小，此时标准的 RSM 模型不再适用。为了解决这个问题，可以使用两种方法：壁面函数法或低雷诺数的 RSM 模型。

壁面函数法通常用于处理近壁区的流动问题，对于 RSM 模型，这种方法类似于标准的处理方式，但需要特别处理边界层的问题。另一种方法是使用低雷诺数的 RSM 模型，这类模型通过修改耗散函数和压力应变重新分配项来确保模型能够在壁面附近直接使用。

虽然 RSM 模型能够提供更多的物理信息并且在处理某些复杂流动（如流动分离和强烈的各向异性湍流）时表现出色，但在一些常见流动情况下（例如回流），它的性能不一定超过简单的两方程模型。此外，RSM 模型需要求解额外六个 Reynolds 应力的微分方程，这大大增加了计算负担，因此在实际应用中不如两方程模型那样普遍。

尽管存在这些局限性，RSM 模型仍然被认为是一种具有潜力的湍流模型，并且在学术研究和工业应用中都有一定的价值。

7.7　大涡模拟(LES)

大涡模拟（LES，Large Eddy Simulation）是一种位于直接数值模拟（DNS）与雷诺平均法（RANS）之间的湍流数值模拟技术。随着计算机硬件能力的迅速提升，大涡模拟的研究和应用正呈现出显著的增长趋势，并已成为计算流体动力学（CFD）领域的一个重要研究热点。本节将对这种模拟方法进行介绍。

7.7.1　大涡模拟的基本思想

湍流是由一系列不同尺寸的涡旋组成的复杂流动现象，这些涡旋的尺度范围非常广泛。理想情况下，我们希望通过计算捕捉到所有涡旋的细节，但这在当前的计算能力下几乎是不可能的，因为计算网格的最小尺寸通常远大于湍流中的最小涡旋尺寸。

然而，我们知道湍流中的动量、质量和能量传输主要由较大尺度的涡旋负责。这些大尺度涡旋与具体问题紧密相关，受到几何形状和边界条件的影响，而较小尺度的涡旋相对独立于这些因素，趋向于表现出各向同性和普遍性。基于这一认识，大涡模拟(LES)策略选择直接计算那些比计算网格大的涡旋，并使用模型来近似小尺度涡旋对大涡旋的影响。

实施 LES 涉及两个关键步骤：

(1)使用数学滤波器从瞬态纳维-斯托克斯方程中分离出大尺度涡旋的运动方程，同时滤除小于滤波尺度的小尺度涡旋。小尺度涡旋对大尺度涡旋的影响则通过添加一个额外的应力项(类似 Reynolds 平均法中的 Reynolds 应力)来表达，这个应力项被称为亚格子尺度应力。

(2)建立亚格子尺度模型(SGS 模型)，用来描述上述亚格子尺度应力的行为。

接下来我们将详细介绍如何获得大尺度涡旋的运动方程，以及如何构建亚格子尺度模型，并概述 LES 方 法的数值求解过程。

7.7.2 大涡模拟的运动方程

在大涡模拟(LES) 方法中，瞬时变量通过滤波函数被分解成两部分：大尺度平均分量和小尺度分量。例如，对于瞬时变量 φ，它被分为：

(1) 大尺度平均分量 $\bar{\varphi}$，这是在 LES 模拟中直接计算的部分。

(2) 小尺度分量 φ'，这部分需要通过模型来估计。

需要注意的是，这里的平均分量并不是时间平均，而是空间平均。滤波后的变量 $\bar{\varphi}$ 可以通过积分表达式来获得：

$$\bar{\varphi}=\int_D \varphi G(x,x')\,\mathrm{d}x' \tag{7-71}$$

其中 D 是流动域，x' 表示实际流动域中的空间坐标，而 x 表示滤波后的大尺度空间坐标。滤波函数 $G(x,x')$ 确定了计算中的涡旋尺度，它将大涡与小涡区分开来。小尺度分量 $\bar{\varphi}$ 只包含了大于滤波函数宽度的尺度上的变化。在有限体积法中，控制体积内的平均值可以被视为隐含的滤波操作。因此，滤波函数可以简单地表示为：

$$G(x,x')=\begin{cases}1/V, x'\in v\\ 0, x'\notin v\end{cases} \tag{7-72}$$

其中，V 表示控制体积的大小。这样式(7-71) 可以写成：

$$\bar{\varphi}=\frac{1}{V}\int_D \varphi\,\mathrm{d}x \tag{7-73}$$

应用滤波函数处理瞬时的 Navier - Stokes 方程和连续方程，可以得到：

$$\frac{\partial}{\partial t}(\rho\overline{u_i'})+\frac{\partial}{\partial x_j}(\rho\overline{u_i'u_j'})=-\frac{\partial\bar{P}}{\partial x_i}+\frac{\partial}{\partial x_j}\left(\mu\frac{\partial\overline{u_i'}}{\partial x_j}\right)-\frac{\partial\tau_{ij}}{\partial x_j} \tag{7-74}$$

$$\frac{\partial\rho}{\partial t}+\frac{\partial}{\partial x_i}(\rho\overline{u_i'})=0 \tag{7-75}$$

其中，τ_{ij} 定义为亚格子尺度应力(SGS应力)，它反映了小尺度涡对大尺度运动方程的影响。SGS 应力可以通过下面的表达式给出：

$$\tau_{ij}=\rho\overline{u'_i u'_i}-\rho\overline{u'_j u'_j} \tag{7-76}$$

这些方程组构成了 LES 方法中的控制方程组。值得注意的是，这些方程仍然是瞬时方程，而不是时间平均方程。连续方程在滤波前后保持不变，这是因为它是线性的。

由于 SGS 应力是一个未知量，为了使上述方程组可解，我们需要构建一个模型来表示 SGS 应力的数学表达式，这就是所谓的亚格子尺度模型(SGS model)。接下来我们将探讨如何建立这样一个模型。

7.7.3　亚格子尺度模型

亚格子尺度(SGS)模型是大涡模拟(LES)中的一个重要组成部分，它用于封闭方程(7－74)和(7－75)。SGS 模型的核心在于描述亚格子尺度应力τ_{ij} 的行为，这是 LES 方法中的关键步骤之一。最早的 SGS 模型由 Smagorinsky 提出，并被后续研究者进一步发展和完善。根据 Smagorinsky 的原始模型，SGS 应力τ_{ij} 可以表示为：

$$\tau_{ij}-\frac{1}{3}\tau_{kk}\sigma_{ij}=-2\mu_t\overline{S_{ij}} \tag{7-77}$$

其中，μ_t 是亚格子尺度的动力黏度系数，$\overline{S_{ij}}$ 是滤波后的应变率张量。

μ_t 的方法与 FLUENT 软件中采用的 Smagorinsky－Lilly 模型相似，具体表达式为：

$$\mu_t=(C_s\Delta)^2|\overline{S}| \tag{7-78}$$

其中，

$$\overline{S_{ij}}=\frac{1}{2}\left(\frac{\partial\overline{u_i}}{\partial x_J}+\frac{\partial\overline{u_j}}{\partial x_i}\right),\ |\overline{S}|=\sqrt{2\overline{S_{ij}}\,\overline{S_{ij}}},\ \Delta=(\Delta_x\ \Delta_y\ \Delta_z)^{1/3} \tag{7-79}$$

这里，C_s 是 Smagorinsky 常数，Δ_i 表示网格尺寸(通常沿着坐标轴的方向)，而$|\overline{S}|$则是应变率张量的模。

理论上的C_s 常数可以通过 Kolmogorov 常数C_k 计算得出，当$C_k=1.5$时，$C_s=0.17$。然而，实践经验显示，为了减小SGS应力的扩散效应，尤其是靠近壁面的区域，C_s应取一个较小的值。为此，Van Driest 提出了一个修正模型，该模型考虑了距离壁面的距离 y^+ 并调整了C_s 的值：

$$C_s=C_{s0}(1-e^{y^+/A^+}) \tag{7-80}$$

其中，y^+ 是无量纲距离，A^+ 是一个半经验常数，一般取值为25.0，而C_{s0} 通常取0.1作为 Van Driest 常数。

7.7.4　LES 控制方程的求解

通过式(7－77)将应力张量τ_{ij} 用滤波后的场变量表示后，方程(7－74)和(7－75)形成了一个封闭的方程组，其中包括速度分量 $\bar{u}$、$\bar{v}$、$\bar{w}$ 和 $\bar{p}$ 压力四个未知量，且恰好有四个方程。这个方程组可以通过计算流体力学(CFD)方法求解，例如有限元法或有限体积法。目前大多数研究倾向于使用有限体积法。

对于想要尝试大涡模拟(LES)方法的研究者，以下是一些关键点：

(1) 如果要计算能量或组分浓度等标量变量 $\bar{\varphi}$，需要额外建立对应的控制方程。这些方程中会包含类似 $\rho\overline{u_i\varphi}-\rho\bar{u}_i\bar{\varphi}$ 的项。

(2) 在时间积分方面，LES 方法通常要求至少二阶精度的积分方案，例如 Crank－Nicolson 半隐式方案或 Adams－Bashforth 显式方案。空间离散化时，为了减少数值扩散，建议使用至少二阶精度的格式，例如 QUICK 格式、二阶迎风格式或四阶中心差分格式。

(3) 对于计算网格的选择，可以根据具体问题选择交错网格、同位网格或非结构网格。

(4)LES 方法适用于高雷诺数流动。当涉及近壁面区域的低雷诺数流动时，需要采用壁面函数或其他处理方式。由于计算量庞大，LES 通常在高性能计算平台上运行，比如超级计算机或并行集群。

这些指南有助于研究者更好地理解和应用 LES 方法。

7.8 思考题

(1) 在湍流流动中，瞬时速度 μ 与时间平均速度 μ_t 的含义分别是什么？

(2) 时间平均化方程在湍流研究中为何重要？

(3)LES(大涡模拟)的基本理念是什么？它与 DNS(直接数值模拟)有何关联与区别？

(4) 标准 k-ε 模型中，k 和 ε 参数分别代表什么物理意义，它们如何共同描述湍流能量的产生与耗散？

(5) 除了零方程模型，为何所有湍流模型特别关注固体壁面附近的湍流模拟？解释高雷诺数湍流模型的概念，并对多种模型(如标准 k-ε、低 Re 数 k-ω、RNG k-ε、Realizable k-ε 模型)在近壁区处理方法上进行简述。

(6) 选取一个特定的平面湍流射流案例或相似的湍流问题，如何使用 RNG k-ε 模型建立该流场的控制方程及其边界条件，并概述利用数值方法求解这些方程的具体步骤？

(7) 在近壁区，低雷诺数湍流模型相较于标准模型有何改进，如何更精确地捕捉壁面效应？

(8)RNG k-ε 模型相较于标准 k-ε 模型在湍流建模上的创新之处是什么？如何影响其对复杂流场的预测能力？

第 8 章　计算流体动力学基础

8.1　计算流体动力学(CFD)概述

8.1.1　什么是 CFD?

计算流体动力学(Computational Fluid Dynamics,简称 CFD)是一种利用计算机技术来仿真和视觉展示涉及流体运动和热传递等物理过程的系统分析手段。目前大量的行业已经开始使用 CFD 理论来指导实践,如空气动力学外形优化、气动噪声控制、多相流动混合模拟、化工过程装备设计、大气环境预测等。CFD 的核心理念在于,将原本在时间和空间上连续分布的物理量场(例如速度场与压力场)转换有限数量离散点上的变量集合,并依据特定规则构建这些离散点上场变量相互关联的代数方程系统。随后,通过求解这些代数方程,得到连续场变量的数值解的近似值。

CFD 通过数值求解质量、动量和能量守恒方程,实现了对复杂流体行为的精准预测,包括热—流动耦合、物质输运、相变、化学反应、机械运动影响及固体应力位移等现象。实质上是对遵循流体运动基本定律(质量守恒、动量守恒、能量守恒)的流动进行数值实现,此过程使我们能够探究极端复杂的流场内各个位置上的基本物理参数(速度、压力、温度、浓度等)分布,以及这些参数随时间的变化情况。有助于揭示流动中的涡旋结构特点、空化现象及流动分离区域等。基于 CFD 分析,还能进一步推算出相关工程应用的关键性能指标,例如旋转流体机械的扭矩、水力损失及工作效率。此外,与计算机辅助设计(CAD)相结合,CFD 能助力于执行结构优化和设计改进,提升产品性能和开发效率,进一步拓展了在产品结构优化设计方面的应用潜力。

在流体力学研究中,理论分析、实验测量和计算流体动力学(CFD)方法共同构成了一个全面的、互补的研究体系。每种方法都有其独特的优势和适用范围,同时也存在一定的局限性。图 8-1 给出了表征三者之间关系的"三维"流体力学示意图。

其中,理论分析方法能够提供流体流动的基础解析解,帮助理解流体流动的本质和物理机制。解析解通常具有普遍性,能够清晰地展示各种影响因素的作用。但是,理论分析往往需要对实际问题进行高度的理想化和简化,如假设流体为理想流体(无黏性、不可压缩)、忽略边界层效应等,这可能导致理论结果与实际情况存在偏差。

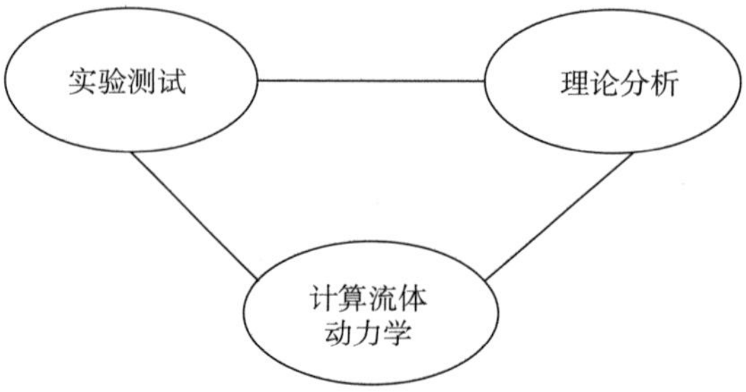

图 8-1 “三维”流体力学示意图

实验测量方法可以直接观察和记录流体的实际流动状态，提供精确的数据，对于验证理论预测和数值模拟结果至关重要。然而，由于实验成本高，耗时长，且在某些情况下，如微观尺度、高速流动或极端条件下的流动，实验观测可能受限或难以实现。

而 CFD 方法能够通过数值模拟解决复杂的流体动力学问题，适用于处理非线性效应、复杂的几何形状及瞬态流动，能提供详细的流场信息。

综上所述，计算流体动力学作为一种强大的分析工具，通过精密的数值模拟手段，不仅极大地丰富了我们对流体动力学复杂现象的认识，也为工程实践提供了强有力的预测与优化平台，其深远的影响和应用价值正不断推动着多个行业领域的技术创新与发展。

8.1.2 CFD 的特点

CFD 技术展现出了显著的灵活性与广泛的应用范围。其优势主要体现在处理非线性控制方程的能力上，这些方程涉及多重自变量、复杂计算域的几何形状和边界条件，通常难以获得解析解；CFD 则能够提供满足工程标准的数值解决方案。其次，CFD 允许通过计算机执行多种数值实验，例如调整流动参数以评估物理方程各部分的有效性和敏感性，便于方案的比较优选。此外，CFD 不受实体模型或实验条件的约束，能够在节省成本和时间的前提下，灵活模拟特殊尺度、极端温度、有害或易燃环境等真实情景，以及实验难以精确复现的理想条件，提供详尽全面的数据信息。

尽管如此，CFD 也存在一定的局限性。首先，作为一种离散近似计算方法，其依赖于合理的物理假设、适用的数学模型及计算机可行的离散化策略，提供的仅为有限离散点上的数值解而非解析表达式，且伴随不可避免的计算误差。其次，与直观的物理模型实验相比，CFD 需基于原始观测或前期实验数据来校验模型，并验证数学模型的准确性。再者，程序开发及数据处理高度依赖实践经验与技巧，不当的数值处理可能导致计算结果偏差，如出现数值扩散和频散等非物理现象。

尽管存在局限，部分问题可通过特定策略缓解，本书后续章节将对此有所阐述。值得注意的是，鉴于 CFD 的高度计算密集性，高性能的软硬件配置成为必需。总体而言，CFD 拥有其独特的理论基础、方法体系和应用特色，与理论分析、实验观察互为补充，三者虽然相互关联、相互促进，但在应用中各有侧重，不可完全互相替代。实践中，应注重三者的有机结合，充分发挥各自优势，实现互补共赢。

8.1.3　CFD 的应用领域

近年来,CFD 技术经历了显著发展,显著减少了经典流体力学领域对近似计算方法和图解法的依赖。以往作为教学典范的实验,如雷诺实验(Reynolds 实验),目前能够完全通过 CFD 技术在计算机平台上重现。几乎所有与流体流动、热交换、分子输运相关的现象,现在都可利用计算流体力学方法进行深入分析与仿真模拟。CFD 不仅作为一种研究工具,更在诸多工程领域中充当设计助手,具体应用涵盖:

(1)流体机械设计与优化:包括水轮机、风机、泵等设备内部的流体流动分析,以提升效率与性能。

(2)航空航天工程:飞机与航天器的外形设计,以减阻增升,优化飞行性能。

(3)汽车工程:分析车辆流线型外观对空气动力学性能的影响,促进燃油效率与行驶稳定性的提高。

(4)水文与环境工程:洪水波模拟、河口潮流计算,以及对水资源管理和防洪策略的辅助设计。

(5)结构工程:评估风载荷对高层建筑结构稳定性与性能的影响,保障建筑安全。

(6)室内环境控制:优化温室、室内空间的空气流动与环境质量,包括温度、湿度及污染物分布。

(7)电子设备冷却:设计高效散热方案,确保电子元器件的稳定运行与寿命延长。

(8)热交换系统:分析换热器性能,优化换热器片形状,提升热交换效率。

(9)环境污染与治理:模拟河流中污染物扩散过程,以及汽车尾气对城市街道环境的污染影响,为环保措施提供科学依据。

(10)食品安全:研究食品中细菌的迁移规律,评估食品安全风险。

CFD 技术的成熟,已使得其能够处理三维黏性流体流动、复杂涡旋结构等高难度问题,大大拓展了其在工程应用中的深度和广度。以往依赖于基本理论分析和物理模型实验的问题,如今多数已转变为依赖 CFD 技术进行高效分析与解决。

8.2　计算流体动力学的求解过程

在开展 CFD 计算任务时,用户可利用现成的商业化软件包来便捷实现计算目标,也可自主开发定制化的计算程序以满足特定需求。尽管这两条途径的工作流程在本质上保持一致,但它们各有特色,适应不同的应用场景和技术偏好。本章节旨在概述这一计算流程的基本框架,随后章节中,我们将循序渐进,深入剖析每一步骤的技术细节与实施策略,确保读者能够全方位掌握从理论到实践的每一个环节,充分挖掘 CFD 技术的潜力。

8.2.1　计算流程总览

不论是面对流体动力学问题、热传导问题,或是污染物扩散等迁移问题,也不管问题是处于稳态还是瞬态，其求解流程均可概括为图 8－2 所示的一般性框架。针对瞬态问题而言，这一框架可诠释为单个时间步长内求解步骤的执行流程，通过反复迭代此流程，逐次推进至下一个时间步，以连续计算整个动态过程。下面将对图中各关键求解阶段做一个简要的阐释。

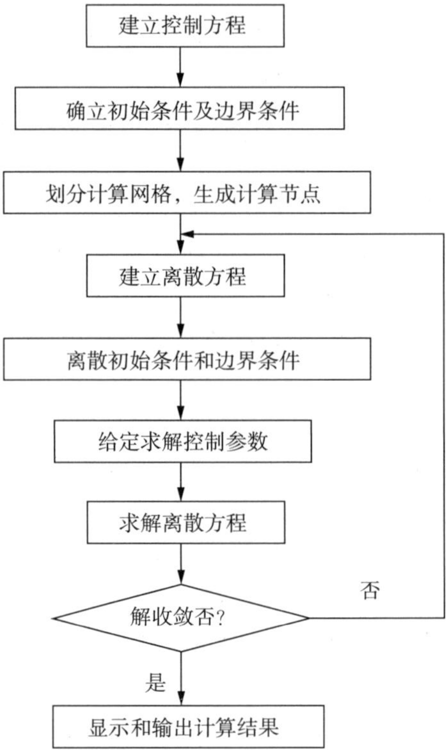

图 8－2　CFD 工作流程图

8.2.2　建立控制方程

在求解任何物理问题之前，建立控制方程时是必不可少的初步步骤。通常，这一过程较为直接，尤其是针对常规的流体流动问题，根据本章前几节的理论铺垫，可以直接推导出相应的控制方程组。以水轮机内部水流特性分析为例，若忽略热量交换的影响，可以直接采纳连续性方程与动量方程作为描述该流动现象的基础。值得注意的是，鉴于水轮机内部流动多呈现为典型的湍流状态，因此，一般情况下需要添加湍流方程，以确保模拟的准确性和实用性。这一系列步骤体现了从理论到实际应用的逻辑过渡，为后续的数值求解奠定了坚实的理论基础。

8.2.3　确定初始条件与边界条件

确保计算流体力学(CFD)模型能够得出唯一且有意义的解，关键在于恰当地设定初始条件与边界条件，它们与控制方程的结合共同构成了对特定物理现象全面而精确的数学模型。

初始条件是指研究系统在模拟起始瞬间，所有待求变量在空间上的分布状态。对于动态变化或瞬态问题，明确的初始条件是必不可少的，它描绘了模拟起跑线上的流场画面。相反，如果研究的是稳态问题，即系统最终达到一种不随时间变化的状态，则无需设定初始条件，因为关注点在于平衡状态而非初始瞬态。

边界条件则界定了求解域边缘上流体特性的行为规则，包括变量本身或其导数随空间位置和时间的限定规律。这是每个 CFD 分析中不可或缺的部分，无论问题性质如何。举例来说，在模拟锥形管道内流体流动时，可能在管道入口截面指定速度和压力沿径向的具体分布，同时在管道壁面实施无滑移条件，意味着壁面处流体速度与壁面相同，以此反映实际情况。

正确施加初始条件和边界条件对于提高计算结果的准确性和可靠性至关重要，任何偏差都可能导致解的失真。

8.2.4　划分计算网格

在运用数值方法解决控制方程的过程中，核心环节涉及将这些方程在所考虑的空间域内进行有效的离散化，进而转化为一系列可求解的离散方程组。实现这一目标的基石是网格生成技术，它通过将连续区域划分为多个小块或单元来实现空间的量化。这一技术广泛涵盖了多种策略，旨在适应不同几何形状和物理问题的需求，尽管其根本目的相同，即创建适配解算需求的网格结构。

网格生成技术按照结构特性可分为两大主流类别：结构网格与非结构网格。结构网格特征显著，尤其适用于规则区域，其网格布局呈现出规则的行列模式，如同整齐排列的四边形在二维空间中的延展。相比之下，非结构网格则展现出更高的灵活性，它们不受固定行列框架的限制，能够自如适应复杂多变的边界形态，因此在处理不规则几何问题时更为得心应手。

针对不同维度的问题，网格的基本单元也有所区别。二维模拟通常采用三角形或四边形网格作为构建基础；而在三维场景下，四面体、六面体及三棱体等单元成为常见选择。整个计算区域由这些单元通过共享的节点相互连接，形成一个连贯的网格系统。

现代计算流体动力学（CFD）软件，如 FLUENT，通常集成有高级网格生成工具，FLUENT 采用 GAMBIT 作为其预处理模块来辅助网格生成。这些软件不仅支持自身生成网格，还具备良好的兼容性，能够导入由其他计算机辅助设计（CAD）或专业 CFD/FEM 软件输出的网格模型，如 ANSYS 所创建的网格数据。

尽管如此，对于那些对网格有特殊要求或者问题相对简单的情况，用户也可以自定义编程来生成网格。

8.2.5　建立离散方程

在分析求解域内的偏微分方程时，理论上存在理想解（即精确解或解析解），然而，鉴于问题固有的复杂性，直接获取这一理想解通常是极其困难的。因此，数值方法被引入，它们将计算域划分成有限数量的点(即网格节点或网格中心),并把这些点上的因变量视为基本未知数。基于这些未知数,构建一套代数方程组,通过对这套方程组的求解,我们能够获得各节点的数值解,而计算域内其余位置的解则是依据相邻节点的值通过插值或其他方法估算得出。

不同的数值方法,如有限差分法、有限元法以及有限体积法,正是源于对节点间变量变化的假设差异及离散化过程的不同处理方式。即便是在同一类方法内部,比如在有限体积法的应用中,对流项采用不同的离散格式,也会导出形式各异的离散方程,进一步体现了数值方法的多样性。

对于随时间变化的问题(瞬态问题),不仅需要在空间域上实施离散,还需在时间域上同样进行离散化处理。这一过程还包括选择合适的时间积分方案,以准确地追踪解随时间的演变。简而言之,数值求解过程综合了空间与时间上的双重离散,每一步决策,从网格划分到离散格式的选择,再到时间积分方法的确定,都是为了高效且近似地逼近真实解,满足工程与科学研究的精度需求。

8.2.6 离散初始条件与边界条件

先前定义的初始条件与边界条件遵循连续性原则,例如壁面静止时流速设定为零。针对已生成的网格结构,需将这些连续条件转化为网格上各节点的具体数值。例如,在完全静止的壁面上,若配置了 90 个节点,则每一节点的速度均设定为零值。这一转换是必要的预备步骤,确保与 8.2.4 节所述在各个节点上建立的离散化控制方程体系相兼容,进而能够有效地求解整个方程组。

现代商业 CFD(Computational Fluid Dynamics)软件在预处理流程中,于网格划分之后,即允许用户直接在边界上指定所需的初始及边界条件。该软件会自动执行将这些条件转化为对应节点上的离散值的操作,极大地简化了处理流程。

8.2.7 给定控制参数

构建了离散空间中的代数方程系统并嵌入离散化的初始边界条件后,进一步的工作包括指定流体特性参数与湍流模型中涉及的经验系数。同时,为确保求解过程的有效性,需设定迭代计算的精确度标准、针对瞬态问题的时间步长及结果输出的时间间隔。尽管在理论层面,这些参数的选择或许显得较为次要,但在实际 CFD 模拟过程中,它们对最终结果的准确度与计算效率起到了决定性作用。

8.2.8 求解离散方程

在进行了上述设置后,我们得到了具有特定边界条件的代数方程体系。从数学理论出发,已经有很多种成熟的算法应对这类方程:例如,线性方程组可通过 Gauss 消元法或 Gauss - Seidel 迭代技术求解;而遇到非线性方程组时,Newton - Raphson 法便成了解题的方法。值得注意的是,现代商业 CFD 软件为了满足广泛的应用需求,内置了多样化的求解策略,旨在针对不同问题特性提供最适宜的解决方案。这一模块内容,实质上构成了求解器配置的核心部分，它不仅是理论知识向实际应用转换的桥梁，也是确保计算高效、精确的关键环节，值得我们在书中深入讨论与阐明。

8.2.9 判断收敛性

在解决稳态问题或瞬态问题的某一时间断面时，获取精确解通常涉及反复的迭代运算。迭代过程中，可能遇到由网格结构、网格尺寸以及对流项的离散化插值方法不当导致的解不收敛现象。特别是处理瞬态问题时，如果采用显式时间积分方案且时间步长设置过大，解的稳定性可能会受到威胁，出现振荡乃至发散的情况。因此，监控迭代进程中的解收敛情况至关重要，确保一旦达到预设的精确度标准，即终止迭代步骤。这一环节富含实践智慧，要求根据具体问题的特性灵活调整策略并细致分析。

8.2.10 后处理与结果分析

计算流体力学(CFD)的后处理与结果分析是整个仿真流程中至关重要的一步，其中，后处理是指使用专门的软件工具对CFD模拟生成的原始数据进行处理，以可视化和量化分析流体流动的特性。这一过程通常涉及以下几个方面：

(1)数据读取与转换：将CFD求解器输出的数据文件导入到后处理软件中，如ANSYS CFD-Post、ParaView、Tecplot 360等。

(2)可视化：通过生成二维切面图、三维流线、矢量图、等值面、粒子跟踪等，直观展示流速、压力、温度、湍流参数等流场变量的空间分布和时间演化。

(3)定量分析：计算平均值、极值、积分量等统计参数，评估流体动力学性能指标，如阻力系数、升力系数、热交换率等。

(4)动画制作：对于瞬态模拟，制作流场随时间变化的动画，帮助理解动态过程。

(5)表达式与计算：在后处理软件中定义新的表达式，计算定制的流体力学量，比如涡量、力的分布等。

结果分析是在后处理的基础上，对CFD模拟结果进行深入的解读、验证和评估，主要包括：

(1)验证与确认：将CFD模拟结果与实验数据或已知理论解进行比较，评估模型的准确性和可信度。这一步骤对于建立模型的有效性至关重要。

(2)性能评估：基于模拟结果，评价设计的流体动力学性能，如流体阻力、热传递效率、混合效果等，并确定是否满足设计要求。

(3)参数影响分析：通过改变模拟条件或设计参数，进行敏感性分析，理解各因素对流场特性的影响程度。

(4)问题诊断：识别流场中的异常现象，如流动分离、涡旋形成、不稳定流动等，并分析其原因。

(5)报告与文档：编写详细的分析报告，总结模拟发现，包括关键发现、潜在问题、改进建议和后续研究方向。

综上所述，后处理侧重于数据的可视化和初步量化，而结果分析则更加注重于对这些数据的深入理解、验证模型的有效性以及为实际应用提供指导。两者共同构成 CFD 研究中不可或缺的部分。

8.3 CFD 软件及平台介绍

8.3.1 CFD 软件基本结构

为了适应用户需求并简化操作流程,CFD(Computational Fluid Dynamics,计算流体动力学)商用软件的基本结构通常包含三个主要部分:前处理(Preprocessing)、求解(Solver)和后处理(Postprocessing)。这些步骤与软件中的三个关键组成部分相对应,即前处理器、求解器和后处理器。本节结合 CFD 软件的相关内容,简要介绍这三个程序模块。

(1)前处理器

前处理器是 CFD 工作流程的起始点,其核心任务聚焦于为后续仿真打下坚实的基础。具体涵盖以下几个关键步骤:

几何定义:首先,用户需在前处理器中创建或导入所研究问题的几何计算域。这包括直接构建三维模型,或利用导入功能将来自 CAD/CAE 软件(如 ANSYS、Pro/ENGINEER)的现有模型纳入 CFD 环境。

网格划分:随后,计算域被细分为大量的小体积或面积,称为单元,形成一个网格结构。网格质量直接影响仿真结果的精确度,因此,合理选择网格类型(如结构网格、非结构网格)并在物理现象变化显著区域(如边界层、湍流区)实施局部加密是至关重要的策略。

物理模型设定:基于问题特性,用户需选定合适的控制方程组来描述流体行为,比如 Navier - Stokes 方程。同时,为流体指定必要的属性参数,如密度、黏度等,并根据实际情况定义热传导、化学反应等附加效应。

边界与初始条件设定:为确保仿真贴近实际情况,需为计算域的边界指定边界条件,如速度入口、压力出口、无滑移壁面等。对于随时间变化的问题,还需设置初始条件,反映系统的起始状态。

网格优化与平衡:考虑到计算资源限制,前处理阶段还需权衡网格精度与计算效率。在物理量梯度大或关注区域,网格应适当加密以提高解的精确性,同时避免不必要的计算负担。

数据交互与模型导入:现代 CFD 软件支持与多种第三方 CAD/CAE 工具的集成,允许用户灵活地利用现有几何模型,促进跨平台的工作流程。

总结而言,前处理器阶段不仅是构建仿真模型的起点,也是确保仿真结果可靠性的基石,要求用户细致地完成几何准备、网格生成、物理参数设定及条件定义等多方面工作,以实现高效且精准的 CFD 分析。

(2)求解器

求解器(solver)的核心是数值求解方案,旨在将复杂的连续偏微分方程(如 Navier -

Stokes 方程）转换成可计算的离散方程组。尽管有限差分法、有限元法、谱方法和有限体积法等在具体实施上有所差异，它们共同遵循一个基本求解框架：

① 近似表达：首先，采用简单的数学函数（如多项式）来表示近似流场中的连续变量（如速度、压力），这一步骤是将连续介质的连续性转换为离散形式的基础。

② 离散化：将近似后的变量代入原始的控制方程中，通过一定的数学技巧（如泰勒展开、积分等）将其转化为一系列代数方程，形成离散方程组。这一过程也涉及定义网格结构，决定如何在空间和时间上划分求解域。

③ 求解代数方程组：运用数值算法求解得到的离散方程组，以获得每个网格点上的流体变量数值。此步骤可能涉及直接求解或迭代求解技术。

下面是各方法之间的主要差别：有限差分法侧重于直接在网格节点上定义变量，并通过差商近似导数。有限元法则通过在更广义的“元素”内构造函数插值，适用于复杂几何和多种边界条件。谱方法利用正交函数系（如傅里叶级数或切比雪夫多项式）进行变量的全局近似，适用于规则域和周期性问题，具有高精度但适用范围较窄。有限体积法，作为商用 CFD 软件中最常用的方法，它在每个控制体积（网格单元）内积分守恒定律，特别强调质量和能量的局部守恒，适合处理流动传输问题。

（3）后处理器

后处理阶段的目标在于高效地审查与解析 CFD 仿真得出的流体动力学数据，利用现代计算机图形技术增强结果的可视化与可理解性。当前的 CFD 软件配套的后处理器集成了丰富的功能，包括：

① 计算域的几何模型及网格显示

② 矢量图（如速度矢量线）

③ 等值线图

④ 填充型的等值线图（云图）

⑤ XY 散点图

⑥ 粒子轨迹图

⑦ 图像处理功能（平移、缩放、旋转等）

通过这些后处理功能，用户不仅能获得对 CFD 计算结果的全面认知，还能有效沟通研究成果，为设计优化和科学决策提供强有力的支持。

8.3.2　常用 CFD 软件

随着计算流体力学（CFD）领域的演进，专业商用软件的兴起有效解决了个人编程面临的局限性和挑战。自 1981 年起，诸如 PHOENICS、CFX、STAR－CD、FIDAP、FLUENT 等软件的出现，它们凭借全面的功能集、高度的适用性、友好的用户界面、强大的集成与扩展能力，以及卓越的跨平台性能，成为解决工程界复杂流体及热传导问题的强有力工具。这些软件不仅显著提升了工作效率，通过简化建模至分析的全过程，并且确保了计算的精确度与稳定性，还促进了不同领域间的协同创新，推动了科学技术和工业设计的快速发展。简而言之，商用 CFD 软件已成为现代工程设计与研究不可或缺的一部分，充分展现了计算流体力学的潜力与价值。

(1)PHOENICS

PHOENICS,作为首个商业化的CFD与传热学软件,自1981年由CHAM公司推出以来,持续引领行业创新。该软件不仅集成了CFD领域必备的通用功能,还展示了其独特优势,深化了用户定制化与应用范围的广度。

PHOENICS强调极致的用户参与度,通过开放的架构设计,允许用户无需编写复杂的FORTRAN代码,即可轻松添加个性化程序与模型,利用PLANT、INFORM及GROUND等工具,极大简化了自定义扩展的过程,提升了灵活性与便利性。

其强大的CAD接口兼容性,确保了与市场上多数CAD软件的无缝对接,简化了几何模型的导入流程,加速了仿真准备阶段。

软件内置的运动物体模拟功能(通过MOVOBJ指令),突破了传统相对运动模拟的局限,准确捕捉动态场景下的流体互动,适用于更广泛的工程分析。

PHOENICS提供了丰富的物理模型库,覆盖多种湍流、多相流、燃烧、辐射等复杂现象,满足不同行业及研究领域的特定需求。

算法选择上的灵活性,支持用户在欧拉算法与拉格朗日算法间切换,针对不同问题选择最合适的计算策略。

此外,PHOENICS还配备了一系列针对特定应用的模块,例如COFFUS用于燃煤锅炉仿真,FLAIR服务于城市规划与建筑环境模拟,HOTBOX专注于电子元件散热分析,展现了其在专业领域的深度应用能力。

软件的跨平台性也不容忽视,不仅有面向Windows系统的版本,采用Digital/Compaq Fortran进行编译,便于用户进行二次开发;还有Linux/Unix版本,并提供针对高性能计算的并行版本,支持多种并行计算环境,确保在高端计算平台上高效运行,满足大规模仿真计算的需求。

在 http://www. cham. co. uk 和 http://www. phoenics. cn 网站上可以获得关于PHOENICS的详细信息和算例。

(2)ANSYS CFX

CFX是首个获得ISO9001质量认证的商业CFD软件,起源于英国AEA Technology公司,后于2003年被ANSYS公司并购,这标志着其在全球CFD市场中的权威地位。区别于其他CFD软件,该软件的独特之处在于融合了有限体积法与基于有限元的有限体积法,这一创新提高了数值模拟的精确度和效率,尤其是在处理复杂几何和流体动力学问题时更为明显。CFX在求解技术上的突破,如全隐式多网格耦合求解,显著加速了计算过程并增强了稳定性,尤其适合大规模并行计算环境。与此同时,CFX不仅支持常见的湍流模型,还率先引入了大涡模拟(LES)和分离涡模拟(DES)等高级模型,提升了对复杂湍流流动预测的准确性。其全隐式多网格耦合求解技术则大大提高了求解速度和计算稳定性,尤其在并行计算环境中表现出色。从航空航天到环境保护,CFX在全球范围内拥有超过6000个用户,其应用领域广泛,几乎涵盖了所有需要CFD模拟的工业和科研领域,能够解决从基本的流体流动到复杂的多物理场问题。

ICEM CFD 作为其前处理工具，极大地丰富了 CFX 的实用性，不仅提供了多样化的网格生成选项，还实现了与主流 CAD 系统的深度整合，使得从设计到仿真分析的流程更为顺畅高效。对于旋转机械领域，CFX - Tasc flow 及其配套工具 Blade Gen 和 Turbo Grid 的专业化设计，为涡轮机械设计者提供了从概念设计到详细分析的一整套解决方案，极大缩短了产品开发周期。CFX 支持用户通过表达式语言（CEL）和用户子程序自定义物理模型，体现了其高度的灵活性和扩展性。同时，ICEM CFD 的网格生成工具能紧密集成到主流 CAD 环境中，实现了从几何设计到 CFD 分析的无缝衔接。并且涵盖广泛的物理现象模型，包括但不限于多相流、化学反应、燃烧、非牛顿流体等，满足了用户对复杂流动现象的模拟需求。

总之，CFX 凭借其先进的数值方法、高效的求解策略、灵活的用户定制能力以及与 CAD 的无缝对接，成了应对各类复杂物理问题的理想工具，满足了从航空航天到环保等多个行业用户的高要求，持续推动着工程仿真技术的进步。

在 http://www. ansys. com 和 http://www. ansys. dom. cn 网站上可以获得关于 CFX 及 ICEM CFD 的详细信息及算例。

(3)STAR - CD

STAR - CD 是一款由 CD - adapco 集团（成立于英国，源自英国帝国学院）开发的强大通用流体动力学分析软件，专为解决从简单到极端复杂的流体流动问题而设计。其名称“STAR - CD”蕴含了对任意区域湍流流动模拟的能力，展现了软件的核心竞争力。该软件不仅覆盖了不可压缩与可压缩流体（包括跨音速与超音速流）的模拟，还涉及热传递及非牛顿流体的研究，广泛应用于多个工业领域。

软件的三大核心模块（前处理器、求解器、后处理器）整合了从几何建模、物理设定、求解计算到结果可视化的全过程，通过直观的用户界面提升工作效率。特别是其前处理器 Prostar，不仅内置强大的 CAD 建模工具，还能与众多主流 CAD/CAE 软件高效对接，确保了数据互操作性。多种网格生成技术及智能化的网格质量评估，加之独特的 Multi - block 方法和任意交界面技术，让 STAR - CD 在处理复杂几何结构时表现出色，特别适合用于多级透平机械内的流场计算。

在求解技术上，STAR - CD 提供了多样化的湍流模型、求解算法和差分格式，赋予用户高度灵活性以适应不同流体特性和网格质量，确保计算的准确性和效率。其后处理功能强大，能够动态展示流场特性，帮助用户直观理解计算结果，进行深入分析，如气动力性能评估。

此外，STAR - CD 开放的用户自定义接口允许高级用户通过编写 Fortran 子程序来扩展软件功能，满足特定研究或工程需求，进一步提升了软件的适用范围和专业价值。

总结而言，STAR - CD 凭借其全面的物理模型、高效的前后处理能力、对复杂几何的出色处理及高度的用户定制性，在全球 CFD 市场中占据重要位置，是工程设计和科学研究中不可或缺的工具。在 http://www. cd - adapco. com（或 http://www. cd. co. uk）和 http://www. cdaj - china. com 网站上可以获得关于 STAR - CD 的详细信息及算例。

(4)ANSYS FLUENT

FLUENT，1983 年由美国 FLUENT 公司推出，作为市场上的第二款商用有限体积法

CFD 软件，紧随 PHOENICS 之后，现今已成为功能全面、应用广泛且在国内极为普及的 CFD 解决方案。本书第七章将深入探讨其核心理论与实操技巧。

FLUENT 的一大亮点在于其灵活的网格系统，可以让用户使用非结构网格，涵盖三角形、四面体、六面体及金字塔形等多种单元，甚至支持混合网格，以适应复杂几何形态的流体模拟需求。网格可根据解算需求实时调整，实现精细化或简化。该软件搭配 GAMBIT 进行前处理，便于导入多种 CAD 及 CAE 格式的几何与网格模型，支持二维至三维的流动分析，可完成定常与非定常流动分析、不可压缩与可压缩流体计算、层流与湍流模拟、热传递与化学反应分析、多相流以及固液热耦合分析等多种复杂流动现象。其内置多种湍流模型，包括 $k-\varepsilon$ 模型、Reynolds 应力模型及大涡模拟(LES)，并提供标准壁面函数、双层近壁模型等。

边界条件的设定在 FLUENT 中高度自定义，支持动态变化的入口、出口及壁面条件，适用于不同坐标系下的复杂要求，如轴对称与周期性边界。用户可通过自定义函数(UDF)深度介入，不仅限于方程源项、边界与初始条件，还能扩展流体属性、引入新标量方程及多孔介质模型等，极大拓宽了软件的应用潜力。

软件采用 C 语言编写，实现动态内存管理和高效数据结构，结合 Client/Server 架构，支持在工作站与服务器间分布式运算，提升了计算效率与灵活性。它在 Windows、Linux/Unix 平台上运行顺畅，且能进行并行计算，加速大规模模拟。

FLUENT 的交互式用户界面基于 Scheme 语言构建，允许用户通过宏和函数定制界面，进一步满足个性化需求。同时，C 语言的 UDF 功能拓展了软件的定制边界，促进专业领域的深化应用。

除 FLUENT 外，该公司还开发了针对特定领域的一系列软件，例如黏弹性与聚合物流动的 POLYFLOW、电子设备热分析的 ICEPAK、搅拌混合分析的 MIXSIM 及通风设计的 AIRPAK，展现了其在 CFD 领域的全面布局。

在 http://www.FLUENT.com 及 http://www.hikeytech.com 网站上可获得关于 FLUENT 软件的详细信息和算例。

(5)Open FOAM

Open FOAM 是一套基于 C++ 的高级开发框架，它由大约 100 个精心设计的类库构成，这些类库为构建各种高性能计算流体动力学(CFD)应用程序提供了坚实的基础。它不仅仅是一个软件包，更是一个强大的生态系统，允许用户深入流体力学模拟的核心，进行定制化的开发。自 1998 年诞生以来，Open FOAM 已经发展成为一个包含约 250 个内置应用程序的综合平台，这些应用分为两大核心类别：求解器(solvers)和工具(utilities)。

求解器(Solvers)：求解器是 Open FOAM 的核心组件，它们针对特定的连续介质力学问题进行了优化设计。这些求解器覆盖了广泛的物理现象，包括但不限于不可压流、可压流、湍流流动、多相流、热传导、化学反应以及多物理场耦合问题。每个求解器都封装了复杂的数学模型和数值算法，能够高效地求解纳维-斯托克斯方程及其扩展，以模拟实际工程和科学研究中的流体行为。

工具(Utilities)：工具类应用则是为了解决一系列预处理、后处理以及数据管理任务。它们包括网格生成、数据转换、结果分析、几何操作等功能，是确保整个仿真流程顺畅进行的重要组成部分。这些工具的存在使得用户能够在仿真前后高效地准备数据和分析结果，从而提高整体的工作效率。

Open FOAM 的一个显著特点是高度的可扩展性和定制性。拥有一定数学、物理和 C++编程技能的用户，可以基于现有数据库创建全新的求解器和工具，以适应特定的模拟需求。这种灵活性使得 Open FOAM 成了学术研究和工业应用中极具吸引力的选择，因为它能够为用户提供完全符合特定研究目标或工程设计要求的解决方案。尽管 Open FOAM 自带一些基本的前处理和后处理工具，但在复杂的实际应用中，通常会与专业的第三方软件(如 Para View、Gmsh 或 Salome 等)结合使用，以实现更高级的几何建模、网格划分和结果可视化。为了确保数据在不同软件之间的顺利交互，Open FOAM 提供了标准的数据交换格式和接口，确保了数据的一致性和完整性。在并行计算能力方面，Open FOAM 充分利用了现代计算机架构的优势，支持 MPI(Message Passing Interface)并行计算，能够高效地在多核 CPU、GPU 集群上运行大规模的仿真任务，极大地提高了计算效率，使得处理大规模或高分辨率的流体模拟成为可能。

综上所述，Open FOAM 作为一个开源的 CFD 平台，通过其丰富的内置求解器、工具集，为流体力学研究和工程应用提供了一个强大且灵活的工具箱。无论是学术研究、产品研发还是教育训练，Open FOAM 都能满足用户从基础流体模拟到复杂多物理场耦合问题求解的广泛需求。

8.4　CFD 应用实例

8.4.1　建环方向：建筑自然通风模拟

在现代建筑设计中，自然通风不仅关乎能源效率，还直接影响居住者的热舒适与健康。本节将深入探讨如何运用计算流体动力学(CFD)技术模拟住宅建筑的自然通风，以优化设计，实现更佳的居住环境。自然通风利用环境风压差和热压差，通过建筑物开口(窗户、门、通风口等)引导室外新鲜空气进入室内，同时排出室内的污浊空气，实现空气在建筑内部的流动，达到降温、除湿、提高室内空气质量的目的。然而，自然通风的有效性受多种因素影响，包括建筑的地理位置、周围环境、建筑形态、开口设计等，使得自然通风效果难以直观预测。

CFD 是一种通过数值方法解决流体流动问题的技术，它能够模拟流体在建筑内外的流动情况，揭示气流路径、速度分布、温度分布等关键参数。在建筑自然通风模拟中，首先需要建立建筑三维模型，然后进行合理的网格划分，再设置环境参数和边界条件，如风速、温度、开口大小及位置。在选择合适的湍流模型和求解算法之后，运行 CFD 软件进行计算，获得风速流线(如图 8-3)、温度分布等结果，并分析通风过程中的流体动力学和传热传质学机理。同时可以根据模拟结果优化设计窗户、墙体等的布局，从而改善建筑自然通风性能，提升室内热舒适和空气品质。

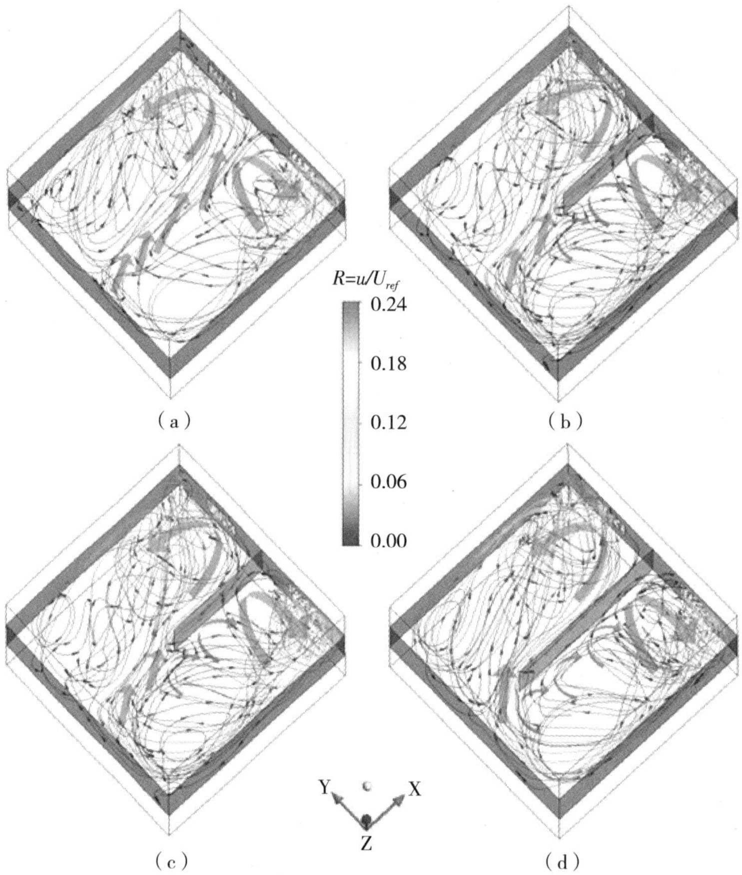

图 8-3 风速分布流线图

通过以上案例可知，CFD 技术在建筑自然通风模拟中的应用，不仅促进了建筑的低碳绿色转型，也为创造健康、舒适的室内环境提供了强有力的支持。

8.4.2 能动方向：锅炉燃烧模拟

在锅炉燃烧的优化和性能模拟中，计算流体力学（CFD）技术扮演着至关重要的角色。能动燃烧锅炉是一种复杂的系统，涉及燃料燃烧、热传递、流体动力学等多个物理现象。通过使用 CFD 模拟，可以深入分析这些现象，帮助设计人员进行有效的改进。

首先，创建锅炉的三维几何模型是模拟的基础，这一步通常使用 CAD 软件完成。几何模型完成后，将其导入 CFD 软件，并进行网格划分。网格划分需要确保在关键区域，如燃烧室内部和烟气出口等处的细致程度，以捕捉流场和温度分布的变化。这一过程中，细密的网格将有助于提高模拟精度。

接下来，设置边界条件是进行 CFD 模拟的关键步骤。对于入口边界条件，需要确定燃料和空气的流量、温度及压力等参数。出口边界条件可以设置为压力或质量流量出口，而壁面边界条件通常需要定义为绝热壁面、固定温度或热流等。

物理模型的选择也非常重要。根据锅炉的特征，可以选择合适的湍流模型（如 RANS

或 LES 模型），燃烧模型（如 EDC－P1 或 PDF 模型），以及辐射传热模型（如 DO 或 P1 模型）。特别是在燃烧过程中，选择合适的化学反应机制，以准确模拟燃料的燃烧特性，确保模型的真实代表性。

在设置完成后，需要定义初始温度、压力和速度分布。同时，选择合适的求解器（稳态或瞬态），并设定收敛准则以保证计算结果的准确性。

最后，分析模拟结果，着重关注温度分布、压力分布及燃烧效率等关键参数（如图 8－4 所示）。将得到的模拟结果与实验数据相对比，验证模型的有效性和准确性。这一过程不仅有助于识别潜在问题，还能够为后续的设计优化提供指导。

通过 CFD 模拟，设计人员能够深入理解锅炉内的流体动态和燃烧特性，从而实现性能的优化，提高锅炉的燃烧效率和整体效能。

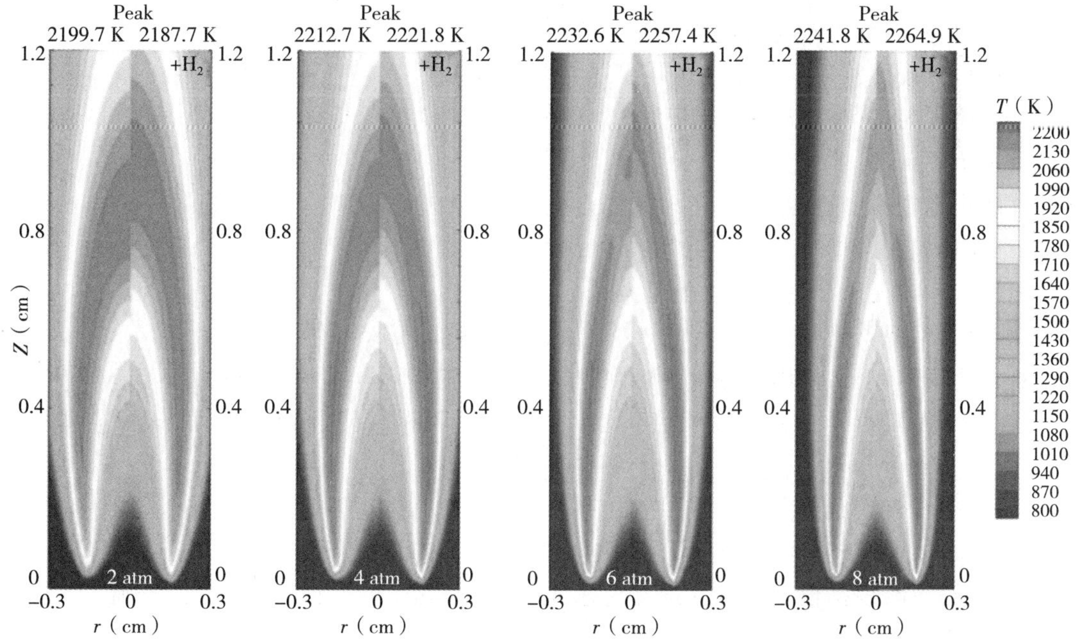

图 8－4　燃烧的温度云图

8.4.3　环境方向：净化除尘

使用计算流体力学（CFD）来优化除尘净化系统的设计是一个复杂但有效的过程，以袋式除尘器为例，以下是详细的步骤和考虑因素。

（1）几何建模

首先，在 CAD 软件中创建袋式除尘器的三维模型，包括以下主要组件：

进气口：设计为适应气体的流入，考虑气流的入口布局。

过滤袋：过滤介质的形状和排列，确保颗粒物能够有效被捕集。

清灰机构：设计清灰机制，确保除尘器在运行过程中保持有效的过滤能力。

出气口：流出气体的设计与排放方式。

完成模型后，将其导入 CFD 软件。

(2)网格划分

对模型进行网格划分是 CFD 模拟的关键步骤：

细化网格：在过滤袋内部、进气口附近和变化剧烈的流场区域使用更细密的网格，以捕捉小尺度的气流和颗粒行为。

网格质量：确保网格的质量良好，避免过度扭曲，以提高计算精度与收敛速度。

(3)边界条件设置

合适的边界条件能够影响模拟的可靠性：

入口边界条件：

流量：设定进气的流量和速度。

温度、压力：根据实际工况设置。

粒子浓度：明确颗粒物的初始浓度和粒径分布。

出口边界条件：

可以设定为自由出流或给定压力条件。

壁面边界条件：

过滤袋设置为渗透性壁面，考虑其阻力损失，其他区域设置为无滑移边界。

(4)物理模型选择

根据实际需要选择适合的物理模型：

湍流模型：根据流动特性选择 $k-\varepsilon$ 模型或大涡模拟(LES)。

颗粒物跟踪模型：使用拉格朗日颗粒追踪方法来模拟颗粒物的运动和行为。

多相流模型：选择合适的多相流模型，考虑气固两相之间的相互作用，确保模拟的准确性。

(5)模拟设置

初始条件：设定初始的温度、压力和速度分布。

求解器选择：根据模型的特性选择稳态或瞬态求解器，并设定相应的收敛准则。

(6)结果分析

对模拟结果进行全面分析，关注以下几个方面：

颗粒轨迹可视化(图 8-5)：可以通过速度云图观察颗粒运动速度的变化，以识别进气口到出气口的流场特性。

① 颗粒物去除效率：

评估不同粒径颗粒物的去除效果，以判断过滤系统的效率。

② 压力损失：

检查进气口与出气口之间的压力变化，以评估系统的阻力损失。

③ 沉积模式：

观察颗粒物在过滤袋内外表面的沉积情况，以了解颗粒物如何在过滤介质上分布。

④ 清灰效果：

模拟清灰过程，评估清灰机构的有效性，确保设备在长期运行中保持功能。

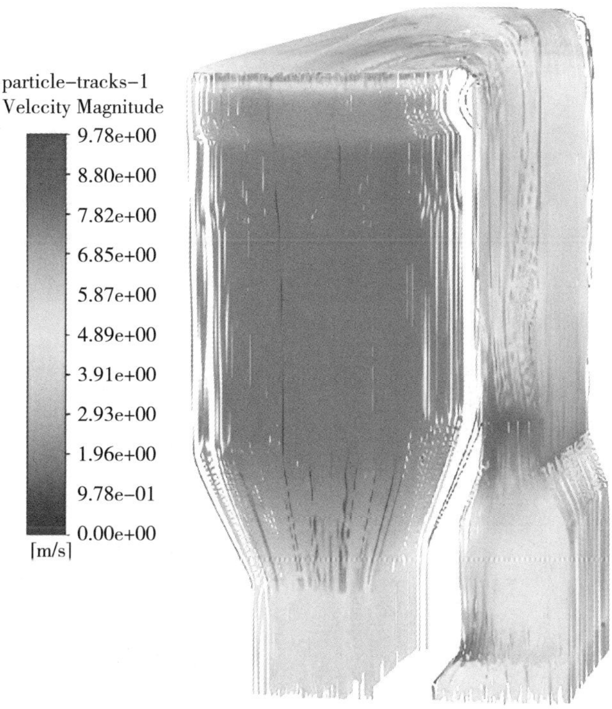

图8-5　脱硝塔颗粒轨迹图

(7)结果对比与验证

将CFD模拟结果与实验数据进行对比,验证模型的准确性和有效性。

CFD模拟不仅可以帮助设计团队深入理解除尘器的性能,还能够优化设计参数,以提高系统的总体处理能力和降低能耗。通过不断地模拟与调整,最终实现高效和经济的除尘净化。

8.5　思考题

(1)计算流体动力学(CFD)的主要目标是什么?

(2)CFD在工业设计和优化流程中的具体应用案例有哪些?

(3)控制方程在CFD模拟中的求解过程中如何被离散化?

(4)对于非牛顿流体,其控制方程与牛顿流体的Navier-Stokes方程有何差异?

(5)在变截面管道流动问题中,如何利用CFD预测流动分离和再附现象?

(6)CFD模拟中,如何确定合适的湍流模型以提高预测精度?

(7)在CFD软件中,如何实现并行计算以加速大规模流体问题的求解?

(8)在CFD模拟中,如何评估和验证模型结果的准确性和可靠性?

参考答案

第 1 章

(1)①6;②0

(2)① $\frac{\partial u_x}{\partial x}+\frac{\partial u_y}{\partial y}+\frac{\partial u_z}{\partial z}=0$

② $\frac{\partial u_x}{\partial t}+u_x\frac{\partial u_x}{\partial x}+u_y\frac{\partial u_x}{\partial y}+u_z\frac{\partial u_x}{\partial z}=f_x-\frac{1}{\rho}\frac{\partial P}{\partial x}+\upsilon\left(\frac{\partial^2 u_x}{\partial x^2}+\frac{\partial^2 u_x}{\partial y^2}+\frac{\partial^2 u_x}{\partial z^2}\right)$

$\frac{\partial u_y}{\partial t}+u_x\frac{\partial u_y}{\partial x}+u_y\frac{\partial u_y}{\partial y}+u_z\frac{\partial u_y}{\partial z}=f_y-\frac{1}{\rho}\frac{\partial P}{\partial y}+\upsilon\left(\frac{\partial^2 u_y}{\partial x^2}+\frac{\partial^2 u_y}{\partial y^2}+\frac{\partial^2 u_y}{\partial z^2}\right)$

$\frac{\partial u_z}{\partial t}+u_x\frac{\partial u_z}{\partial x}+u_y\frac{\partial u_z}{\partial y}+u_z\frac{\partial u_z}{\partial z}=f_z-\frac{1}{\rho}\frac{\partial P}{\partial z}+\upsilon\left(\frac{\partial^2 u_z}{\partial x^2}+\frac{\partial^2 u_z}{\partial y^2}+\frac{\partial^2 u_z}{\partial z^2}\right)$

(3) $\frac{\partial T_{ij}}{\partial x_j}+b_i=0$

(4)① -4;②1;③$2k+5j$;④ $-3i-16j-7k$

(5)①0;②3,0,a;

③ $(\nabla^2 V)_x=\frac{\partial^2 V_x}{\partial x^2}+\frac{\partial^2 V_x}{\partial y^2}+\frac{\partial^2 V_x}{\partial z^2}$,$(\nabla^2 V)_y=\frac{\partial^2 V_y}{\partial x^2}+\frac{\partial^2 V_y}{\partial y^2}+\frac{\partial^2 V_y}{\partial z^2}$,

$(\nabla^2 V)_z=\frac{\partial^2 V_z}{\partial x^2}+\frac{\partial^2 V_z}{\partial y^2}+\frac{\partial^2 V_z}{\partial z^2}$;

$(V\cdot\nabla V)_x=V_x\frac{\partial V_x}{\partial x}+V_y\frac{\partial V_x}{\partial y}+V_z\frac{\partial V_x}{\partial z}$,$(V\cdot\nabla V)_y=V_x\frac{\partial V_y}{\partial x}+V_y\frac{\partial V_y}{\partial y}+V_z\frac{\partial V_y}{\partial z}$,

$(V\cdot\nabla V)_z=V_x\frac{\partial V_z}{\partial x}+V_y\frac{\partial V_z}{\partial y}+V_z\frac{\partial V_z}{\partial z}$;

$(\nabla\cdot VV)_x=\frac{\partial(V_xV_x)}{\partial x}+\frac{\partial(V_yV_x)}{\partial y}+\frac{\partial(V_zV_x)}{\partial z}$,$(\nabla\cdot VV)_y=\frac{\partial(V_xV_y)}{\partial x}+\frac{\partial(V_yV_y)}{\partial y}+\frac{\partial(V_zV_y)}{\partial z}$

$(\nabla\cdot VV)_z=\frac{\partial(V_xV_z)}{\partial x}+\frac{\partial(V_yV_z)}{\partial y}+\frac{\partial(V_zV_z)}{\partial z}$

(6)$3i-2j-6k$,$6i+3j$

(7) 略

(8) 略

第 2 章

(1) ～(5) 略

(6)①$a(4x+4y+z, x+4y+4z, 4x+y+4z)$；

② $\varepsilon_{xy}=\varepsilon_{yx}=\frac{1}{2}\left(\frac{\partial v}{\partial x}+\frac{\partial u}{\partial y}\right)=\frac{1}{2}(2+1)=\frac{3}{2}$

$\varepsilon_{xz}=\varepsilon_{zx}=\frac{1}{2}\left(\frac{\partial w}{\partial x}+\frac{\partial u}{\partial z}\right)=\frac{1}{2}(1+2)=\frac{3}{2}$

$\varepsilon_{yz}=\varepsilon_{zy}=\frac{1}{2}\left(\frac{\partial v}{\partial z}+\frac{\partial w}{\partial y}\right)=\frac{1}{2}(1+2)=\frac{3}{2}$；

③ $w=\frac{1}{2}i+\frac{1}{2}j+\frac{1}{2}k$；

④ 0

(7)～(9) 略

第3章

(1) 如果流体运动是无旋的，则称此流体运动为有势运动。速度位势就是速度向量在某一方向上的投影与该方向上一段距离的乘积。

(2) 有势流动与无旋流动是等价的，即有势流动是无旋的，无旋流动的速度场等同于某个势函数的梯度场。

(3) 在数学分析上，我们将描述流场特征的所有流线所构成的流线族用一定的函数形态来表示，这种函数就称为流函数。不论是理想流体还是黏性流体，不论是有旋流动还是无旋流动，只要是不可压缩流体的平面流动，就存在着流函数。

(4)① 流函数 $\psi(x,y)=C$ 的方程为流线方程。② 通过两条流线间各截面上的流体的体积流量都相等，并恒等于两条流线上的流函数值之差。③ 不可压缩流体平面无旋流动的流函数满足拉普拉斯方程，即 $\frac{\partial^2\psi}{\partial x^2}+\frac{\partial^2\psi}{\partial y^2}=0$。④ 在不可压缩流体平面无旋流动的流场中，流线与等势线处处正交。

(5) 只要流动是无旋的，就一定存在速度势函数；反之，只要流场中存在速度势函数 φ，则流动就必定是无旋的。

(6) 流场的速度分量为 $u_x=\frac{\partial\varphi}{\partial x}=y$，$u_y=\frac{\partial\varphi}{\partial y}=x$，代入流函数的微分式得

$$\mathrm{d}\psi=-u_y\mathrm{d}x+u_x\mathrm{d}y=-x\mathrm{d}x+y\mathrm{d}y$$

积分上式，得流函数为：

$$\psi=-\frac{1}{2}(x^2-y^2)+C'$$

令 $\psi=$ 常数，得流线方程为 $(x^2-y^2)=C$，即流线图形为双曲线。

(7) 设无限平面内有一点 O，流体不断地从 O 点流出后，沿径向均匀地向四周各个方向继续扩散流动，这种流动称为源流；与此相反，若流体不断地沿径向均匀地从四周各个方向流入 O 点，则这种流动称为汇流。

(8) 在涡束外流体的速度与半径成反比；而在涡束内，流体则如同刚体一样以等角速度

ω 绕其自身轴旋转，其速度与半径成正比，即 $u_\theta = \omega r$。

(9) 当流体做匀速直线运动时，流场中各点的速度都是大小相等、方向相反的，这种流动就称为均匀直线流。在水平均匀直线流动的流场中，压力是处处相等的。

(10) 螺旋流是由点源或者点汇流动和点涡流动叠加而成的；偶极流是同强度的点源和点汇叠加的结果；均匀直线绕圆柱体无环量的平面流动可认为是由均匀直线流和偶极流叠加而成的组合平面流动。

第4章

(1) 分析研究流体流动极为简单的情况下，直接从封闭的N－S方程组出发，对控制方程进行直接积分或者变量置换，再配合适当的边界条件和初始条件，从而得到方程的解，通过这种途径所得到的N－S方程的解一般称为精确解或解析解。

根据所研究黏性流体流动问题的力学特性，把N－S方程中的每一项进行量级比较，忽略方程中某些次要项，即忽略高阶小量项，从而得到N－S方程的近似方程，在某些情形下可以求出近似方程的精确解或渐近解，通过这种途径所得到的N－S方程的解一般称为近似解。

精确解是从完整的N-S方程出发来进行求解的，而近似解一般是从简化以后的N-S方程出发来进行求解的。

(2) 分析研究N－S方程的精确解，主要目的有：

① 能够使得学习者对流体力学发展历程中的若干典型解法有所了解，以利于开阔解决流体流动问题的思路；

② 能使学习者对一些黏性流体流动问题及其基本特性有所了解，或许有助于求解较为复杂的流动问题；

③ 有时可以用这些精确解来检验某种近似解法的准确性与适用性。如果实际流动与精确解的流动情况近似，可用摄动法求解流动问题，精确解构成这种方法的基础。

④ 用来检验数值计算的结果，如编写计算机程序进行数值计算时，以精确解作为算例，可以用来验证模型的可靠性和程序的正确程度。

21.(3)① 非线性项全部消失；

② 非线性项可化为非常简单的形式。

(4) 黏性流体的流运动有层流和湍流两种状态。描述黏性流体流动的基本方程组，对于层流流动而言，不需要另外补充其他说明，可直接对其求解。但对于湍流流动，由于旋涡运动是随机的，流场中各空间点的速度、压力等物理量随时间做瞬时而无规则的变化，直接应用基本方程组求解实际上是不可能的，因此湍流流动没有精确解。

(5) 略。

(6) 描述黏性流体流动的基本方程组，即N－S方程组，该方程组是封闭的，从数学上分析可以求得其通解。但是由于N－S方程(动量方程)中，黏性项 $\frac{\partial}{\partial x_j}\left(\mu \frac{\partial u_i}{\partial x_j}\right)$ 是二阶项，迁移加速度项 $\rho u_j \frac{\partial u_i}{\partial x_j}$ 是非线性项。因此，N-S方程是一个二阶非线性偏微分方程。黏性流体的

N-S方程中由于含有非线性项，三维流动情况时在任意的初始条件和边界条件下，分析求解时会遇到难以克服的数学困难，目前尚无法获得一般流动情形下的解析解。

(7) ～ (9) 略

第5章

(1) 流体流动过程中雷诺数非常小，极限情形下 $Re \to 0$，说明此时流体受到的黏性力要远远大于惯性力，即N-S方程中的对流项远远小于扩散项，因此可以忽略N-S方程中的全部或部分惯性力项，这样迁移加速度这一非线性项就可以被略去或者转换成线性项，从而使得使N-S方程大为简化，然后由简化的方程求出流动问题的精确解或近似解，这种流动称为小雷诺数流动，或低雷诺数流动，工程上常常称为蠕动流。这是一类速度极慢、尺度极小或黏度极大的流动。

(2) 小雷诺数流动在工程实践中是有实际意义的，比如大气中烟尘的沉降，云雾中的水滴，胶体溶液中的胶体大分子，河流中泥沙的沉降，水洗选矿中的矿尘粉末，微生物的游动，轴承润滑以及血液中红细胞的运动等等。

(3) 流体流动的雷诺数是流体惯性力与黏性力之比的一种度量。小雷诺数流动的主要特点就是惯性力与黏性力相比居于次要地位。当 $Re \to 0$ 时，可以略去动量方程中左端的惯性力项，对于常黏性系数不可压缩定常小雷诺数流动，忽略体积力，得到简化后的运动方程组为

$$\nabla \cdot u = 0$$

$$\nabla p = \mu \nabla^2 u$$

上述方程式称为斯托克斯方程。服从斯托克斯程的流体流动问题称为斯托克斯流。

(4) 斯托克斯方程的求解方法一般有两种途径，一是应用控制方程及相应的边界条件对于所感兴趣的几何边界求解其边值问题。另外一个途径就是从斯托克斯方程为线性方程这一点出发，如同势流求解一样，先分析建立一些控制方程的基本解，如均匀流、偶极子、斯托克斯极子等，再由这些基本解的线性叠加去求解某些复杂流动问题的解。

(5) 斯托克斯方程的基本流动有均匀流动、偶极子流动、斯托克斯极子流动等。

(6) ～ (8) 略。

第6章

(1) ～ (8) 略。

第7章

(1) 瞬时速度 μ 是指在湍流流动中，流体在某一时刻的实际速度。它是随机且不规则变化的，反映了湍流流动的瞬时状态。

时间平均速度 μ_t 是指在一定时间段内对瞬时速度取平均得到的速度值。它消除了瞬时速度的波动部分，提供了流动的宏观特性。

(2) 时间平均化方程是湍流研究的基础，它将复杂的瞬时湍流流动简化为可处理的时间平均流动，便于分析和模拟。

(3)LES 旨在通过直接求解大尺度涡旋并建模小尺度涡旋来模拟湍流流动，从而在较短的计算时间内获得较为准确的湍流特性。

与 DNS 的关联与区别：

关联：两者都是基于 Navier－Stokes 方程的直接求解。

区别：DNS 求解所有尺度的涡旋，而 LES 仅求解大尺度涡旋，并对小尺度涡旋进行建模。

(4)k：表示湍动能，反映了湍流中能量的存储情况。

ε：表示湍动能耗散率，反映了湍流中能量从较大尺度转移到较小尺度直至最终耗散的过程。

k 和 ε 共同描述了湍流能量的产生、传输和耗散过程。

(5) 固体壁面附近存在复杂的流动结构，如边界层、近壁湍流结构等，对整体流动有重要影响。

高雷诺数模型：

标准 $k-\varepsilon$ 模型：使用壁面函数来处理近壁区，忽略了分子黏性的影响。

低Re 数 $k-\omega$ 模型：通过修改 ε 方程来适应低Re 数条件下的近壁区流动。

RNG $k-\varepsilon$ 模型：通过增加额外项来改善对近壁区流动的预测。

Realizable $k-\varepsilon$ 模型：改进了 ε 方程，以确保预测结果的物理合理性。

(6) 控制方程：建立连续性方程、Navier－Stokes 方程以及 RNG $k-\varepsilon$ 模型的 k 和 ε 输运方程。

边界条件：给出适当的入口、出口及壁面边界条件。

求解步骤：选择合适的离散化方案和数值方法。设定初始条件和收敛准则。实施迭代求解直至满足收敛准则。

(7) 低Re 数模型通过修改湍动能耗散率方程中的扩散项来提高近壁区流动的预测精度。它们能够更好地捕捉到分子黏性的影响。

(8)RNG $k-\varepsilon$ 模型通过引入额外项改进了湍动能耗散率方程，提高了模型对复杂流场的预测能力。同时在处理强旋流和逆压梯度流动方面表现更佳。

第 8 章

(1)CFD 的主要目标是通过数值方法求解流体力学中的控制方程来模拟流体流动行为，从而预测流体的动力学特性，如速度、压力、温度等。这有助于理解和优化流体系统的设计与性能。

(2) 航空航天工程：

飞机翼型设计：使用 CFD 模拟不同翼型的设计，以降低阻力并提高升力。

喷气发动机燃烧室：通过 CFD 模拟燃烧过程，优化燃烧效率，减少排放。

汽车工业：

车身空气动力学：CFD 被用来优化车身形状，减少空气阻力，提高燃油效率。

发动机冷却系统：设计更有效的冷却系统，管理发动机热量分布，确保发动机性能稳定。

化工行业：

反应器设计：使用 CFD 模拟化学反应过程，优化反应器内部结构，提高反应效率。

混合过程优化：通过 CFD 模拟混合过程，提高混合效率，减少能耗。

能源与电力行业：

涡轮叶片设计：CFD 被用来优化涡轮叶片的几何形状，提高涡轮效率。

燃烧室分析：模拟燃烧室内气体流动和燃烧过程，提高燃烧效率，减少有害物质排放。

海洋工程：

船舶船体设计：使用 CFD 模拟船体形状，优化设计以减少阻力，提高燃油效率。

推进系统优化：模拟推进系统的工作原理，提高推进效率。

环境保护：

污染物扩散模拟：CFD 用于模拟污染物在大气中的扩散，评估环境影响。

通风系统设计：模拟室内通风系统，优化空气质量，提高居住舒适度。

生物医学工程：

血液流动模拟：CFD 被用来研究血液在血管中的流动特性，支持心血管疾病的研究和治疗。

呼吸系统模拟：模拟呼吸过程中的气流行为，有助于呼吸系统疾病的诊断和治疗。

(3) 离散化方法：

空间离散化：采用有限体积法(FVM)、有限差分法(FDM)或有限元法(FEM)将控制方程转换成代数方程组。

时间离散化：采用显式或隐式方法将时间导数离散化。数值方法：如 SIMPLE 算法等。

(4) 非牛顿流体：

应力-应变率关系不再是线性的，通常用幂律模型或其他经验模型来描述。控制方程中的黏性项会根据特定的本构关系进行修改。

牛顿流体：

应力一应变率关系是线性的，黏性系数为常数。

控制方程中的黏性项遵循牛顿流体的黏性定律。

(5) 预测方法：

选择合适的湍流模型，如 $k-\varepsilon$ 或 LES。

使用精细网格，特别是在可能的分离区域。

对边界层进行详细的网格划分，确保捕捉到流动分离点。

进行多个工况的模拟，以验证预测结果的可靠性。

(6) 确定方法：

根据流动特性：如雷诺数、流动类型等选择模型。

模型验证：使用实验数据或已知的理论解对模型进行校验。

综合考虑：平衡模型的复杂度与计算资源需求。

(7) 并行计算方法：

域分解：将计算域分成多个子域，每个处理器负责一部分。

并行算法：利用 MPI 或 OpenMP 等并行编程接口。

硬件加速：GPU 加速或专用计算集群。

(8) 评估方法：

收敛性检查：确保模拟达到预定的收敛标准。

网格独立性检验：通过改变网格密度评估结果的变化。

模型验证：与实验数据或理论结果进行比较。

不确定性量化：分析输入参数对结果的影响。

参考文献

[1] 吴望一．流体力学[M].2 版．北京:北京大学出版社,2021.

[2] 龙天渝,蔡增基．流体力学[M]. 北京:中国建筑工业出版社,2019.

[3] 伍悦滨．高等流体力学[M]. 哈尔滨:哈尔滨工业大学出版社,2013.

[4] 孔珑．工程流体力学[M].4 版．北京:中国电力出版社,2014.

[5] 刘京,刘鹤年,陈文礼,等．流体力学[M].4 版．北京:中国建筑工业出版社,2023.

[6] 张鸣远,景思睿,李国君,等．高等工程流体力学[M]. 北京:高等教育出版社,2012.

[7] 赵琴．高等工程流体力学[M]. 北京:科学出版社,2021.

[8] 邹高万,贺征,顾璇．黏性流体力学[M]. 北京:国防工业出版社,2013.

[9] 章梓雄,董曾南．黏性流体力学[M].2 版．北京:清华大学出版社,2011.

[10] 高学平．高等流体力学[M]. 北京:水利水电出版社,2023.

[11] 董志勇．高等流体力学[M]. 北京:科学出版社,2020.

[12] 樊洪明,刁彦华．高等流体力学[M]. 北京:机械工业出版社,2020.

[13] 陶文铨．数值传热学[M].2 版．西安:西安交通大学出版社,2001.

[14] 王福军．计算流体动力学分析——CFD 软件原理与运用[M]. 北京:清华大学出版社,2001.

[15] 韩占忠,王敬,兰小平．FLUENT 流体工程仿真计算实例与应用[M].2 版．北京:北京理工大学出版社,2010.

[16] 周俊杰,徐国权,张华俊．FLUENT 工程技术与实例分析[M]. 北京:中国水利水电出版社,2010.

[17] 朱红钧,林元华,谢龙汉．FLUENT 流体分析及仿真实用教程[M]. 北京:人民邮电出版社,2010.

[18] 于勇．FLUENT 入门与进阶教程[M]. 北京:北京理工大学出版社,2008.